KB252158

오래 쓰는 ― 첫 살림

한 그루의 나무가 모여 푸른 숲을 이루듯이
청림의 책들은 삶을 풍요롭게 합니다.

오래 쓰는 첫 살림

이영지 · 조성림 지음

청림Life

첫 살림 실패 없이 장만하는 법

살아가면서 자연스럽게 변해가는 것들이 있다. 친구들과 모여 나누는 이야기의 주제 역시 시간이 흐르며 자연스럽게 변해왔는데 학교 성적이 인생의 가장 큰 관심사인 때가 있었고, 때로는 연애에 목숨을 걸던 때도, 취업이 세상의 전부인 것처럼 느껴졌던 순간들도 있었다.

그런 시간들을 지나 결혼 4년차, 6년차에 접어든 지금 우리의 삶의 키워드는 살림이다. 가족을 위한 편안한 공간을 만들고 싶고, 더 맛있는 밥을 짓고 싶으며 누구보다도 알뜰살뜰하게 집안 살림을 꾸려가고 싶은 바람과 욕심이 있는 30대의 중반. 살림이라는 키워드만으로 우리는 끝없는 대화를 나눈다. 머물고 싶은 공간으로 만들어줄 분위기 있는 조명은 어떤 게 좋을지, 철이 지난 옷들은 어떻게 보관하는 게 좋을지, 더 맛있는 밥을 짓기 위한 솥은 무엇일지 등등 집안에서 일어나는 수많은 일들을 잘 꾸려 나가기 위해 끝없이 고민한다. 이 고민의 과정은 고되기보다는 즐겁고 설레는 일이었다.

지난여름, 우리는 그간 나누었던 살림에 관한 수많은 이야기를 글로 옮기기로 했다. 라이프스타일에 맞게 공간을 아름답고 효율적으로 만들어가는 인테리어 부분과 살림이 즐거워지는 각종 그릇, 조리도구, 살림도구에 관한 이야기를 각자 나누어 쓰기로 한 것이다. 그렇게 '신혼살림 실패 없이 장만하는 법'이라는 주제로 짧은 연재가 시작되었다.

글을 연재하는 동안 처음 살림살이를 장만하는 이들이 모두 비슷한 시행착오를 겪는다는 사실을 알았고, 각자 '실패의 경험'을 나누며 크게 공감할 수 있었다. 그런 과정을 겪은 후에야 자신만의 방법으로 살림을 꾸려가고 있다는 것도 알게 되었다. 우리 두 사람도 마찬가지다. 각자의 라이프스타일과 취향에 맞게 살림을 하고 있기 때문에 집안의 공간을 배치하는 가구의 느낌도, 아끼는 그릇과 살림도구의 종류도 모두 다르다. 하지만 취향이 담긴 물건들을 곁에 두고 사는 일상의 즐거움을 누리고 있다는 것에서 닮아 있다.

오래 쓰는 첫 살림.

누구에게나 첫 살림을 장만하며 설레는 순간이 있다. 지금의 우리가 시행착오를 통해 알게 된 많은 것들을 그때 알았다면 어땠을까? 우리는 이 책을 통해 각자 다른 취향으로 살림을 꾸려가는 두 사람의 이야기를 해보고자 한다. 집안을 채우는 모든 물건에 대한 정보도 빠짐없이 담았다. 첫 살림을 장만해야 하는 이들은 물론, 이미 살림을 시작해서 조금씩 시행착오를 겪고 있는 이들에게도 이 책이 도움이 되면 좋겠다. 살림을 꾸리는 일에 정답은 없지만, 부부의 라이프스타일을 반영한 공간, 취향을 담은 살림은 아름답다. 우리가 겪었던 것처럼 이 책을 읽는 독자들에게도 일상이 즐거워지는 살림의 터닝포인트가 찾아왔으면 하는 바람이다.

영지, 리미

○

CONTENTS

○신혼 부엌의 로망, 그릇

부록 ／ 스페셜 평생키친템&신혼 요리 레시피

미니멈 리치 라이프

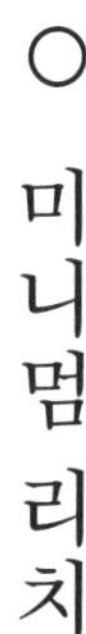

미니멈 리치

MINIMUM RICH

좋아하는 것을
정확하게 아는 삶.

by 영지

　"미니멀하게 살기 위해 가진 것 중 일부를 버리고 최소화해서 산다." 미니멀 라이프를 정의하는 문장이다. 이 문장으로 내 취향도 모른채 가구와 물건을 마구 사들였던 우리 집을 말끔하게 비우고 다시 시작할 용기를 얻었다. 그런데 시간이 지나면서 의문이 하나 생겼다. 애초에 내 목적은 집을 비우고 물건을 최소화하기 위한 것이 아니었기 때문이다.

　2013년 결혼을 하고 2015년 가을, 살림을 대대적으로 재정비하면서 내가 좋아하는 것이 무엇인지 정확하게 알게 되었다. 무작정 버리는 삶은 나와 거리가 멀었다. 내가 추구하는 라이프스타일의 방향은 '좋아하는 것을 정확하게 아는 삶'이었다. 쉬운 말로 들릴 수도 있지만 의외로 자신의 취향에 확신이 없는 상태로 쇼핑을 위한 쇼핑을 하는 이가 꽤 많다. 패션 잡화나 화장품처럼, 가구나 살림살이도 일단 필요한 품목과 유행 아이템을 사고 보는 것이다. 나 또한 결혼 3개월 전부터 결혼 후 2년 동안, 약 2년 3개월간 이런 방식의 소비를 계속했다. 지금 우리 집에는 그 물건들이 하나도 남아있지 않다. 그것들이 나쁜 물건이어서 쫓겨난 것이 아니라, 내 취향이 아닌 살림이기 때문에 작별을 고한 것이다.

　나는 화병을 좋아한다. 방콕에서 구입한 덴마크산 겨자색 화병도 좋아하고, 도쿄의 유리전문점에서 구입한 투명한 화병도 좋아한다. 삿포로의 길거리에서 발견한 아라비아 핀란드 루스카 접시와 똑같은 색을 띤 갈색 화병도 보자마자 구입했다. 하지만 미니멀 라이프의 테두리 안에서 이 중 하나를 포기해야 한다면 상상만으로도 마음이 얼어붙는다. 삶의 특정한 형태를 위해 좋아하는 것을 포기하고 내려두는 것은, 나에게 맞지 않는다. 나는 리치한 살림을 선택했다. 내가 신중하게 골라 소중하게 쓸 수 있는 물건이 하나라면 하나를, 백 개라면 백 개를 두어도 좋다고 생각한다. 하지만 분명한 기준이 있다. 좋아하는 것만 곁에 두겠다는 마음이다.

　예전의 나라면 이 화병 리스트에 어렵게 구입한 도자기 화병부터 출장길에 다급하게 집어온 청록색 사각 화병 같은 것을 모두 포함시켰을 것이다. 물론 그 화병에 얽힌 추억이나 소장 가치는 희미하다. 당연히 좋아하는 마음도 없다. 그 화병들은 내 삶에 무게를 더해주지 못하며 없어도 괜찮은 물건이다. 하지만 앞으로 살아가면서 정말로 가치 있는, 곁에 두고 싶은 화병을 찾는다면 그 숫자에 관계없이 구입할 것이다. 좋아한다는 단순한 마음을 바탕으로 일상을 채워나가는 것. 그건 무겁고 거추장스러운 게 아니라 리치한 것, 즉 풍요로운 것이라고 믿는다.

리치하다는 단어에는 풍요롭고 부유하다는 뜻도 있지만 와인을 표현할 때처럼 질감이 묵직하고 구조감이 좋다는 의미도 있다. 리치한 와인이 다 좋은 건 아니지만, 대개 좋은 와인은 리치하다. 마찬가지로 우리 집에는 값비싼 살림만 있는 건 아니지만, 좋은 물건이다 보니 값비싼 것들도 꽤 있다. 나는 이걸 아까워하지 않고 매일매일 사용한다. 안에 넣어두고, 손님이 올 때만 꺼내 쓰는 어리석은 짓은 하지 않는다. 돈이 많아서 또 사면 그만이기 때문이 아니다. 그 물건이 제 기능을 하는 순간은 '적절하게 사용할 때'이기 때문이다.

퇴근한 남편과 늦은 밤 와인을 마실 때는 리델 제품 중 가장 고가인 블랙타이 글라스를 꺼낸다. 설거지할 때마다 깨질까 봐 두려운 아스티에 드 빌라트 접시는 친구들이 올 때, 와인 수업을 할 때, 나 혼자 빵 한 조각을 먹을 때 언제든 꺼내 쓴다. 좋아하는 물건으로 가득한 집에서 그것을 매일매일 쓸 수 있는 기쁨은 누군가에게 설명하기 어려운 나만의 작은 사치다.

15년 전 처음 자취를 시작했을 때부터 신혼 초, 그리고 지금에 이르기까지 약 15년에 걸쳐 내가 살고 있는 '우리 집'은 계속해서 변했다. 나는 이걸 진화라고 생각한다. 10년 후에는 지금의 집과 전혀 다른 집에 살고 있을 수도 있고, 또는 생각과 취향이 확장된 집에서 살고 있을 수도

2013년의 쇼핑 스타일. 정확한 취향을 모른
채 인테리어에 열을 올리며 충동구매하던
시절의 물건들이다.

2017년의 쇼핑 스타일. 물건을 고르는 나만의 안목과 취향이 생겼다.
내가 좋아하는 것이 무엇인지 정확히 알고 구입한 물건들은 일상에서
도 제 역할을 다한다.

있다. 하지만 이 글을 쓰고 있는 4월 8일 오후 5시 11분을 지나는 지금의 나는, 집을 채운 모든 물건으로 인해 넘치지도 부족하지도 않게 행복하다. 이 물건들을 매일 바라보고, 사용하고, 손길이 닿을 앞으로의 시간을 상상해본다. 풍요로움은 계속될 것이다.

미니멈 리치란,

좋아하는 마음과 분명한 취향을 바탕으로 고른 가구나 살림살이로 채워진 집에서 일상을 행복하고 풍요롭게 사는 삶의 방식을 뜻한다. 그렇게 결정한 물건은 쉽게 버리거나 서랍장 속에서 잊히지 않으며, 소유주는 그 물건을 몸에 오래 밴 습관처럼 자주 꺼내며 온전히 일상을 위해 사용한다. 미니멈 리치의 삶은 누군가에게 보여주기 위해 정리된 삶이 아니라, 가족 구성원의 삶에 좀 더 집중하고자 하는 단단한 힘에서 비롯한다.

취향 담긴 물건을
곁에 두는 일상의 즐거움.

by 리미

어느덧 내 살림을 꾸린 지 6년이라는 시간이 흘렀다. 상하이에서 첫 살림을 시작하며 보낸 2년과 서울에서의 4년. 그 6년이란 시간은 우리 부부가 생활 방식을 맞추며 취향을 알아가기에 짧지도 길지도 않은 적당한 시간이었다.

신혼 초와 지금의 생활에서 가장 크게 달라진 것이 있다면 집에서 보내는 시간이 점점 더 길어지고 있다는 점이다. 우리가 생활하는 공간은 시간이 지날수록 그 어떤 좋은 호텔, 카페보다 편안해졌다. 필요한 것들로 채워진 부엌에서 함께 요리하고 식사하는 시간은 굳이 외식을 하지 않아도 좋을 만큼 만족스럽다. 되돌아보면 처음부터 우리 생활이 집을 중심으로 돌아갔던 것은 아니다. 밖으로 나가는 데이트를 좋아했고 책을 읽어도 집보다는 카페에서 읽어야 더 흥미로웠다. 하지만 시간이 흐를수록 집에 머무는 시간이 더 많아졌고 그 시간을 점점 더 좋아하게 되었다. 지난 6년의 시간 동안 우리는 크고 작은 시행착오를 겪으며 오직 우리 두 사람의 라이프스타일과 취향을 녹인 공간을 만들어가고 있기 때문이다.

처음부터 자신들의 취향을 정확히 알고 살림을 채우는 부부는 많지 않다. 우리 역시 시행착오를 피할 순 없었다. 신혼 시절, 매주 주말이 되면 우리는 의무처럼 쇼핑을 했고 세일 기간에는 필요도 없는 의자를, 커다란 커피 테이블을 충동구매한 적도 있었다. 하지만 우리의 마음이 온전히 담기지 않은 물건들은 결국 오래가지 못했다. 지금의 집이 좋은 이유는 그 시간을 통해 우리가 좋아하는 것을 알게 되고, 좋아하는 것, 오래 두고 싶은 것들로 우리의 공간을 채우고 있기 때문일 것이다.

요즘 유행하는 라이프스타일인 미니멀 라이프를 생각하면 어떤 그림이 떠오른다. 몇 가지 물건만이 놓인, 여백 있는 화이트톤 공간의 이미지(그 이미지를 한국식 아파트에 그대로 적용하기는 쉬운 일이 아니다). 하지만 그것만으로 미니멀 라이프를 설명하긴 부족하다. 물건을 버리고 정리

미니멀리치 라이프

하는 행위보다 그 과정을 통해 물질에서 받는 피로감을 줄이고 정신적인
여유와 평화를 얻는 것. 그것이 미니멀 라이프의 진정한 의미이기에 미니
멀 하면 떠오르는 일반적인 이미지와는 거리가 멀지만 내가 추구하는 라
이프스타일도 어쩌면 그 진정한 의미에 닿아있다고 할 수 있다.

누군가 지금의 내 부엌에서 그릇의 절반을 줄이라고 한다면 나는
큰 고민에 빠질 것이다. 가족과 친구들을 초대하고 함께 요리해 먹는 것
을 삶의 가장 큰 행복으로 여기는 우리 집에선 쉬는 그릇이 없기 때문이
다. 오히려 억지로 무언가를 버려야 한다는 그 생각이 더 큰 스트레스가
될 테니 그 역시 물질이 주는 피로감이 아닐까?

우리가 진심으로 아끼고, 곁에 두고 싶은 것들만 남기는 행복한
삶. 우리는 이러한 라이프스타일을 미니멈 리치 라이프라 부르기로 했다.
미니멈 리치 라이프는 자신의 취향을 알아가는 것에서 시작된다. 취향을
알아간다는 것은 유행을 따라가는 것이 아니라 부부 두 사람이 가장 편안
하고 행복한 상태를 찾는다는 뜻이다. 우리 역시 더욱 편안하고 더 행복한
상태가 되기 위해 여전히 취향을 찾아가고 있다.

우리는 베테랑 주부가 아닌 4년차 그리고 6년차 살림 선배의 입
장에서 첫 살림에 대해 이야기해 보고자 한다. 구매하는 순간의 기쁨보다
는 그 물건을 바라보고 사용할 때 더 큰 기쁨을 느낄 수 있는, 취향을 오
롯이 녹인 생활공간과 생활 방식. 그것이 바로 우리가 추구하는 진정한
미니멈 리치 라이프이다.

가구 인테리어

○ 거실 가구

FURNITURE
FOR LIVING ROOM

부부의 라이프스타일이
반영된 집이 가장 아름답다.

by 영지

소파? 식탁? 라운지 체어?
부부가 자주 사용하는 가구가 정답이다

일의 강도가 높은 전문직에 종사하는 선배는 이런 얘기를 했다. 하루 종일 일한 후 집에 돌아와 푹신한 패브릭 소파에 편하게 몸을 파묻으면 고단했던 하루의 위로가 된다는 것이다. 소파 없이 북카페처럼 꾸민 거실은 상상만 해도 피곤하다고 했다. 거실에 식탁과 의자만 두고 생활하던 나는 '우리는 보이는 것을 위해 우리 부부의 편안함은 간과했던 것일까' 생각했다.

시간이 지나고 보니 누구도 틀린 사람은 없었다. 우리는 둘 다 옳았다. 우리는 서로의 라이프스타일을 잘 반영해, 각자의 가족에게 '맞는' 거실을 운용하고 있었던 것이다.

나와 남편은 거실에서 식사를 하고, 와인을 마시고, 영화를 보고, 노트북으로 작업을 하고, 발밑에 앉아있는 반려견 버터와 함께 시간을 보낸다. 우리가 가장 많은 시간을 보내고 활동하는 곳은 거실이다. JTBC 〈뉴스룸〉과 드라마 한 편을 보는 시간을 제외하면 멍하게 앉아 텔레비전을 보거나 널브러져 휴식을 취하는 성격도 아니다. 그래서 테이블과 의자가 있는 우리 집 거실은 우리 부부에게 최적화된 구성이라는 걸, 이렇게 세팅한 지 1년이 지난 지금에도 옳았다고 생각한다.

소파가 있던 시절도 좋았다. 신혼 가구로 덥석 구입했던 캐나다산 '국민 소파' 거스 소파는 거실 한가운데 있었다. 쿠션은 적당히 단단했고, 부부싸움한 날 남편을 그곳에서 재워도 별로 미안하지 않았다(성인 남

소파 대신 테이블과 의자를 두고 생활하는 우리 집 거실의 풍경. 상황
에 따라 메인 테이블과 사이드 테이블의 위치를 바꾸면 분위기도 달라
지고 공간도 다양하게 활용할 수 있다.

자가 다리를 쭉 펴고 누워도 편한, 넓고 아늑한 크기였다).

하지만 소파가 거실을 완벽하게 차지해버린 순간, 우리는 소파에 앉거나 눕는 것 이외의 다른 동작과 행위를 잃어버렸다. 덩치 큰 소파는 거실 한가운데에서 큰 기둥 같은 존재감을 드러내는 가구라 공간을 제한해버렸다.

소파 없는 거실에서 지낸다는 건 모두들 예상하듯이 엄청난 결심이 필요하다. '정말 소파 없이 살 수 있을까?'라는 걱정이 밀려온다. 실제로 우리 집에 있던 진정성 없는 가구들을 내보낼 때도, 소파는 마지막까지 남아있었다. 세컨 핸드 소파를 구입한 홍대 부부가 이 소파에 앉아본 후 바로 구입하겠다고 결정했을 때는 살짝 눈물까지 날 뻔했다(진짜다).

소파를 보낸 건 확신이 아니라, 한번 소파 없이 우리의 라이프스타일에 맞는 거실을 찾아보자는 일종의 모험이었다. 다행히 그 선택은 괜찮았다. 남편이 퇴근하고 나서 잠들기까지 약 서너 시간을, 우리는 소파 대신 의자에 앉아 테이블 위에 이것저것 늘어놓으며 생산적으로 활용하고 있다. 늘어놓는 품목에는 안주도 있고, 와인 잔도 있고, 레코드판도 있다. 리모콘을 쥐는 시간은 많지 않다. 그렇기 때문에 이런 구조도 괜찮은 것이다. 소파가 없어지고 몇 달쯤 지나 문득 생각이 들었다. 소파, 없어도 괜찮네.

편하고 좋았지만 커다란 소파 하나를 두니
공간에 변주를 주는 일이 불가능했다.

좋아하는 물건이나 식기를 늘어놓아도 테이블이 아름답게 보일 때가 있다.
라이프스타일과 취향에 맞게 공간을 만들면 깔끔한 모습을 유지하기 위해
애쓰지 않아도 그 자체를 즐기며 시간을 보낼 수 있다.

종종 불편한데 예쁘니까 참고 사는 게 아니냐
는 질문을 받지만, 전혀 아니다. 우리 부부의 라
이프스타일에는 이 구조의 거실이 꼭 맞고, 편
하기 때문이다.

프리츠한센 테이블
이후의 거실

소파가 있던 시절에도 확장형 베란다에 6인용 나무 식탁 하나를
두고 사용했다. 이 또한 유명 브랜드의 국민 식탁이라, 혼수 리스트를 만
들 때 아무런 고민 없이 사야겠다고 생각했던 식탁이었다. 원목은 아니
지만 진짜 나무처럼 나뭇결이 근사했고, 습기나 열에 뒤틀리지 않아 내
구성도 좋았다.

하지만 소파를 보내고 제대로 거실 꾸미기에 몰입하자 누구에게
나 찾아온다는 '오리지널앓이'가 시작됐다. 나뭇결 입힌 합판 식탁이 아
닌 진짜 나무 테이블, 모서리가 딱딱하게 각진 식탁이 아닌 분위기를 부
드럽게 만드는 곡선형 테이블, 오래 봐도 질리지 않고 오랫동안 전 세계
사람들에게 사랑받은 스테디셀러 테이블. 제대로 된 테이블을 사야겠다
고 결심한 뒤, 필요조건들을 떠올려보았다.

지금 쓰는 프리츠한센(Fritz Hansen) 테이블 시리즈로 결정한 건
결혼 전 사용하던 이케아(IKEA) 흰색 상판 식탁이 계속 생각나서였다. 패
턴 있는 그릇을 잔뜩 올려도 분위기를 잘 잡아주고 무엇보다 사진을 찍으
면 예쁘게 나왔다. 친한 디자이너 선배도 "좋은 흰색 상판 테이블은 평생
을 두고 써도 후회가 없다"며 경험담을 들려줬다.

각진 테이블은 추천하지 않는다는 얘기도 들었다. 상판에 모서리
가 없고 둥그스름한 테이블은 긴장감을 완화시켜주고, 편안한 분위기를
내는데 일조한다는 것이다.

　　지금 만난 남편과의 인연을 말이나 글로 설명하기 어려운 것처럼, 프리츠한센 테이블이 우리 집과 인연을 맺은 과정을 논리적으로 설명하긴 어렵다. 누군가에겐 그 인연이 헤이(Hay)나 구비(Gubi)의 좀 더 경쾌한 테이블일 수도 있고, 알바 알토(Alvar Aalto)의 네모난 테이블일 수도 있고, 이에로 사리넨(Eero Saarinen)의 튤립 테이블일 수도 있다. 그저 나는 청결한 흰색의 라미네이트 상판, 가볍지만 가벼워 보이지 않는 금속 프레임을 장착한 프리츠한센 테이블 시리즈로 결정했다. 모난 데 없는 타원형 상판은 스테인리스 소재로 마감돼 아주 말끔해 보였다. 상판의 색깔도 차갑고 창백한 흰색이 아니라 은은하고 온화한 흰색이었다.

　　처음 한두 달은 상판에 실오라기라도 묻을까 메소드 세정제를 들고 달려갔지만, 지금은 하루에 한 번 키친타월에 물을 묻혀 닦아주는 정도로만 관리한다. 아주 편집증적인 성격만 아니라면 세월의 흔적이 예쁘게 배는 테이블이란 걸 인정하고 여유롭게 대할 수 있다.

　　나는 이 테이블을 선택했고, 한 달 넘게 기다려 큰돈을 주고 구입한 이유가 분명했다. 내가 필요로 하고 찾던 모든 조건에 맞았다. 만약 그렇지 않다면 이 테이블마저도 후회하게 되는 건 한순간이다. 비싼 애물단지가 될 수도 있다. 소파를 다시 그리워하게 될지도 모른다. 그렇기에 잘 알고, 고민을 거듭하고, 확신한 뒤 구입하는 게 중요하다. "테이블을 두면 소파가 없어도 괜찮을까요?"라는 질문은 나 자신의 라이프스타일을 아직 모른다는 것. 소파가 필요한 집인지, 카펫만 둬도 괜찮은 집인지, 그 정답은 부부 두 사람만 알고 있다.

하얀색의 거실에 아름답게 어우러지는
프리츠한센 테이블.

의자는 가구 디자이너들이 가장 어려운 디자인이라고 말하는 가구다. 사람 몸에 직접적으로 닿는 가구이기 때문이다. 그래서 가구 디자이너들은 의사처럼 해부학을 배우기도 한다. 모든 전설적인 의자는 아름답지만 불편한 게 아니라 아름다우면서 편하다는 공통점이 있다. 척추와 꼬리뼈, 의자 등받이 간의 긴밀한 관계를 이해한 디자이너만이 좋은 의자를 만들 수 있다.

나의 첫 신혼 의자는 비스트로 의자로도 유명한 톤 체어였다. 1860년대 체코의 토넷 사에서 처음 선보인 톤 체어는, 나무를 스팀으로 쪄낸 뒤 구부려 만든다. 카페나 레스토랑 같은 공간에서 흔히 볼 수 있는 반면 평범한 한국의 아파트 인테리어와는 약간의 괴리감이 있는 디자인이다. 공간이 아주 화려하거나 아예 미니멀하거나 혹은 앤티크하거나, 톤 체어가 어울리는 공간은 생각보다 까다롭다.

실제로 우리 집에서도 굉장히 눈에 띄는 의자였다. 나무 프레임은 두꺼웠고, 특히 빨간색 의자는 거슬릴 정도로 색이 튀었다. 2년 동안 집주인의 미움을 받은 톤 체어는 결국 우리 집에서 제 몫을 다하지 못했다. 대신 프리츠한센 테이블의 최고의 친구이자 파트너인 세븐 체어가 입성했다.

2014년 가을, 지인의 자양동의 아파트에서 세븐 체어에 앉아 긴 시간을 보낸 후, 얼마나 편한지 직접 느껴보고 구입을 결정했다. 그날 우리는 술 한 잔 마시지 않고 네 시간을 얘기했는데, 밤 열두 시가 되어도 허리가 아프지 않았다. 그 얘기를 들은 집주인은 그것이 세븐 체어의 진가라고 말했다. 통으로 휘어서 만든 나무판이 유연하고 탄력적으로 허리를 받쳐주어 몸이 편안하다는 거였다. 이 의자에 앉으니 허리는 자연스럽게 요가 선생님이 강조하는 C자 형이 되었고 팔을 식탁 위에 걸치고 있을 때 목이나 어깨가 경직되지 않고 편안한 각도가 나왔다. 디자인이란 불편함을 감수하는 아름다움이라고 생각했는데, 세븐 체어는 그 편견을 완전히 깨뜨렸다.

　　이후 2년이 흘렀고, 현재 우리 집에는 네 개의 세븐 체어와 한 개의 앤트 체어가 있다. 부서가 바뀌던 달, 와인 수업을 성공적으로 치러낸 달 등 의미를 부여해 하나씩 구입했다. 시간에 여유를 두니 처음에 모든 색깔을 결정하지 않아도 되어서 좋았다. 가지고 있는 두 개의 의자에 이 색깔을 더하면 조화롭겠네, 생각하며 신중하게 색을 골랐다. 가장 최근에

지나치게 튀었던 빨간색 톤 체어(좌). 금속 프레임의 테이블과 최고의 조화를 이루는 세븐 체어(우).

— Before

— After

산 호두나무 세븐 체어는 원래 가지고 있던 다소 밝은 색의 세븐 체어에
무게를 실어줄 수 있을 것 같아 골랐는데 참 만족스럽다.
　　아직 여섯 번째 의자를 넣을 자리가 하나 남아있다. 어떤 색의 세
븐 체어가 될지, 그랑프리 체어라는 또 다른 라인이 될지 잘 모르겠다. 다
만 우리 집에는 그 의자가 어울릴 것이고, 우리는 이렇게 고른 테이블과
의자를 평생에 걸쳐 귀하게 쓸 거란 확신이 있다.

프로젝터 스크린을 설치하고
영화관과 축구장을 얻다

결혼 4년차에 접어들면서 다혈질 B형 커플인 우리 부부의 싸움 횟수는 점점 줄어들었다. 그러다 지난 달, 정말이지 오랜만에 부부싸움을 했다. 내가 창가에 비스듬히 세워둔 와인 수업용 칠판이 바람 때문에 쓰러진 것이 발단이었다. 마침 창가에는 조팝나무의 가지를 꽂은 아름다운 덴마크 빈티지 화병이 있었고, 나는 당연히 화병이 무사한지 보러 달려갔다. 뒤늦게 달려온 남편은 화병은 본체만체, 박스 형태의 스피커를 온몸으로 끌어안으며 안부를 물었다. 현실주의자인 남편의 냉정한 태도에 상심해서 어떻게 내 화병보다 스피커를 먼저 챙길 수 있는지 따져 물으며 싸움이 시작됐다. 물론 며칠 뒤 와인을 마시며 화해하긴 했지만, 이 에피소드는 남편의 '오디오 사랑'을 보여주는 적절한 예가 아닐까 싶다.

고등학생 때부터 LP를 모았던 남편에게는 소장 가치가 있는 음반이 1200장이 넘는다. 고등학생 때 구입한 판도 있고, 아주버님이 생일선물로 사주셨다는 90년대 판도 있고, 런던, 도쿄, 베를린 등 전 세계를 돌아다니며 모은 판도 있다. LP를 플레이하는 턴테이블, 앰프, 스피커, CD 플레이어까지 반평생에 걸쳐 사고, 팔고, 듣고, 감상하다가 친구와 바꿔 보고를 무한반복했다고 한다.

그래서 우리의 첫 신혼집은 내가 좋아하는 패브릭과 그릇을 채우는 인형의 집이기도 했지만, 남편이 소장한 오디오를 설치하고 감상하는 뮤직 하우스이기도 했다. 무뚝뚝한 강릉 남자인 남편은 내가 쇼핑하거나 인테리어하는 방식에 대해 일절 잔소리하지 않지만 오디오 시스템에는 강렬한 애정을 보인다. 내가 그릇을 하나 사면, 조용히 LP를 사서 귀가한다. 일 때문에 스트레스 받는 날에는 서재에 들어가 LP를 정리하며 마음을 다스린다. 내가 그릇을 닦고 정리하는 것과 같은 기분인가 보다.

그런 남편 덕분에 요즘 새댁들의 로망이 된 듯한 프로젝터 스크린도 수월하게 설치했다. 남편이 직접 프로젝터를 고르고, 스크린을 달고, 오디오 시스템과 연결해 화면이 나오게 하는 마법을 부렸다.

아래 사진 속 화면은 2013년 7월, 신혼집에 설치한 스크린으로 처음 틀어보았던 영화 〈셉템버 이슈〉다. 저렇게 큰 화면으로 영화를 볼 수 있다니, 너무 신기하고 멋져서 빨리 밤이 오기를 기다렸던 기억이 난다. 그날 밤 틀었던, 백만 번 봐도 지겹지 않은 영화 〈미드나잇 인 파리〉의 음악이 아직도 생생하다.

최근에는 HD 화질의 프로젝터도 출시되어서, 스크린으로도 텔레비전 못지않은 선명한 화면을 감상할 수 있다고 한다. 하지만 우리 부부는

AV장이 도착하기 전, 남편의 레고조립실 같았던 거실 한쪽(좌).
100% 남편의 힘으로 완성한 프로젝터 설치 초반의 공사 과정(우).

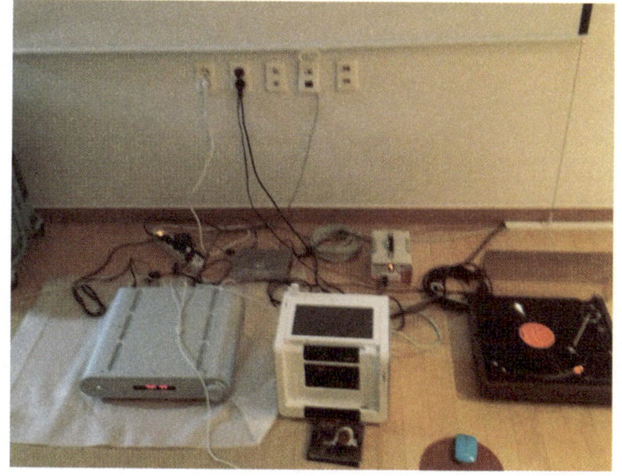
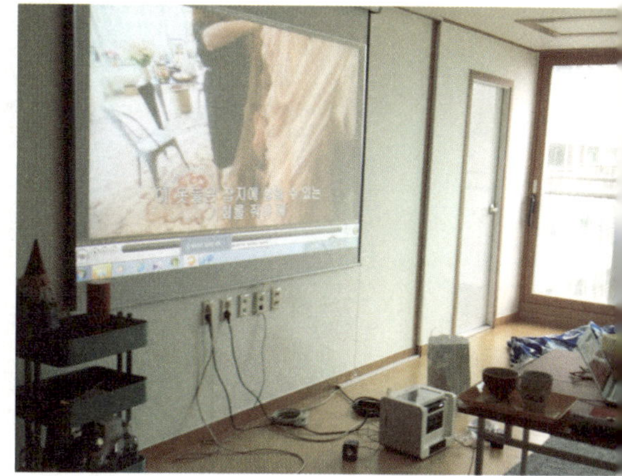

보통 오디오시스템은 거실에 설치하지만,
수많은 전선 때문에 지저분해 보일 것 같아
안쪽 침실 옆 복도에 시스템을 설치했다.

거실 벽 한쪽에 자리한 프로젝터 스크린.

텔레비전을 자주 보지 않는데다 옛날 영화와 축구 정도만 즐겨보기 때문에 그렇게 좋은 성능의 프로젝터는 필요하지 않았다. 프로젝터는 100만 원 선에서, 스크린은 30만 원 선에서 적당하게 완성했다. 친구가 얘기해준 수백만 원짜리 HD 프로젝터와 낮에도 잘 보인다는 매직 스크린이 혹하긴 하지만, 고장이 나거나 파손되지 않는 이상 이보다 더 좋은 시스템에 욕심을 부릴 일은 없을 것 같다.

프로젝터를 설치하고 좋은 점은 크게 두 가지다. 텔레비전이 차지하는 공간이 없고 스크린이 흰 벽의 역할을 해서 거실을 훨씬 넓게 쓸 수 있다는 것. 다른 하나는 집에서도 영화관 같은 분위기를 낼 수 있다는 것(남편에게는 축구장 관람객 느낌을 주는 듯하다). 종종 와인 잔을 앞에 두고 화면을 틀어둔 영상을 인스타그램에도 올리는데, 반응이 좋다. 좋은 텔레비전 한 대보다 저렴하기도 하니, 관심이 있는 부부라면 설치해보라고 추천하고 싶다. 보통 구입한 곳에서 출장비를 받고 설치까지 해주기 때문에, 초보라도 부담 없이 시도해볼 수 있다.

TIP   **항상 틀어두어도 좋은, 영상이 아름다운 영화**

1 우디 앨런의 도시 시리즈, 〈미드나잇 인 파리〉와 〈로마 위드 러브〉. 음악도 대사도 도시의 소음조차도 아름답다. 이 영화를 틀기 위해 프로젝터 스크린을 설치하는 로맨틱한 부부가 생각보다 많다.

2 〈아멜리에〉. 오래 전 영화지만 강렬한 프랑스식 색채와 물 흐르듯 부드러운 프랑스 억양이 분위기에 방해가 되지 않는다. 약간 멜랑콜리한 단조 계열의 배경음악도 아름답다.

3 웨스 앤더슨 감독의 모든 영화들. 이를 테면 〈그랜드 부다페스트 호텔〉, 〈문라이즈 킹덤〉, 〈다즐링 주식회사〉, 〈로얄 테넌바움〉 같은 영화들. 대사량도 많고 스토리도 역동적이지만, 대사를 집중해서 듣지 않으면 공간을 장식하는 효과가 절대적인, 미학적인 영화들이다.

분기별로 수십 개의 모델이 쏟아져 나오기 때문에 특정 제품 추천은 큰 의미가 없다. 하지만 안시와 명암비는 꼭 고려할 것. 50, 100, 1000, 3000안시 등 수치가 높아질수록 더 밝고 명암비가 높으면 고화질을 구현한다. 최근에는 포터블 프로젝터도 인기. LG 유플러스에서 출시한 '마이빔'은 50안시 정도의 밝기이지만, 무게가 200g이라 집에서는 물론 캠핑장이나 사무실에서도 사용할 수 있는 휴대용 모델이다. 영화관 화면을 구현하고 싶은 전문가나 마니아를 위한 수백만 원대 프로젝터도 있다. 미국 브랜드 뷰소닉, 대만의 옵토마, 일본의 엡손과 소니가 대표적인 프로젝터 브랜드다.

LG유플러스의 마이빔.
/ 20만 원대, 사진 출처 : LG유플러스 홈페이지

엡손 프로젝터.
5000안시 이상이라 무척 밝다.
/ 400만 원대, 사진 출처 : 엡손 홈페이지

소니의 풀HD 프로젝터.
/ 200만 원대, 사진 출처 : 소니 홈페이지

○프로젝터 설치가 궁금한 사람을 위한 이영지의 배우자 BS 씨의 미니 인터뷰○

/텔레비전 대신 프로젝터를 설치한 특별한 이유가 있나?

/ **BS**   아내가 텔레비전은 절대 안 된다고 극구 반대했다. 절충안을 찾다가 텔레비전 역할은 해주지만 텔레비전은 아닌 프로젝터로 합의를 봤다.

/ 프로젝터를 구입할 때 고려해야 할 물건은 정확히 어떤 것이 있는가?

/ BS 프로젝터 빔 본체, 벽에 설치할 스크린, 그리고 사운드를 담당하는 앰프와 스피커다. 앰프와 스피커 없이 프로젝터 빔 본체로 소리를 듣는 것도 가능하지만, 소리가 조악하게 들려서 어느 순간이 되면 분명히 바꾸고 싶어진다. 영상은 극장인데 소리는 핸드폰으로 들리는 것과 같은 이치다.

/ 구입을 결정하기 전에 고려해야 할 요소는?

/ BS 우선 예산이다. 프로젝터 빔과 스크린 가격을 먼저 정해야 하는데, 30만 원, 100만 원, 150만 원, 500만 원 등 예산을 미리 책정하고 그 안에서 찾아보는 게 순서다. 가격은 물론 사운드와 화질을 결정한다. 두 번째는 스크린이 걸리는 벽과 프로젝터 빔 사이의 거리다. 24평집, 60평집 등 집의 규모보다는 벽과 빔 사이의 거리를 재서 업체에 물어봐야 적합한 모델을 추천해준다. 참고로 우리 집은 그 거리가 3m가 안 되는 짧은 거리였는데, 그 조건에서 120인치 화면을 풀로 구현하는 프로젝터가 많지 않아서 선택의 폭이 적었다.

/ 직접 설치하는 데 어려움은 없었는지?

/ BS 오랫동안 오디오를 만지고 설치하는 취미가 있었기 때문에 첫 신혼집에서는 직접 선을 연결해서 작동시켰다. 두 번째 집에서는 셋톱박스와 오디오의 위치를 스크린이 있는 거실이 아닌 안방 쪽 복도로 옮기면서 전문 배선공을 불렀다. 몰딩과 배선 작업을 추가로 진행했기 때문이다. 보통 프로젝터와 스크린을 구입하면 업체에서 출장비를 받고 설치해준다. 출장비는 약 10만 원 정도.

/ 스크린을 설치할 여건이 안 되면 그냥 벽에 화면을 쏘아도 되는지?

/ BS 최근에는 스크린 전용 페인트가 나오니 그걸 바르고 화면을 쏘면 된다. 맨 벽보다 훨씬 더 선명하게 화면을 감상할 수 있다.

/ 쌈짓돈이 생기면 더 좋은 모델로 바꿀 의향이 있는지?

/ BS 없다. 일반 가정집에서 영화와 축구를 볼 때는 지금 크기와 화질의 스크린과 빔이면 충분하다.

거실을 꾸밀 때
눈여겨보면 좋을
테이블 리스트

놀에서 출시한 이에로 사리넨의 '튤립Tulip' 테이블

원형, 타원형 등의 상판에 꽃받침 같은 지지대가 연
결된 디자인. 둥그런 테이블은 사각 테이블보다 공
간을 많이 차지하니, 평수가 넓은 집에 더 추천한다.
고가의 테이블이지만 질리지 않고 평생 쓸 수 있겠
다 싶어 군침 흘리는 제품. 상판은 마블과 화이트 라
미네이트가 있는데, 친한 디자이너는 질릴 수도 있는
마블 상판보다 클래식 중의 클래식인 화이트 라미네
이트를 추천했다. 두오모에서 판매한다. 가격은 크
기와 상판 소재에 따라 다르다. / **사진 출처 : 놀 홈페이지**

프렌즈&파운더스 '소우Saw' 테이블

메인 테이블로 쓰기엔 다소 작지만 신혼부부만 사용한
다면 이 정도도 훌륭하지 않을까? 마블 테이블은 내구
성 때문에 주로 사이드 테이블로만 출시되는 추세였지
만, 최근에는 다이닝 테이블도 많이 제작된다. 마블링
굵기, 마블링 분포에 따라 가격이 천차만별인데 이 제
품은 너무 과하지도 빈약하지도 않은 고급스러운 상판
이 장점이다. 고급 상공간에도 어울리지만 군더더기 없
는 깨끗한 거실에 두어도 잘 어울리는 타원형 마블 테
이블이다. 이노메싸에서 판매한다. / **가로 230cm, 가격은**
380만 원대, 사진 출처 : 프렌즈&파운더스 홈페이지

구비의 다이닝 테이블

완만한 형태의 상판과 너무 묵직하지 않은 나무 프레임의 조합은 우리나라 주거 환경에도 어울린다. 밝은 나무 색을 띠는 오크 색상도 아름답지만 한 톤 어두운 월넛 색상도 지나치게 중후해보이지 않아 눈길이 간다. 이노메싸에서 판매한다. / **가로 230cm, 가격은 350만 원대, 사진 출처 : 구비 홈페이지**

이케아 '독스타Docksta' 테이블

이에로 사리넨의 튤립 테이블과 비슷한 디자인이지만, 카피라기보다 이케아식 테이블로 인지하는 이들이 많다. 나도 직접 사용해보았는데 상판과 다리 이음새가 약간 불안정해 조금 흔들린다는 걸 제외하면 디자인적, 가격적, 실용적으로 완벽하게 마음에 든다. 주변 친구들에게도 많이 추천했다. 이 위에 상을 차리면 어떻게 찍어도 예쁜 '인스타그램 상차림'이 완성된다는 것도 장점. / **지름 105cm, 가격은 24만 원대, 사진 출처 : 이케아 홈페이지**

알바 알토 다이닝 테이블

사각 테이블이지만 모서리가 부드럽게 마감되어 딱딱한 분위기는 아니다. 다리 프레임과 상판을 연결하는 미묘한 곡선이 무척 미학적인 테이블. 빈티지 테이블은 카우니스 코티에서 판매한다. 가격은 크기와 상판 소재에 따라 다르다. / **사진 출처 : 알바 알토 홈페이지**

가구의 기본이 되는 나무 고르기

합성섬유로 만든 스웨터와 캐시미어로 만든 스웨터가 차이가 큰 것처럼 가구의 소재도 그 차이가 크다. 호두나무 가구가 합판이나 무늬목 가구보다 비싼 데는 다 이유가 있다. 소재는 나무 색깔을 의미하기도 한다. 고동색을 띠는 묵직한 호두나무 가구가 잘 어울리는 집인지 밝고 따뜻한 색의 편백나무가 잘 어울리는 집인지 파악하고, 처음부터 방향을 잘 잡아야 한다.

● 색상과 내구성에 영향을 미치는 나무의 소재

원목은 나무의 단면을 그대로 잘라 통째로 사용하는, 말 그대로 '원래의 나무'를 뜻한다. 자연 소재라 무늬가 고급스럽고 소리를 흡수하거나 습도, 온도를 조절하는 힘이 뛰어난 게 장점이다. 반면 급격한 온도 변화에 민감해 뒤틀리거나 휠 수 있다는 건 단점. 원목 가구를 사용하고 관리할 자신이 있을 때 구입하자. 나무는 1등급부터 6등급까지 나뉘는데 그중에서 가장 사랑받는 가구용 나무는 다음과 같다.

호두나무 (월넛) 2등급	진한 밤색. 우리 집 아일랜드 식탁도 호두나무로 만든 것이다. 조직이 치밀하고 견고하지만 습기에 약해 잘못 관리하면 변형이 생길 수 있다. 급격한 온도 변화를 주거나 뜨거운 것을 바로 올려두는 실수만 하지 않으면 오래오래 멋지게 관리할 수 있는 고급나무다.
체리나무 2등급	호두나무와 참나무의 중간 정도 색을 띠며 약간 붉은 기가 돈다. 너무 중후하지 않으면서 묵직한 아름다움을 보여주는 목재다.
참나무 (오크) 3등급	원목 중에서도 가장 밝은 색에 속한다. 이보다 밝은 나무 색은 편백나무 정도다. 나뭇결 자체의 아름다움이 밝은 판재 위에서 고스란히 드러나 따스하며 서정적인 공간을 연출할 때 잘 어울린다. 다만 호두나무와 참나무가 뒤섞이면 같은 나무라도 통일성이 확 떨어져 조화롭지 않으니 어떤 색을 선호하는지 미리 결정해야 한다.

●비슷한 듯 전혀 다른 나무의 색깔, 알고 선택하자!

❶ 월넛 : 짙은 고동색을 띠기 때문에 묵직하고 클래식한 공간에 잘 어울린다. 오래 쓰면 색이 조금씩 밝아진다.

❷ 체리 : 오크와 월넛 중간쯤 되는 붉은기 도는 나무. 세련된 공간에 잘 어울린다.

❸ 오크 : 가장 밝고 화사한 색상. 따뜻하고 서정적인 공간에 잘 어울린다.

●파티클 보드(Particle Board)

원목을 절단한 뒤 남은 조각을 고온고압으로 압착시킨 가공재. 저렴해서 품질을 의심하게 되지만 막상 사용해보면 원목보다 뒤틀림이나 변형이 적어 실용적이다.

●MDF(Medium Density Fiberboard)

목재의 섬유질 부분을 스팀으로 찐 후 왁스나 접착제를 배합해 모양을 만든 판재. 나무조각을 얼기설기 엮은 파티클 보드보다 내구성이 더 뛰어나며, 표면을 매끄럽게 가공하기 때문에 나뭇결을 코팅한 무늬목 소재 중 MDF가 많다.

오래 사용할 수 있는 가구를
신중하게 고르는 것은
미니멈리치의 시작이다.

by 리미

―――

가장 이상적인 거실은 부부의 생활 방식이
편안하게 녹아있는 공간이다

우리 부부의 신혼 생활은 상하이에서 시작했다. 이미 가구가 있는 집을 직접 보지도 못한 채로 렌트했던 터라 꿈꿔왔던 신혼집의 로망을 조금도 실현하지 못했다. 거실은 우리 취향과는 거리가 먼 큼직하고 몸이 푹 꺼지는 푹신한 가죽 소파를 중심으로 큰 화면의 텔레비전 그리고 중후한 거실장이 채워져있었다. 그 누군가에겐 편히 소파에 누워 텔레비전을 시청하며 휴식을 취할 수 있는 최적의 거실이었겠지만 함께 요리하고, 마주 앉아 식사를 하고, 이야기를 나누는 것이 더 중요했던 우리 부부의 라이프스타일에는 불편한 구조였다.

결국 우리는 테이블이 놓여있던 작은 서재에서 더 많은 시간을 보내야 했다. 하지만 타인의 생활에 맞춰진 거실에서 보낸 그 시간이 있었기에 우리 생활에 맞는 거실의 구조를 정확히 알 수 있었다는 생각이 든다. 그렇게 2년이라는 시간을 보낸 우리는 서울에 정착하면 제일 먼저 나뭇결이 살아있는 근사한 원목 테이블을 거실에 놓자고 버릇처럼 이야기를 했다.

한국에 돌아가기로 결정을 하고 제일 먼저 오래 사용할 가구를 찾았다. 버릴 때 아쉬움이 남지 않을 저렴한 가구만 사용하다 보니 자꾸 큰 의미 없는 작은 가구를 들이며 헛돈을 쓰기 일쑤인 데다(2년간 집에 들였던 이케아의 조립식 가구가 모르긴 몰라도 열 개가 넘었을 것이다) 늘 내 것인 듯 내 것 아닌 불편함이 존재했기 때문이다.

사실 오래 사용할 수 있는 가구의 기준은 지극히 개인적이다. 어떤 소재인지, 얼마짜리 가구인지를 떠나 직접 앉아보고, 만져보며 이 가구가 우리 집에 놓여있는 것을 상상했을 때 편안한 느낌이 드는가가 제일 중요한 기준이다.

충동구매를 일삼았던 신혼 초의 생활을 교훈 삼아 많은 브랜드를 공부하고 발품을 판 덕에 우리 집에 잘 어울리는 가구, 그래서 오래 사용할 수 있을 거란 확신이 든 스탠다드에이의 테이블을 만났다. 이름만 들어도 모양이 떠오르는 명품 브랜드의 테이블도 좋았지만 가구를 사용할 사람에게 초점을 맞추며 하나하나 주문 제작으로 가구를 만드는 이 브랜드의 신념이 좋았다.

상수동 쇼룸의 상담 공간에 놓인 8인용 월넛 테이블은 이 브랜드만의 세월이 담겨 아름답게 색이 바래며 나이가 들어가고 있었다. 앉아있는 잠시 동안 우리 집 거실에 이 테이블이 놓여있는 모습을 상상해보았다. 우리의 생활이 담기며 예쁘게 색이 바래고, 상판에 상처가 나더라도 우리 집의 추억과 역사가 묻어가는 상상. 그 순간, 이 가구라는 확신이 들었고 그렇게 우리 집 거실 중심엔 아름다운 색깔의 월넛 테이블이 놓였다.

거실의 월넛 색상 원목 테이블. 추억과 시간이 배어 예쁘게 나이 들고 있는
우리 집 테이블이 매일매일 더 마음에 든다.

원목 테이블과 함께
검정색의 세븐 체어와 앤트 체어를 사용하고 있다.

테이블 옆 벽면에 걸린 세덱의 곡선형 거울.
딱딱한 분위기를 부드럽게 만들어주는 역할을 한다.

───

두 개의 테이블,
손님들과 함께하는 거실

음식에 관심이 많은 우리는 주말에는 친구들과의 홈다이닝 시간을 가진다. 함께 요리하고 식사를 하며 보내는 시간을 중요하게 여기는 우리 부부에게 테이블이 중심이 되는 구조는 최적의 거실이었다.

그렇게 또 2년이라는 시간을 보내고 우리는 조금 더 편안하게 이야기를 나눌 수 있는 거실 구조에 대해서 고민했다. 고민 끝에 거실 한편에 작은 카펫을 깔고 이에로 사리넨의 마블 상판의 테이블을 놓았다. 높이는 낮지만 수려한 곡선이 아름다운 커피 테이블은 원목 테이블이 중심이 되었던 거실에 또 다른 안정감을 주며 새로운 분위기를 만들었다. 커피 테이블 옆에는 작은 패브릭 소파를 두어 공간을 크게 차지하지 않으면서도 대화 시간이 길어지거나 요리를 하는 동안에도 편하게 이야기를 나눌 수 있는 공간을 만들었다. 이렇게 우리 집 거실은 두 테이블을 중심으로 우리 생활에 맞는 공간으로 조금씩 변해가고 있다.

거실 한편에 놓인 작은 패브릭 소파와 이에로 사리넨의 대리석 커피 테이블.

원목 테이블의 위치와 세팅은
우리 집 거실의 전체 분위기를 가장 크게 좌우한다.

거실 테이블과 커피 테이블의 위치는 조금씩 변화를 주며 사용하고 있다.
커피 테이블 아래에는 아늑한 분위기를 만들기 위해 카펫을 깔았다.
작은 소파와 카펫에 삼삼오오 모여 앉아 티타임을 즐기기도 좋다.

텔레비전 대신 원목 선반으로
공간을 바꾸다

우리는 텔레비전 없이 테이블이 중심이 되는 거실을 만들기로 하고 텔레비전 장이 놓여있던 한쪽 벽에 그릇장을 둘지 책장을 둘지 혹은 그림을 둘지 고민했다. 키 큰 그릇장을 놓자니 답답할 것 같고, 책장을 놓자니 딱딱한 분위기가 될 거 같아 고민하다가 그릇장으로, 책장으로도 어울릴만한 심플한 원목 선반을 들였다. 선반의 소재를 테이블처럼 월넛으로 맞추면 자칫 거실 분위기가 무거워질 것 같아 밝고 경쾌한 색상의 오크나무를 선택해 제작한 선반은 테이블과 닮은 듯 다른 느낌으로 거실의 분위기를 편안하게 만들어준다.

이 선반은 책장으로만 사용하거나 그릇만 두기보다는 그때그때 자주 사용하는 그릇, 책 그리고 향초와 같은 오브제를 올려두며 다양하게 사용한다. 얇은 검정색 철제 프레임에 반듯한 선반들로 이루어진 형태라 그릇을 많이 올려두면 그릇장 같은 분위기가 나고, 책을 많이 올려두면 책장과 같은 분위기가 든다. 지난 연말에는 동생 은이가 직접 만들어준 리스를 걸어두었더니 거실 전체가 연말 분위기로 변해 아늑함을 느낄 수 있었다. 선반에 무엇을 올려두느냐에 따라 집안 분위기가 달라지니 멋진 그림이 부럽지 않은 선택이었다.

거실 한편에 텔레비전 대신 자리 잡고 있는 원목 선반.
월넛 테이블보다 밝은 색상의 오크나무를 선택해 무겁지 않은 분위기를 만든다.
선반은 꽉 채워 사용하기보다는 책이나 자주 꺼내 쓰는 물건들, 그릇들을 빽빽하지 않게 배치했다.

거실은 라이프스타일과 집안의 분위기를
그대로 담아내는 공간이다

지난 파리 여행 중에 어머님의 오랜 친구의 집에 초대를 받는 감사한 경험을 했다. 프랑스에서 태어나고 자란 남성과 한국에서 성장해 파리로 건너온 여성이 만나 사는 집. 프랑스와 한국의 느낌이 묘하게 어우러진 아담한 거실은 두 사람의 느낌을 오롯이 닮은 공간이었다. 우리 집 거실도 우리를 닮았으면 좋겠다. 내가 생각하는 가장 이상적인 거실은 두 사람의 생활 방식이 녹아있어 그들의 이미지를 고스란히 담아내는 공간이다.

자신들의 느낌을 담아내는 공간을 만드는 것은 오직 두 사람이 찾아야 하는 답이다. 우리가 원하는 집은 어떤 형태인지, 우리가 좋아하는 가구의 소재는 무엇인지 등 그만큼 깊게 고민하고 준비해야 한다. 그래야 후회 없는 첫 번째 살림을 장만할 수 있다. 첫 번째 살림 중에서도 큰돈이 들어가는 거실 가구는 중요하다. 어떻게 장만하느냐에 따라 집의 공간이 새롭게 정의되고, 두 사람이 살아갈 앞으로의 라이프스타일이 결정될 것이기 때문이다.

유행은 늘 변하기에 지나치게 유행을 따르는 것도 위험하고, 웨딩 세트 구매 시의 할인 때문에(신혼살림을 장만할 때 가장 범하기 쉬운 실수가 여기에 있다고 생각한다) 썩 마음에 들지 않는 가구를 고른다면 또 한 번의 거금을 써야 하는 순간이 금방 올지도 모른다. 특히나 가구를 바꾼다는 것은 프라이팬을 바꾸는 것처럼 간단하지 않기에 시간을 들여서 여러 스타일의 가구를 살펴보며 우리 부부가 정말 좋아하는 것이 무엇인지, 편안하게 오래 사용할 수 있는 가구인지를 살펴보는 것이 중요하다. 그 과정이야말로 의미 없는 소비를 줄이는 미니멈 리치 라이프스타일의 시작이다.

거실 가구를 구입하기 전, 필수 체크 리스트

●소파

1 소파, 라운지 체어, 빈백 등 소파의 형태를 결정한다.
2 패브릭인지 가죽인지 소재를 결정한다.
3 부부 소파인지 손님용 소파인지 크기를 결정한다.

●테이블

1 서재형 거실이라면 원목, 흰색 라미네이트, 컬러 마감 식탁 등 선호하는 상판
스타일을 결정한다.
2 의자를 세트로 맞출지, 전혀 다른 브랜드 제품을 믹스매치할지 결정한다.
3 2~3인용, 4~5인용, 6인용 테이블 중 크기를 결정한다. 소파 대신 테이블을 둘
경우엔 애매한 크기보다 아예 큰 테이블을 두는 게 후회 없다.

●오디오 장

1 사용하고자 하는 오디오 기기의 크기를 정확히 실측해 그보다 넉넉한 크기로
구입한다.
2 오디오 장은 장식장과 달리 뒤쪽에 전선이 빠지는 후면 공간이 필요하다. 가구
브랜드에서도 오디오 장이라고 출시했다가 구멍이 없어 난감한 사례도 종종 발생
하니, 미리 꼭 체크해야 한다.

●카펫

1 카펫은 소파나 테이블 등 큰 가구를 결정한 다음 고른다.
2 카펫이 지나치게 크거나 작으면 거실 전체의 비율이 무너진다.
3 장모형은 푹신하고 편안하지만 청소가 어렵다는 단점이 있다. 장모형과 단모
형 카펫 중에 하나를 결정하는 것도 중요한 체크 요소다.

●**장식장**

1 소품 배치가 드러나는 선반형, 유리를 끼워 속이 들여다보이는 여닫이 또는 미닫이형, 속이 보이지 않는 캐비닛형 중 선호하는 스타일을 고른다.

2 소파나 테이블 등 큰 가구를 먼저 결정하고, 톤 앤 매너를 비슷하게 맞추어 색상이나 소재를 선택하자.

●**커튼과 블라인드**

1 커튼과 블라인드 중 선호하는 형태를 고른다.

2 분위기 때문에 투명하고 나풀나풀한 소재를 고르면 여름의 빛이나 한낮의 채광을 감당하기 어려울 수 있다. 특히 프로젝터를 사용하는 집이라면 암막 커튼이나 블라인드를 추천한다.

●**텔레비전**

1 가전제품이긴 하지만 거실의 분위기를 좌우하는 중요한 품목이라 가구 목록에 넣었다. 대기업에서 출시한 고성능 최신 텔레비전을 둘지, 클래식한 아날로그 디자인을 둘지, 벽에 스크린을 설치해 무드 있는 분위기를 즐길지 결정한다.

2 소파나 라운지 체어, 테이블 위치는 텔레비전이나 스크린의 위치를 고려해서 배치한다.

거실에 장식장을 두기로 결정했다면 소파, 테이블 등 다른 거실 가구의 소재와 색깔을 고려해 선택하는 것이 좋다. 현재 사용하고 있는 형태의 선반형 장식장 중 추천할 만한 제품을 소개한다.

이케아 '칼락스Kallax' 선반 유닛 — 10만 원대

책장, 소품장으로 사용하기 좋은 심플한 프레임의 선반 유닛이다. 깔끔한 흰색과 검정색 등 다섯 가지가 넘는 스타일이 있으며 뒷면도 같은 색상으로 마감이 되어있어 파티션으로 활용할 수도 있다. 각 칸에 채워 넣는 도어식 인서트를 따로 구매해 집에 필요한 형태로 구성하여 사용할 수 있다. /
사진 출처 : 이케아 홈페이지, 1670-4532

스탠다드에이 책장 — 90만 원대

좋은 소재로 만든 심플한 형태의 책장으로 오래 사용할 수 있는 원목 선반이다. 주문 제작해서 다양한 크기로 제작이 가능하며 위로 올라갈수록 사선으로 좁아지는 디테일로 단조로움을 피했다. 원목 뒤판의 검정색 스틸 부분은 물건이 뒤로 넘어가지 않도록 잡아준다. / **사진 출처 : 스탠다드에이 홈페이지, 02-335-0106**

MDF ITALIA 랜덤 북케이스 — 구성에 따라 가격 변동

제품의 이름처럼 가로세로로 간격이 랜덤하게 배열되어 감각적인 스타일을 보여주는
이탈리아 MDF 사의 북케이스. 책과 장식품을 올려 호텔 로비 혹은 도서관의 느낌
을 낼 수 있는 디자인의 거실장이다. 6mm의 얇은 원목으로 짜여 심플하고 깔끔한
느낌을 준다. 캐비닛과 함께 섞어 구성할 수 있는 것도 장점이다.

/ 사진 출처 : 한국가구 홈페이지, 02-2600-7000

카르텔 '선디알Sundial' 북셀프&디스플레이
— 100만 원대

오키사토가 이끄는 넨도 디자인에서 제작한 책장
및 디스플레이 케이스. 칸막이가 약간씩 다른 각도
로 배치되어 해시계의 그림자처럼 시간과 시점에
따라 다른 이미지를 만드는 독특한 구조다. 글로시
한 코팅 마감이 카르텔 특유의 모던한 분위기를 내
며 선반과 디바이더의 위치와 각도를 직접 바꿀 수
있어 자유로운 연출이 가능하다.

/ 사진 출처 : 한국가구 홈페이지, 02-2600-7000

미니멀하고 심플한
북유럽 스타일

덴스크

김효진 대표가 선별하고 수집한 빈티지 가구와 북유럽 오리지널 디자이너 가구가 갤러리처럼 전시된 곳. 국민 소파로 유명한 거스 (Gus)부터 덴마크 수납 시스템 브랜드 몬타나(Montana) 등을 다룬다. / 서울 강남구 테헤란로39길 77, 02-592-6058

모벨 랩

성북동에 있는 박물관 같은 느낌의 가구점. 1900년대 오리지널 북유럽 가구 컬렉션이 훌륭하다. 아르네 야콥센, 한그 베그너 등 디자이너의 오리지널 빈티지부터 합리적인 가격대의 빈티지 가구 라인을 한눈에 볼 수 있다.
/ 서울 성북구 선잠로 49, 02-3676-1000

MMMG

북유럽 디자인을 일본식으로 재해석한 가리모쿠 브랜드를 취급한다. 아시아의 라이프스타일을 반영해 좌식 느낌, 편안한 분위기를 강조한 브랜드라 주변에서도 가리모쿠를 쓰는 지인들이 많다. / 서울 용산구 이태원로 240, 02-549-1520

에이후스

가구부터 조명, 소품까지 다루고 있어 수준 높은 디자이너 컬렉션을 둘러보며 안목을 키우기 좋다. 아르텍, 핀율 등의 디자이너 브랜드를 다룬다. / 서울 용산구 서빙고로 413 하이페리온 101동 1층, 02-3785-0860

이케아

모든 가구를 오리지널로 구입하기 힘들다면 이케아와 적절히 섞어 사용하다가 하나씩 바꾸는 것도 방법이다. 패브릭 소파와 테이블, 의자, 사이드 테이블, 장식장까지 선택의 폭이 굉장히 넓다. 직접 쇼핑하고 설치하는 것이 힘들다면 배송과 설치 서비스를 신청하자. 가격이 합리적이라 큰 손해는 없다. / 경기 광명시 일직로 17, 1670-4532

프리츠한센

지난 겨울 오픈한 프리츠한센 플래그십 매장은 베스트셀러 제품뿐 아니라 신제품, 새로 출시한 소품까지 다양하게 선보인다. / 서울 강남구 압구정로46길 15, 02-511-6326

인노바드

허먼 밀러의 대표 제품인 임스 체어를 비롯해, 사무용·주거용 가구를 다양하게 선보인다. / 서울 강남구 역삼로 557, 02-515-3660

이노메써

현재 가장 인기 있고 트렌디한 북유럽 디자이너들의 최신작을 한눈에 볼 수 있다. 헤이, 구비, 쿠에로 디자인, 디자인 스톡홀름 등 '미니 북유럽' 가구점이라해도 과언이 아닐 듯. / 서울 서초구 양재천로 127, 02-3463-7752

루밍

가구와 소품을 실생활에서 활용할 수 있도록 배치하는 등 쇼룸 디스플레이에 신경을 많이 쓴 곳이다. 소품 종류도 다양해 집 꾸밀 때 필요한 소소한 액세서리가 궁금하다면 꼭 들러봐야 할 곳. / 서울 서초구 서래로 6, 02-6408-6700

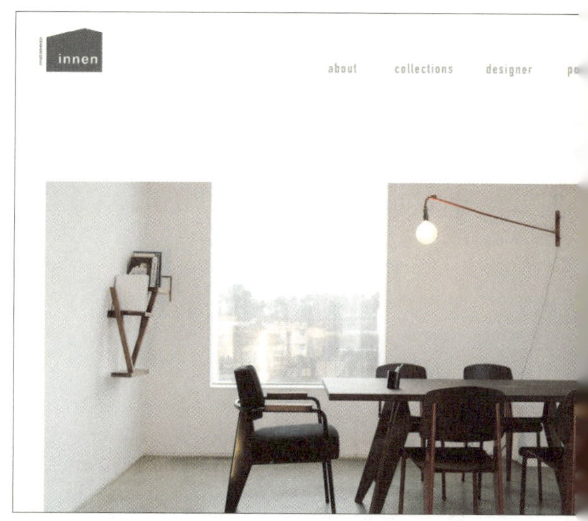

인엔

클래식부터 컨템퍼러리 모던에 이르기까지 유명한 디자이너의 오리지널 브랜드를 다루는 곳. 국내에서 찾아보기 힘든 젠 스타일 작가 조지 나카시마, 스위스 디자인 브랜드 비트라의 가구까지, 브랜드 라인업의 폭이 넓다. / 서울 강남구 삼성로 747, 02-3446-5103

로맨틱하고 화려한
프렌치 스타일

그랑지

클래식한 디자인에 모던한 스타일을 접목했다. 정통 프렌치 스타일이 부담스럽다면 좀 더 힘을 뺀, 젊은 감성에도 잘 어울리는 그랑지의 가구를 추천한다. / 서울 강남구 삼성로 757 소성빌딩, 02-3446-1904

디사모빌리

컬러풀하고 개성 있는 디자인으로 유명한 프랑스 가구 브랜드 리네로제를 선보인다. 위트 있고 개성 있는 소파가 유명해 호텔이나 리조트 등의 상업 공간에서도 사랑받는 브랜드다. 리네로제 외에도 폴리폼, 에르뽀, 아르티잔 등 다양한 가구 브랜드를 소개한다. / 서울 강남구 학동로 119, 02-512-9162

파넬

프랑스에서 25년간 가구 비즈니스에 몸담았던 설립자가 시작한 브랜드 몽티니(Mongtigny)를 수입한다. 10여 개의 대표 컬렉션을 통해 다양한 제품군을 생산한다. 클래식한 프렌치 스타일을 기본으로 색상과 패브릭을 조합해 나만의 프렌치 감성을 완성할 수 있는 곳이다. / 서울 강남구 봉은사로49길 39, 02-3443-3983

무아쏘니에

프렌치 가구의 정석. 130년 넘은 프랑스 가구 브랜드로 루이 15세 당시의 궁정 가구를 재현했다. 디자인은 물론 색상까지. 베르사이유풍을 좋아한다면 꼭 들러봐야 할 매장. 콘솔부터 장식장까지 낭만적인 공간을 연출하기 좋은 가구가 포진해 있다. / 서울 강남구 봉은사로 328, 02-515-9556

모던하고 고급스러운 유러피언 스타일

메종 에르메스

에르메스에서 만드는 가구와 그릇은 패션 피플들에게 더 유명하다. 도산공원에 위치한 에르메스 플래그십 매장에는 에르메스에서 선보인 품위 있고 우아한 가죽과 나무 리빙 제품으로 가득하니 세련된 파리지엔의 감성을 집안에 두고 싶다면 가장 먼저 들러보아야 할 곳. / 서울 강남구 도산대로45길 7, 02-542-6622

아르마니 까사

명품 패션 브랜드 아르마니의 리빙 브랜드. 묵직하고 깊이 있는 가구가 주를 이룬다. 매장에 들어서면 은은한 조명 덕에 가구 매장이 아닌 고급 스파에 온 기분이 든다. 중후하고 남성적인 인테리어를 원한다면 주목할 공간이다. 꽃을 다루는 아르마니 피오리와 초콜릿 등 디저트류를 다루는 아르마니 돌치 매장이 숍인숍으로 입점해 있다. / 서울 강남구 논현로 743, 02-540-3094

웰즈

일본, 유럽, 미국 등 전 세계의 대표적인 브랜드를 소개한다. 가장 유명한 브랜드는 마르셀 반더스의 무이, 이탈리아의 에드라 등. 실용적이고 단순한 가구도 있지만 눈이 번쩍 뜨일 만큼 화려하고 소장 가치 높은 가구가 많다. 거울, 조명 등 집 꾸밀 때 포인트를 주기 좋은 소품도 곳곳에 숨어있다.

/ 서울 서초구 서래로 6, 02-6408-6700

로쉐 보보아

장 폴 고티에, 소니아 리켈, 미쏘니 등의 세계적인 패션 디자이너와 협업해 가구를 만드는 프랑스 가구 브랜드. 화려하고 개성 있는 인테리어에 관심 있다면 꼭 들러봐야 할 매장이다. 논현동 한국가구 매장에서도 만날 수 있다. / 서울 서초구 신반포로 176 센트럴시티빌딩 02-3479-1241

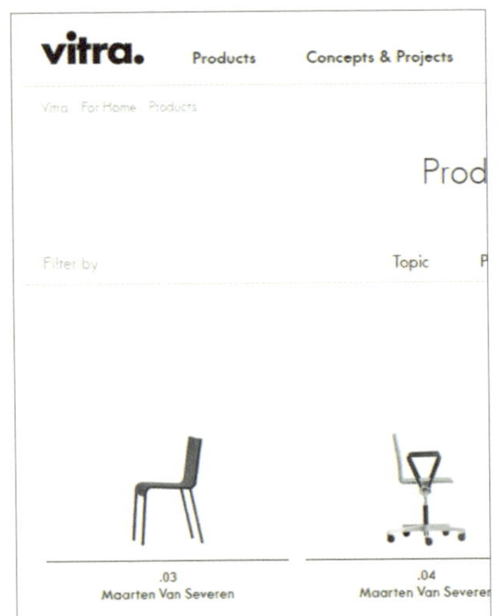

비트라

'군더더기 없이 명쾌하며 디자인적인 가구', 스위스 명품 브랜드 비트라의 가구를 설명하기 좋은 문장이다. 한남동 비트라 매장에는 거실용 가구 외에도 사무용, 서재용 가구가 많아 남편이나 아이와 함께 둘러보기도 좋다. / 서울 강남구 도산대로 225, 02-545-0036

두오모

가구 브랜드도 좋지만 이탈리아 명품 조명 브랜드 아르테미데(Artemide), 플로스(Flos)나 영국의 톰 딕슨(Tom Dixon) 등 조명 라인업도 훌륭하다. '튤립 테이블'로 유명한 놀의 가구도 두오모에서 만날 수 있다. / 서울 강남구 논현로 735, 02-516-3022

디옴니

미노티, 보치, 모더니카, 놀 등 유럽과 미국의 대표 브랜드를 다루는 매장. 장식적이고 화려한 가구보다는 고급스럽고 모던해서 오래 두고 사용하기 좋은 브랜드들을 주로 다룬다. / 서울 강남구 압구정로72길 26, 02-3442-4672

세덱

아르카, 본템피, 아르퍼 등 여느 편집 매장과는 겹치지 않는 독자적인 브랜드 리스트로 차별화했다. 지인 중 이곳에서 혼수를 장만한 이들이 많은데, 가구뿐만 아니라 인테리어 소품, 그릇, 와인 냉장고에 이르기까지 '올인원 쇼핑'이 가능하기 때문이다. 홍대에도 매장이 있다. / 서울 강남구 도산대로 223, 02-549-6701

우리나라 정서와
라이프스타일에 맞는
국내 브랜드

한샘

1970년대부터 국내 가구 산업을 주도해온 한샘. 매장을 둘러보다 보면 어쩜 이렇게 우리나라 라이프스타일에 꼭 필요한 가구들만 쏙쏙 골라서 만들었을까 싶다. 특히 붙박이장이나 수납 시스템 가구가 유명하다. 가격대도 선택의 폭이 넓다. / 1688-4945

까사미아

요즘 신혼부부들이 선호하는 스타일을 발빠르게 캐치한 트렌디한 가구 라인업이 좋다. 우리 집에도 있었던 헬싱키 오디오장과 스테이 식탁은 신혼부부라면 한 번쯤 고민해봤을 베스트셀러 품목. 가격대가 저렴한 편은 아니지만 전체적으로 견고하고 디자인을 중시해 매장을 둘러보면 공부가 된다. / 1588-3408

일룸

인기 있는 드라마에 가구 시리즈가 등장하며 화제를 모았다. 합리적인 가격대와 컬러풀하고 심플한 디자인을 추구해 젊은 신혼부부에게 인기가 많다. / 1577-9199

부엌 가구

FURNITURE
FOR KITCHEN

잘 고른 식탁과 조명은
부엌에 머물도록 도와준다.

by 영지

우리 집 부엌에 '아일랜드 식탁'이라는
정답을 찾기까지

오래 앉아도 편안한 의자, 따뜻하고 온화한 조도의 조명, 공간을 잔잔하게 흔드는 음향 기기로 이루어진 우리 집은 그 어떤 공간보다 편안하다. 식사를 하거나 커피를 마시거나 와인을 마실 때도 그렇다. 카페나 레스토랑에 가면 의자가 별로네, 조명이 별로네, 소리가 별로네 등등 결점을 찾게 되는데, 우리 집은 내가 원하는 것들로 채워져 거슬리는 게 하나도 없다.

간단하게 아침을 먹을 때, 퇴근한 남편과 와인을 마실 때, 주말 오후 디저트를 먹을 때 주로 머무는 부엌 식탁은 우리 집에서 가장 빛나는 공간, 활성화된 공간이다. 이곳은 결혼한 첫날부터 지금까지 폐업했던 적이 하루도 없다. 가스레인지 4구와 인덕션, 하이라이터, 휴대용 가스버너를 풀가동하고 친구들을 초대해 파티라도 하는 날엔, 3인칭 시점에서 부엌을 바라보면서 내 부엌은 쓸만하군, 하고 바보처럼 좋아한다.

부엌을 좋아하게 된 이유는 단순하다. 남편이 내가 한 음식을 좋아했기 때문에, 그 모습을 더 보고 싶어서 자꾸 요리를 하게 되었다(남편이 돼지고기와 소고기 맛을 구별하지 못하고 모든 음식을 맛있게 먹는 건 아닐까, 하는 작은 의심이 생겼지만 물증은 없다).

불행히도 첫 신혼집의 부엌은 요리를 거의 하지 않는 맞벌이 부부를 위해 디자인된 공간이었다. 거실보다 1/3 정도 작은 ㄱ자 형태의 부엌 조리 공간은 도마 두 개만 올려도 꽉 찼다. 확장형 베란다에 6인용 식탁을 둔 이유도 그 때문이었다. 부엌에서는 손님을 맞을 수가 없었다. 게다가 6인용 식탁과 세트로 구입한 부엌의 2인용 식탁 위엔 커피 머신, 키친에이드 반죽기, 무선 주전자 같은 소형 가전으로 즐비해서 그 자리에 앉아 오붓한 티타임을 즐기거나 요리책을 읽고 싶다는 환상은 실현되지 않았다.

지금 살고 있는 두 번째 집은 같은 단지에 있는 다른 구조의 집이다. 거실보다 부엌이 더 넓게 나온 특이한 구조라서 요리하기는 좀 더 편해졌다. 하지만 2인용 식탁을 두고 펜던트 조명을 다는 세팅은 첫 번째 집과 비슷했다. 결국 이사를 오고 나서도 그 공간은 6개월간 버려졌다.

가장 마음에 걸린 건 신혼집 인테리어를 채우기 바빴던 시절에 급하게 달았던 조명이었다. 루이스 폴센 등 유명 조명 브랜드에서 권장하는 펜던트 조명과 식탁 상판 사이의 거리는 약 60~70cm였지만 당시 우리 집 철제 펜던트 조명과 식탁 상판의 거리는 약 90cm쯤 되었다. 게다가 빛이 아름답게 퍼지는 게 아니라 전구를 감싼 펜던트의 형태 때문에 눈부시기만 했다.

지금 그 자리에는 만든 지 50년쯤 지나 원래의 흰색이 우아한 회백색이 된 루이스 폴센의 PH5 램프가 달려있다. 조명을 새로 달았던 주에는 친구들이 저녁마다 놀러왔다. 밤 늦게 찾아온 친구는 '어둡지 않나' 하는 표정이었지만, 낮부터 밤까지 머무른 친구는 눈이 어둠의 속도에 익숙

— Before

요리하기 턱없이 부족했던
첫 번째 신혼집의 작은 부엌.
조도도, 분위기도
편안하지 않았다.

해져 전혀 불편하지 않다고 했다. 그 자리에서 다섯 시간 동안 와인을 마시고 수다를 떨며, 가구보다도 조명이 먼저라는 사실을 처음 알게 되었다.

조명을 바꾸고 나자, 이번에는 군데군데 코팅이 벗겨진 작은 나무 테이블에 대한 고민이 시작됐다. 내가 구입하고 싶었던 건 핀란드의 디자인 거장 알바 알토가 아르텍이라는 브랜드를 통해 출시한 나무 식탁이지만 또다시 큰돈을 지출하면서 비싼 식탁을 들일 엄두가 나지 않았다.

그 자리에는 이케아의 '독스타' 원형 테이블을 두기로 타협했다. 원래는 7~10만 원 정도의 사각 식탁을 두고 버텨볼까 했는데, 디자이너 선배들이 두 손 들고 추천하는 원형 테이블을 꼭 한번 사용해보고 싶어 거금을 지출했다. 독스타 테이블의 가격은 24만9000원. 이케아 식탁 중에서는 고가에 속한다.

지름 105cm짜리 상판은 꽤 커서 다섯 명이 앉아 식사를 해도 괜찮을 정도로 넉넉했다. 원형이다 보니 공간을 많이 차지하고 애매한 자투리 공간도 생겼지만 정면으로 마주 보고 식사할 때보다 한결 부드러운 분위기가 조성됐다.

두 번째 신혼집 부엌. 첫 번째 부엌과 크게 다르지 않은 조합이라 이 공간에 대한 애정을 느끼지 못했다(좌).
아일랜드 식탁을 들이기 전에 쓰던 이케아 독스타 테이블(우).

— Before

— After

경험자만 공감할 수 있는 팁 하나. 정면으로 마주 보고 식사를 하면 감정이 성급해지고 같은 얘기를 해도 눈을 똑바로 쳐다보며 다그치는 분위기가 된다. 대각선으로 앉아 시선을 비스듬히 처리하고 얘기하다 보면 대화에 여유가 생긴다. 데이트할 때 카페보다 드라이브나 산책이 효과적인 것과 비슷한 이치다.

올봄, 만족스럽던 부엌 라이프에 다시 한 번 결정의 순간이 찾아왔다. 24평 아파트치고는 넓게 나온 부엌이지만, 늘어나는 냄비와 접시를 수납할 공간이 절대적으로 부족했다. 자주 쓰는 그릇과 유리잔, 와인 잔을 꺼내기 위해 사다리를 밟고 올라가 싱크대 상부장을 여는 수고를 더 이상은 하고 싶지 않았다. 손 닿는 곳에 그릇을 두는 건 부엌 동선에 꼭 필요한 일이다. 우리 집 부엌 가구의 최종편이 된 아일랜드 식탁은 이런 과정을 거쳐 부엌에 안착했다.

만약 알바 알토 식탁을 성급하게 구입했더라면 되팔 수도 없고, 팔기도 아깝고, 남편에게는 변명 거리도 찾지 못하고 속으로 끙끙댔을 것이다. 그때는 수납공간이 더 필요할 거라고 생각하지 못했고, 디자이너의 오리지널 가구로 온 집안을 채우고 싶은 생각만 가득했기 때문이다. 하지만 그때의 인내심은 우리 집 부엌에 꼭 필요했던 '아일랜드 식탁'이라는 정답을 선물로 보내줬다. 흰색 도화지 같은 밝은 아파트에, 밝은 색 가구만 가득했던 우리 집에 호두나무로 만든 진한 색감의 식탁이 배송되던 날에는 소풍 가는 아이처럼 신났던 기억이 난다. 숨을 고르고 한 번 더 고민하면 더 길고 확실한 행복이 온다는 걸 알게 된 아침이었다.

세 번째 변화는 4월 초, 다시 한 번 찾아왔다. 2016년 가을, 퇴사를 결심하고 집에서 와인 수업을 시작하면서 더 넓은 아일랜드 식탁이 필요해진 것이다. 기존의 아일랜드 식탁 상판은 가로 1200mm, 세로 600mm의 신혼 아파트 부엌에 딱 필요한 크기였지만, 세로 길이가 계속 아쉬웠

부엌에 두고 사용했던 수납장을 겸한 아일랜드 식탁은
거실과 부엌 중간으로 옮겨 파티션 역할을 한다.

다. 수업을 듣는 학생 분들이 불편하게 느끼는 좁은 상판이었기 때문이다. 하지만 다시 한 번 가구를 제작하고 힘을 주기엔, 비용이 부담스러웠다.

그래서 결정한 게 이케아에서 구입한 스텐스토르프(STENSTORP) 식탁이다. 상판은 참나무 마감이라 견고하고, 가로가 1200mm, 세로가 800mm로 기존 식탁보다 훨씬 더 넉넉한 크기였다. 선반 소재가 스테인 리스라 손이 자주 가는 기물을 편하게 두고 꺼내 쓰기 좋을 것 같았다.

기존 아일랜드 식탁은 거실과 부엌의 중간쯤으로 옮겨서 파티션 처럼 새롭게 배치했다. 와인 수업을 하면서 사용하는 수십 개 되는 와인 잔을 보관하고, 자주 쓰지 않는 머그, 찻잔을 보관하는 용도로 쓴다.

부엌은 거실과 달리 필요한 가구가 몇 개 되지 않는다. 식탁, 의 자, 조명. 이 세 가지가 전부다. 이 세 가지를 어떻게 결정하는지에 따라 집안의 절반을 차지하는 부엌에 머무르는 시간의 총량이 달라진다. 부부 가 생활하며 함께 머물고 대화하는 공동 공간은 고작 거실, 부엌 두 곳뿐 이다. 신중하게 꾸미지 않으면 결과적으로는 함께할 시간의 일부를 잃어 버리는 셈이다.

이케아 스텐스토르프 아일랜드. 화이트와 블랙 두 가지 모델이 있다.
선반이 스테인리스라 청결하게 사용할 수 있다.

식탁 맞은편 벽에 작은 그릇장을 두어 식기를 수납하고
비니거, 오일, 원두 등을 한쪽에 올려두었다.

부엌에서 거실을 바라본 풍경.

박수이 작가의 옻칠 수납장.
수작업으로 색을 칠한, 세상에 단 하나밖에 없는 수납장이다.
옻칠 가구는 시간이 지나면 자연스럽게 색이 공간에 녹아들어 더 아름답게 변한다.
부엌 한편에 걸어두고 찻잔과 화병을 두는 공간으로 활용한다.

못생긴 빌트인 가구를 바꿔주는
마법의 인테리어 필름

남의 집일수록 바닥과 천장 등 가져갈 수 없는 '밑그림'에는 손 대지 않는 게 좋다. 가구나 조명 등 이사갈 때 가져갈 수 있는 걸 쇼핑하는 게 득이다.

하지만 아무리 전셋집, 남의 집이라도 타협하기 어려운 부분이 있다. 알록달록한 스티커가 붙은 부엌의 낡은 싱크대, 녹슬어서 만지기도 싫은 손잡이, 로맨틱과는 거리가 먼 형광등 조명 같은 것 말이다. 결혼 전 집을 구하기 위해 들렀던 많은 아파트에서 신혼의 로망에 찬물을 뿌리는 이 극악무도한 디테일을 무수히 만났다.

지금 살고 있는 우리 집 부엌에도 나를 경악하게 한 요소는 있었다. 연두색 하이글로시 마감의 싱크대 하부장이 그 주인공이다(아파트 총괄 인테리어 담당자분은 이 아파트에 신혼부부가 많이 사니까 경쾌하고 발랄하며 촌스러운 연두색이 통한다고 생각했던 걸까).

이사하면서 바닥이나 천장 공사는 하지 않았지만 슈렉 귀신이 나올 것 같은 부엌 하부장만큼은 어떻게든 처치하고 싶었다. 이럴 때 가장 유용한 방식은 시트지, 정확하게는 소재나 색상 면에서 그보다 고급스러운 인테리어 필름 공사가 정답이다.

인테리어 필름은 들어낼 수 없는 붙박이장, 현관 신발장, 중후하고 촌스러운 체리색 몰딩 등 부분 부분 거슬리는 공간을 감쪽같이 원하는 색상으로 덧칠할 수 있는 '스티커'다. 말이 스티커지 원목 표면을 살살 긁어내서 붙인 것처럼 품질이나 미학적인 효과가 뛰어나다. 문구점에서 산 시트지를 직접 붙여도 되지만, 신혼집이라면 무조건 전문가를 섭외할 것을 추천한다. 자르고, 붙이고, 기포 없이 깔끔하게 시공하는 작업은 일반인의 곰손으로는 어림도 없는 섬세한 작업이다.

인테리어 카페를 수소문하고, 업체에서 운영하는 블로그에 올라온 포트폴리오를 꼼꼼히 살펴보고 업체를 좁힌 결과 선택한 곳은 '하윰디자인'이란 곳이었다. 블로그에 올라온 시공 사례가 지금처럼 많지는 않았지만 감각 있는 부부가 세련되게 작업한다는 믿음이 생겼다.

공사 당일 날, 젊은 사장님 내외가 집을 방문했다. 24평 부엌에 설치된 싱크대 중 연두색으로 마감된 하부장 공사는 30만 원, 상부장 공사를 추가하면 총 50만 원이라고 했다. 공사에 소요된 시간은 딱 반나절. (지금은 없는) 못생긴 꽃무늬 김치냉장고 시공도 부탁했더니 가전제품은 나중에 뒤틀리거나 벗겨지는 등 문제의 소지가 많아 작업하지 않는다고 했다.

인테리어 필름 시공 전 연두색 싱크대(좌). 인테리어 필름 시공 후 싱크대(우).

—— Before

2017년 4월 현재, 시공한 지 20개월이 지나고 하윰디자인과 다시 한 번 만났다. 상부장은 유광 화이트, 하부장은 무광 그레이로 정리되지 않은 분위기가 계속 마음에 걸려, 아예 위아래를 무광 화이트로 통일하기로 했다.

'처음부터 이렇게 할 걸' 하는 후회를 다시 한 번 하며 완벽하게 바뀐 부엌을 감상했다. 지금 우리 집 부엌은 상상했던 그대로 참 예쁘고 아름답다.

TIP   **인테리어 필름이란?**

조악한 색상의 인위적인 시트지가 자연 소재로 진화한 형태. 나뭇결, 대리석 등 천연 재료에서 나타나는 고유의 패턴과 색상을 진짜처럼 자연스럽게 표현해주는 고급 스티커다. 삼성, 한화, LG 등 대기업 브랜드에서 다양한 라인을 출시하고 있는데 우리 집을 시공한 하윰디자인은 자연스러운 색상과 깔끔한 마감을 자랑하는 LG 인테리어 필름을 주로 사용한다고 했다. 업체마다 사용하는 인테리어 필름 종류나 브랜드가 다양하니 미리 체크하고, 혹시 눈여겨봤던 필름이 있다면 해당 모델로 시공해줄 수 있는지 문의하면 된다.

최근 무광 화이트 필름으로 통일한 싱크대.

— After

살림에 재미를 더하는
아일랜드 식탁.

by 리미

동선을 고려한 아일랜드 식탁은
공간을 효율적으로 만든다

우리 부부는 언젠간 우리 생활에 딱 맞춘 완벽한 집을 짓고 싶다는 로망이 있다. 앞으로 살고 싶은 공간에 대해 자주 이야기를 나누는 편인데 그 중심엔 늘 거실과 이어지는 커다란 주방이 있다. 지금 집을 고를 때도 가장 마음에 든 것이 거실과 바로 이어지는 주방의 구조였다. 거실과 주방이 일자로 이어져있어 많은 사람들이 선호하는 구조는 아니지만 요리를 하면서도 거실을 바라볼 수 있는 이 구조가 참 마음에 들었다. 음식을 준비할 때도 거실에 있는 상대방과 이야기를 나누면 주방 일이 더욱 즐거워진다. 언젠가 내가 살 집을 짓는 날이 온다면 개수대까지 거실 쪽을 향하게 만들어 설거지도 대화를 하며 즐겁게 할 수 있는 대면형 주방을 만들고 싶다. 요리할 때는 물론 뒷정리까지 거실에 있는 사람들을 바라보며 할 수 있다면 주방에서의 시간이 얼마나 더 즐거울까?

대면형 주방에 대한 열망은 있었지만 몇 년을 살게 될지 모를 전셋집에 대대적인 공사를 하기는 어렵다. 그래서 생각해낸 방법이 바로 아일랜드 식탁이었다. 부엌과 거실이 일자로 트여있는 구조는 부엌과 거실을 식탁이나 소파로 나누는 경우가 많은데 우리 집 식탁은 길이가 길어 가로로 둘 수가 없었고, 거실에는 소파가 없었기 때문에 아일랜드 식탁이 절실했다. 아일랜드 식탁을 기성품이 아닌 제작으로 만드는 이유가 바로 이 때문이다. 공간을 효율적으로 활용하고 싶을 때 필요한 가구이기 때문이다. 집의 구조와 공간, 그리고 사용하는 사람의 스타일을 고려해 만들었을 때 가장 빛을 발하는 가구라 할 수 있겠다.

　　그렇다고 급한 마음에 현실과 타협해 가구를 들일 수는 없는 일 (이 책을 통해 전달하고자 하는 가장 중요한 메시지는 절대 서두르지 말라는 것! 특히 부피가 큰 가구는 더더욱). 일자형 부엌에 아일랜드 식탁이 들어오면, 어떤 구조가 좋을지 신중하게 생각하며 반년을 보냈다. 내가 원하는 아일랜드 식탁의 조건은 두 가지였다. 월넛 테이블과는 다른 무게감을 줄 밝은 색 원목과 스테인리스 스틸의 조합, 거실과 부엌을 나누는 적당한 길이의 가구여야 했다.

　　아래 그림은 가구 제작을 맡은 스탠다드에이 이학준 실장님과 여러 번의 상담 후에 받은 초안이다. 밝은 색 오크 원목에 스테인리스 상판

상판은 스테인리스를 사용하되 원목 부분을 충분히 넣어 작업 공간과 여유 공간을 구분해 구성했다.

아일랜드 선반은 아기자기한 구성을 배제하고 3단의 심플한 형태로 구성했다. 40T의 두툼한 나무를 사용하여 무게감이 느껴지도록 했다.

선반은 앞뒤로 막히지 않는 구조로 설계해 답답함이 없도록 디자인했다.

을 사용하고 싶다는 바람이 그대로 반영되었고, 간이 식탁으로 사용할 수 있는 원목 부분까지 확보되었다.

처음에는 그릇과 냄비 등 살림 도구가 수납된 모습이 그대로 보이는 것이 지저분하지 않을까 싶어서 앞 상판이 막힌 구조를 생각했었는데 우리 집 부엌을 사용해본 여러 친구들과의 상의 끝에 선반이 개방된 형태의 아일랜드 식탁을 제작하기로 결정했다. 상판을 막으면 답답해 보이는데다 그릇을 바로 꺼내서 사용하기 힘들 것 같다는 우려 때문이었다.

2년 가까이 사용하고 있는 지금, 개방형 아일랜드 식탁으로 제작한 것은 정말 잘한 일이었다. 테이블이 거실 쪽에 있는 우리 집 구조에서 아일랜드 식탁 선반에 진열된 그릇을 바로 꺼내 사용할 수 있다는 점은 정말 편리했다. 주방은 무엇보다 편하게 일할 수 있는 구조를 만들어야 한다. 그래야 자꾸만 주방에 들어가고 싶고, 요리가 재밌기 때문이다.

아일랜드 식탁이 들어온 후, 우리 집은 거실과 부엌에 자연스러운 경계가 생겨 안정감이 더해졌고, 수납공간이 많아져 부엌의 효율이 높아졌다. 우리 집 상황에 맞춘 대면형 주방이 완성된 것이다. 엄마가 결혼할 때 사주신 쌍둥이칼 칼집은 마치 맞춘 듯이 원목 부분과 어울리고 흰색 발뮤다 토스터도 원래 그곳에 있었던 듯이 아일랜드 식탁과 어우러진다.

일자형 싱크대가 거실과 마주 보는 구조의 대면형 주방.
아일랜드 식탁 하나로 거실과 부엌 사이에
자연스러운 경계가 생겼다.

———

부엌 일이 즐거워지는
아일랜드 식탁 수납법

처음 아일랜드 식탁의 선반을 사용할 때는 공간의 효율보다는 예쁜 수납에 중점을 두어 큰 그릇과 냄비만을 진열했다. 큼직한 것들로 채워진 모습이 예쁘기는 했지만 사용을 해보니 자주 쓰는 그릇을 거실 쪽 선반에 진열하는 편이 훨씬 편했다. 작은 그릇들로 채워진 모양새가 복잡해 보이기는 했지만 시간도 동선도 효율적이었다.

밥을 지은 솥, 국을 끓인 냄비, 반찬을 담은 그릇들을 테이블로 옮기고, 앞 접시, 밥공기, 국그릇 등을 선반에서 바로 꺼내 사용할 수 있으니 좋다. 다만 개방형이기 때문에 먼지가 잘 쌓이니 청소를 자주 해야 한다는 단점이 있지만 지금 형태의 수납 방법을 고수하고 있다. 수납에서 가장 중요한 것은 주방을 사용하는 자신의 습관, 동선을 잘 파악해 살림의 효율을 높이는 것이기 때문이다.

테이블 안쪽에는 주로 조리도구들을 수납한다. 맨 위 칸에는 자주 사용하는 작은 크기의 무쇠솥과 밀크팬 등을 올려두었고, 중간 칸에는 큰 크기의 무쇠솥, 법랑, 일본식 뚝배기 가마도상을 보관한다. 아래 칸에는 여러 번의 시행착오를 겪은 후 여러 가지 크기의 쟁반과 프라이팬을 두고 사용한다.

아일랜드 식탁에서 과일을 깎고, 커피를 내릴 때는 스툴에 앉아 있는 남편과 이야기를 나눈다. 늘 바쁜 아침을 보내는 우리에게 자주 있는 일은 아니지만 스툴이 생긴 이후, 내가 가장 좋아하는 순간 중 하나다.

아일랜드 한편에는 스탠다드에이 실장님들께 선물 받은 스툴이 자리 잡
고 있다. 스툴을 놓으니 1인용 간이 식탁으로도 활용이 가능해 아일랜드
식탁을 좀 더 효율적으로 활용할 수 있게 되었다. 한 가지 바람이 있다면
언젠가 상판에 1구짜리 인덕션을 넣어 아일랜드 식탁에서 간단한 조리를
할 수 있도록 만드는 것. 역시 부엌살림 욕심은 끝이 없나 보다.

거실 쪽 아일랜드 식탁 선반에는 자주 쓰는 그릇들을 놓아 테이블로 바로 꺼내기 좋다(좌).
아일랜드 식탁과 함께 사용하는 스툴. 거실의 테이블 대신 아일랜드 식탁을 1인용 간이 식탁으로 쓸 때
유용하다. 거실 한쪽에 두고 화병을 올려두는 등 다양하게 활용하기도 한다(우).

싱크대 선반에는 아일랜드 선반에 수납하지 못한
찻잔이나 와인 잔, 그릇들을 정리했다.
동선에 맞게 그릇을 수납하면 공간을 훨씬 효율적으로 사용할 수 있다.

| 아일랜드 식탁을 고민하는 이들을 위한 TIP |

●생활 방식, 집 구조, 수납하고 싶은 물건을 생각하며 원하는 형태의 아일랜드 식탁을 직접 그려보자

주방 가구는 주방을 직접 사용하는 사람이 제일 잘 안다. 전문가의 도움을 받거나 가구 매장을 돌아보기 전, 우리 집 주방에 필요한 아일랜드 식탁의 크기, 수납 형태 등을 직접 스케치해보자. 아래는 '레몬밤키친'의 강지수 씨가 스튜디오에 사용할 아일랜드 식탁을 직접 스케치한 그림이다. 참조해보자.

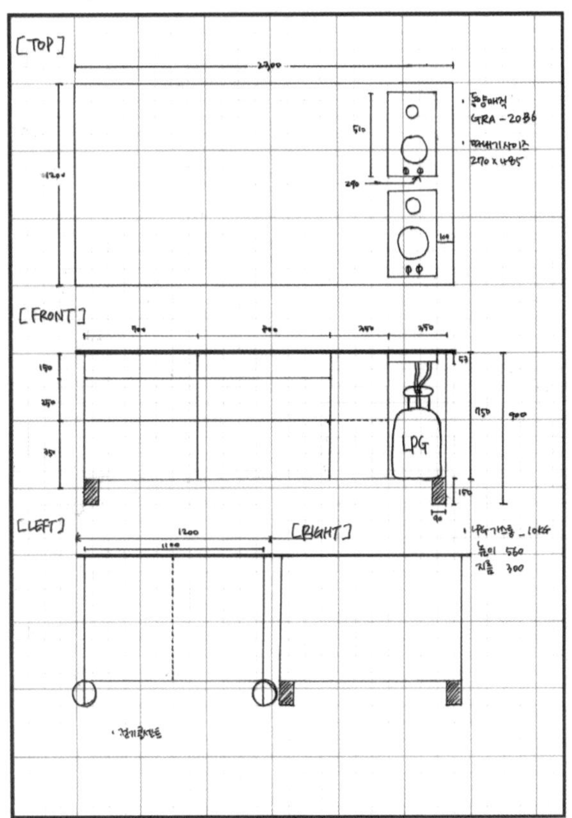

● **기존의 부엌 가구를 고려해 어울리는 느낌의 소재와 색상을 선택하라**

싱크대와 잘 어울리는 느낌의 소재를 선택하는 것이 중요하다. 아일랜드 식탁에 가장 많이 사용하는 소재들의 특징에 대해서 정리해보았다.

원목	따뜻하고 고급스러운 느낌이지만 비싼 가격과 갈라짐, 뒤틀림이 단점. 원목 외에 합판, 무늬목은 저렴한 가격에 구입할 수 있으나 내구성이 떨어진다.
스테인리스 스틸	위생적이고 내열성이 뛰어나지만, 비싼 가격과 자칫하면 상업 공간 느낌이 난다는 단점이 있다.
천연 대리석	고급스럽고 강하지만 비싼 가격과 생활 오염이 생기는 단점이 있다.
인조 대리석	고급스러운 느낌과 강도는 떨어지지만 비교적 저렴한 가격으로 대리석 재질을 느낄 수 있다(아틱그라나이트, 스노우 등).
하이그로시	다양한 색상과 저렴한 가격이 장점이지만 설치 후 냄새, 변색 등이 단점이다.

● **사용할 사람의 키에 맞춰 편안한 상판의 높이를 선택하라**

요리를 편하게 하려면 조리대의 높이가 중요하다. 키 163cm의 나에게 편안한 높이는 87cm. 원하는 높이가 각각 다르니 편안하게 사용할 수 있는 조리대의 높이를 직접 측정해보고 제작하는 것이 좋다.

이케아 '림포르사Rimforsa' 아일랜드 식탁 — 50만 원대

대나무로 만든 작업대와 튼튼한 스테인리스로 이루어진 이케아의 대표적인 아일랜드 식탁. 내가 선호하는 원목 + 스테인리스 조합의 식탁이다. 조리대 아래쪽에 서랍과 선반이 있어 수납도 편하고 안정적이다. / 사진 출처 : 이케아 홈페이지

까사미아 '마레Maree' 아일랜드 식탁 — 30만 원대

무늬목이지만 묵직하고 고급스러운 월넛 색상과 철제 프레임을 사용해 모던한 느낌을 준다. 상판은 같은 목재 느낌과 밝은 베이지색 마블 중 선택할 수 있어 기존 주방 가구의 분위기에 맞출 수 있으며 서랍이 있어 커틀러리 보관 등 수납에도 편리하다. 같은 시리즈로 나오는 스툴을 함께 사용하면 카페 느낌의 주방을 연출할 수 있는 합리적 가격대의 아일랜드 식탁이다. / 사진 출처 : 까사미아 홈페이지

스탠다드에이 오더메이드 아일랜드 식탁 — 50만 원대

우리 집 아일랜드 식탁을 제작한 주문 제작 원목 가구 브랜드 스탠다드에이. '가장 정직한 첫 번째 제안'이라는 브랜드 뜻처럼 원목의 특성을 잘 살린 가구를 만드는 곳이다. 센스 있고 꼼꼼한 대표님들이 오래 사용할 수 있는 가구를 만드는 곳. 주문 제작하기 때문에 집에 꼭 맞는 아일랜드 식탁을 제작할 수 있다.

/ 사진 출처 : 스탠다드에이 홈페이지

비플러스엠 오더메이드 아일랜드 식탁 — 100만 원대

연남동에 위치한 원목 브랜드, 비플러스엠. 스탠다드에이로 결정하기 전, 함께 고민했던 브랜드다. 내추럴한 스타일의 원목 가구를 만든다. 사진 속의 맞춤형 아일랜드 식탁은 경쾌한 색상의 단풍나무로 제작했고 심플한 디자인이 매력적이다. / 사진 출처 : 비플러스엠 홈페이지

한샘 제작 아일랜드 식탁 — 150만 원대

싱크대 등 주방 가구를 전문적으로 설치하는 브랜드를 통해서도 아일랜드 식탁을 맞출 수 있다. 가장 큰 장점은 아일랜드 식탁 위에 가스레인지를 설치하거나 개수대를 만들 수 있다는 것. 기성품이지만 가구로 아일랜드 식탁을 맞출 때보다 완벽한 부엌을 만들 수 있으나 상대적으로 비용이 높으므로 신중하게 선택해야 한다.

가격대별 그릇장
쇼핑 리스트

세덱 '에스니크래프트Ethnicraft' 그릇장

— 200~300만 원대

만만치 않은 가격이지만 쉽게 찾아볼 수 없는, 가공하지 않은 티크목의 자연스러움과 유행을 타지 않는 디자인으로 꾸준히 사랑받고 있는 그릇장이다. 1.5m, 2m, 2.5m 크기가 있으며 고재를 사용해 특유의 색감과 재질감을 가진다. 쿠킹클래스 쉬포나드의 홍지윤 선생님 댁에는 2.5m 크기의 그릇장이 거실 한편을 차지하고 있는데 엄청난 그릇들이 체계적으로 정리되는 것을 보고 비싼 가격에도 꾸준히 사랑받는 이유를 알 수 있었다.

/ 사진 출처 : 세덱 홈페이지

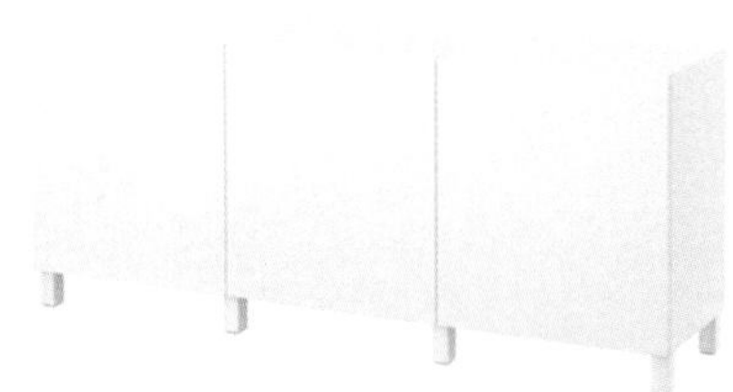

이케아 '베스토Bestå' 선반유닛+도어 — 20만 원대

국민 거실장으로 사랑받는 이케아의 베스토 선반 유닛. 유리문은 아니지만 깔끔한 디자인이고 선반의 높이와 간격을 조절해 나에게 꼭 맞는 수납공간을 만들 수 있어 그릇장으로 사용하기에 적합하다. 색상이 다양해 주방 가구와 어울리는 디자인으로 골라 사용할 수 있는 것도 큰 장점. **/ 사진 출처 : 이케아 홈페이지**

무인양품 유리문 미닫이 그릇장 — 20만 원대

영지의 주방 한편에도 자리 잡고 있는 무인양품의 인기 그릇장. 떡갈나무와 호두나무 색상, 미닫이와 여닫이 제품이 따로 제작되어 기성품이지만 집에 어울리는 디자인을 선택할 수 있다(라지는 여닫이로만 출시된다). 소량의 원목과 합판으로 만들지만 고급스러운 색상과 무인양품의 깔끔한 디자인을 자랑한다. 또 상판에 밥솥, 토스터 등을 올려두고 사용할 수 있는 높이라 추천하고 싶은 제품이다.

/ 사진 출처 : 무인양품 홈페이지

이케아 '빌리Billy' 책장+유리문 — 20만 원대

책장 용도로 나온 가구지만 유리문을 달아 그릇장으로 사용할 수 있다. 상하이 신혼집에서 유리문을 달지 않은 빌리 책장을 책장 겸 그릇장으로 사용했는데 군더더기 없는 심플한 디자인이 만족스러웠다. 벽에 고정해 사용하므로 벽의 재질을 확인한 후 구입해야 한다.

/ 사진 출처 : 이케아 홈페이지

침실 가구

FURNITURE
FOR BEDROOM

침실의 콘셉트는 명확하게,
공간은 심플하게 꾸민다.

by 영지

침실은 푹 잘 수 있는 공간이면 충분하다

침실. 결혼을 준비하면서 맞닥뜨리는 수많은 현실의 공간(부엌, 거실, 욕실, 드레스룸) 중 가장 비현실적이고 로맨틱한 공간이다.

불행히도 첫 번째 신혼집에서는 침실의 로망을 제대로 실현하지 못했다. 사실 이 공간에 대한 초기 콘셉트는 아주 좋았다. 침대 외에는 아무 것도 없는, 침실 자체의 기능에 충실한 방. 당연히 텔레비전은 없고, 보조 조명만으로 아늑한 분위기를 주는 방. 가구는 침대와 작은 협탁만 두고 커튼으로 빛을 차단해 수면에만 충실한 방. 그리고 이 콘셉트는 지켜졌다. 패브릭을 잘못 고르는 바람에 완전히 망쳤지만. 빨강과 파랑과 패턴이 난무했던 그 방은 본의 아니게 아늑함과 멀어졌다. 패브릭의 힘과 영향력에 대해서는 다음 장에서 더 자세히 살펴보자.

침실은 물론 거실이든, 부엌이든, 서재든, 조명의 중요성은 아무리 강조해도 지나치지 않다. 인간의 생체 시계는 동물과 다를 바 없다. 해가 지고 어두워지면 사냥을 멈추고 잠들 시간이라는 걸 인지한다. 그런데 우리는 집에 와서도 사무실이나 식당에서 사용하는 밝은 형광등을 켠다. 생체 시계는 밤 열두 시가 되어도 낮으로 인식한다. 갑자기 불을 꺼도 잠든 후의 몸은 어둠과 밤에 적응하지 못해 피로하기만 하다. 침실에서 텔레비전을 보고 전자파의 연장선 상에서 잠든다는 건 피로를 더하는 일이다.

우리 부부는 거실에서 영화를 보고, 서재에서 책을 읽거나 각자의 시간을 갖고, 부엌에서 식사를 하고, 침실에서는 잠만 자자고 약속했다.

각각의 공간이 분리된 건 그 공간에 충실한 행위가 따로 있기 때문이다.
집에 도착하면 부드럽고 온화한 조도로 저녁이라는 것을 몸이
느끼게 한다. 저녁 시간을 보낸 후에 씻고, 잠옷으로 갈아입고 희미한 빛
만 있는 침대로 들어가 잠든다. 결혼하고 3년 넘게 지켜온 반복적인 밤
의 일상이다.

118

강렬한 색상과 어지러운 패턴의 패브릭은
아늑한 침실의 분위기와는 거리가 멀다.

침실의 과도기.
이불 커버를 바꾸자
전체적인 분위기가 달라졌다.

가구 인테리어

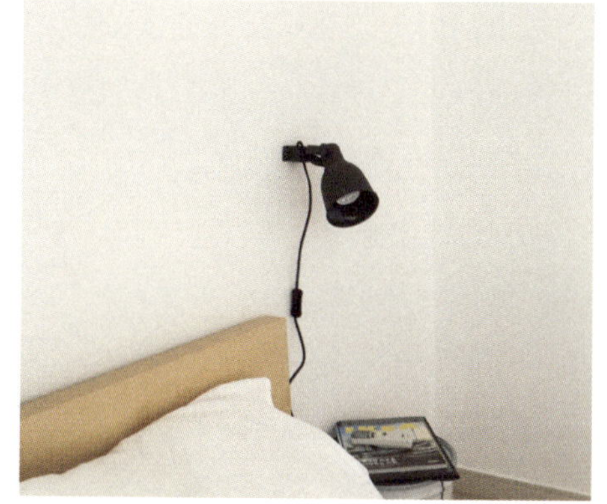

지금은 떼낸 벽걸이 조명.
아직 원하는 것을 찾지 못해
자리를 비워두고 있다.

침대 하나만 둔, 본래의 기능에
충실한 지금의 침실.

매트리스는 침실의 본질이다

조명을 통해 침실의 흐름을 잡았다면 매트리스에 대한 치밀한 고민을 할 차례다. 똑똑한 척하며 혼수를 고르던 나는, 친했던 전 직장 동료를 통해 매트리스를 절반 가까이 할인받을 수 있다는 데 홀딱 매료돼 다른 매트리스와 비교해보지도 않고 덜컥 매트리스를 구입해버렸다. 불행 중 다행인 건, 매트리스의 소재가 우리 부부에게 잘 맞는다는 거였다.

스프링 매트리스가 아닌 메모리폼 매트리스인 이 제품은, 실제로 많은 신혼부부들이 충동적으로 구매했다가 허리가 아프다고 불편함을 호소하는 '실수하기 쉬운 혼수 리스트' 1위쯤 속했다.

백화점 매장에 가면 스프링과 메모리폼으로 손꼽히는 브랜드가 즐비하고 직원분들이 친절하게 누워보라고 권한다. 10분쯤 잠들어도 쫓아내지 않는다. 이런 체험 서비스를 하지 않고, 할인에 혹해 매트리스를 구입한 건 참 안타깝다. 그래서 아직 결혼하지 않은 여동생에게 늘 이렇게 말한다. 혼수 리스트 1위는 백색가전이 아니라 조명, 그 다음이 매트리스라고.

침대 프레임은 아직도 미완성

"쇼핑하고 나니 참 뿌듯해요"라고 말할 수 있는 가구가 별로 없다는 건 슬픈 일이다. 그만큼 시간 낭비, 돈 낭비를 했다는 것이니. 나에겐 침대 프레임에도 적용되는 말이다. 왜 그렇게 침대 프레임을 빨리 사지 못해서 안달했을까? 매트리스는 결혼 한 달 전부터 주문했던지라, 매트리스만 두고 생활하다 마음에 드는 프레임을 발견하면 그때 샀어도 늦지 않았다. 하지만 '혼수 리스트에 적어둔 기본 가구는 다 사야한다'는 이상한 집념에 사로잡혀, 프레임도 급하게 구입하고 말았다.

우리 집 침대 프레임의 아쉬운 점을 나열하자면 끝도 없다.

1. 나무의 색상을 신중하게 결정하지 못했다.

2. 소재가 합판이어서 시간이 지나도 새것의 느낌이다. 빈티지한 느낌을 담지 못해 아쉽다.

3. 프레임 길이가 아예 낮은 것도, 아예 높은 것도 아니라 매트리스와 잘 어울리지 않는다. 한마디로 인체공학적 설계를 고민한 프레임은 아니란 얘기다.

4. 무려 50만 원이다. 100만 원짜리 프레임이라도 내 맘에 들고 평생 사용한다면 비싸게 느껴지지 않는다. 하지만 3번까지의 단점을 나열한 뒤 가격이 50만 원이라는 걸 생각하자 굉장히 비싸게 느껴진다.

지금의 나는 프레임을 사지 못해 조바심 내던 3년 전의 내가 가엾고 우습다. 이 프레임을 바꾸기 위해선 좋아하는 브랜드와 디자이너를 찾기 위해 또 공부를 시작해야 한다. 시간적 여유가 생기면 해결해야 할 미제다. 마음에 드는 프레임을 사서 남은 날을 편안한 침대 위에서 보낼 수 있다면 얼마나 멋질까? 매일 밤 아쉽다. 그 아쉬움은 성급하게 50만 원이나 써버린 벌이라고 생각한다.

침실 조명으로 선택한 아카리 램프.
한지에서 은은한 빛이 흘러나와 따뜻한 분위기가 연출된다.
이사무 노구치 디자인.

침실 가구를 구입하기 전, 필수 체크 리스트

●매트리스를 구입하기 전, 필수 체크 리스트

1 스프링 매트리스인지, 메모리폼 매트리스인지 결정한다.

2 침대 크기인 싱글(가로 100cm), 슈퍼싱글(120cm), 더블(140cm), 퀸(150cm), 킹(160cm) 사이즈는 브랜드마다 천차만별이니 꼼꼼히 비교해보도록 한다. 세로 길이는 200cm로 동일하다.

3 프레임과 매트리스를 합친 높이가 너무 높거나 낮으면 오르내릴 때 발목에 무리가 간다. 침대에 걸터앉았을 때 무릎과 발목 각도가 90도 직각이면 적당하다.

●프레임을 구입하기 전, 필수 체크 리스트

1 프레임을 결정한 뒤 매트리스를 고르는 게 아니라 매트리스를 고른 뒤 프레임을 결정한다.

2 나무, 메탈, 가죽 등 소재를 고른다. 나무는 습기나 온도 변화에 민감해 오래 쓰다 보면 뒤틀림이 생길 수 있고 메탈은 디자인, 색상 선태의 폭이 넓지만 차가운 느낌이라 아늑한 침실에 어울릴지 생각해봐야 한다. 가죽은 오염이나 습기에 약하고 추운 날 피부에 직접 닿으면 차갑다는 것도 단점이다. 물론 묵직하고 고급스러운 분위기를 연출할 수 있다는 건 강점이다.

3 방이 좁다면 공간을 차지하는 헤드 프레임은 포기하는 게 좋다.

4 수납공간이 부족한 집이라면 수납장을 겸하는 프레임이 유용하다.

침대 프레임을 검색하면 프레임보다 매트리스 브랜드가 많이 나온다. 에이스 침대, 시몬스 침대, 코코맡, 덕시아나 등등 유명 매트리스 브랜드에서 그에 최적화된 프레임을 함께 출시하기 때문에 대부분의 신혼부부들은 매트리스와 프레임을 함께 구입한다. 열심히 매트리스를 고르고 프레임도 알아봤는데, 딱 맞는 크기가 아니라 둘 중 하나를 포기하는 상황도 종종 있다. 그렇다고 침대 프레임을 매트리스 브랜드에서 '묶음' 구입하는 건 역시 아쉽다. 매트리스와 프레임은 엄연히 다른 기능을 하기 때문이다. 프레임은 디자인적, 인테리어적 요소를 더해 취향을 반영할 수 있는 가구의 영역이다. 국내에는 침대 프레임에 특화된 브랜드가 많지 않고, 수입 브랜드가 다양하지도 않지만 앞으로는 더 다양한 프레임을 만날 수 있길 기대한다. 기억하자. 침대는 가구다, 그리고 침대 프레임은 디자인이다.

무인양품

미니멀하고 심플한 인테리어를 추구하는 집에 어울리는 단순한 형태의 프레임을 판매한다. 밝은 나무 색의 떡갈나무, 좀 더 짙은 나무 색의 호두나무 두 가지 색상이라 고르기도 쉽다. 무늬목이 아니라 견고한 천연목이라 시간이 지나도 뒤틀리거나 변형되지 않는다는 점도 무인양품이 말하는 장점이다. 가장 큰 크기가 퀸 사이즈라 체구가 큰 커플은 누웠을 때 너비에 여유가 있는지 꼭 체크해봐야 한다. / 서울 강남구 강남대로 426, 02-6203-1291

인피니

폴트로나 프라우, B&B 이탈리아 등 세계 최고 수준의 가구 브랜드와 명품 소파 편집 공간. 색상, 소재, 크기까지 하나하나 세심하게 주문해서 두세 달 걸려 도착하는 커스터마이징 침대를 취급한다. 안내심도 필요하고 가격도 고가이지만, 상담을 통해 라이프스타일과 인테리어에 맞는 궁극의 침대를 추천해주므로 그만큼 가치 있고 오래 사용할 수 있다. 침대만큼은 반영구적으로 사용하고 싶다면 꼭 들러봐야 할 곳. / 서울 강남구 삼성로 777, 02-3447-6000

까사미아

우리나라 신혼 침실에 기여한 바가 큰 까사미아 침대. 고풍스럽고 앤티크한 '엄마 취향' 침대 프레임보다는 세련된 스타일이고, 공장에서 찍어내는 저렴한 프레임보다는 묵직하고 고급스럽다. 빗살무늬 헤드보드를 장착한 '레슬리', '밀튼' 모델은 3년 전과 다름없이 지금도 베스트셀러. 그보다 더 진한 호두나무 색깔 '헤이즈' 모델도 인기다. 가격은 각각 50만 원대, 180만 원대, 100만 원대. 그 외에도 신혼부부의 감성을 자극할 만한 '요즘 디자인'을 주기적으로 출시한다. / **서울 강남구 압구정로 102, 02-516-9408**

이케아

국내에서 만날 수 있는 침대 프레임의 '천국'. 키가 크고 체구 좋은 서양인들이 쓰는 프레임답게 다양한 디자인의 킹 사이즈를 갖추고 있다. 여기에 데이베드, 아이용 로프트베드 등 가족구성원과 라이프스타일을 고려한 침대가 다양하다. 수납장을 포함한 침대가 많아 집이 좁고 수납공간에 여유가 없다면 해답이 될만한 디자인이 많다. / **경기도 광명시 일직로 17, 1670-4532**

파넬가구

로맨틱한 로코코풍 침대를 찾는다면 다양한 침대 디자인을 만날 수 있는 파넬가구를 추천한다. 파스텔톤 색상, 우아한 장식으로 무장한 여왕님 분위기의 침대가 기다린다. **/ 서울 강남구 봉은사로49길, 02-3443-3983**

매스티지 데코

드라마나 잡지에 많이 등장해 신혼부부에게 익숙한 브랜드. 20~50만 원대의 트렌디하고 모던한 디자인의 침대 리스트가 있다. / **서울 서초구 신반포로 45길 9-4, 1544-0366**

식스티세컨즈

세련된 매트리스 브랜드 식스티세컨즈. 대치동에 위치한 매장에서 브랜드의 모든 매트리스를 체험할 수 있는 감각적인 공간을 운영한다. 평상 형태의 심플하고 납작한 '플랫' 프레임은 젠스타일 침실을 연출할 때 눈여겨보기 좋은 가구다. / **서울 강남구 삼성로 69길 32, 070-6958-6060**

하루의 컨디션을 좌우하는
매트리스의 선택을
남에게 맡기지 마라.

by 리미

바쁘더라도 매트리스만큼은 꼭!
직접 누워보고 골라야 실패가 없다

넓은 원목 테이블이 우리 집 분위기를 가장 크게 좌우하는 가구라면 침대는 우리 부부의 컨디션을 좌우하는 가구다. 상하이에서 렌트하여 살던 집에서는 다른 가구들과 마찬가지로 침대 역시 선택의 기회가 없었다. 침대의 중요성도 그다지 알지 못했기에 처음에는 대수롭지 않게 생각했지만 점점 좋은 침대의 중요성을 뼈저리게 느낄 수밖에 없었다. 몸에 맞지 않는 매트리스 때문에 적정한 수면 시간을 지켜도 늘 몸이 피곤했는데 가끔 매트리스가 좋은 호텔에 묵기라도 하는 날이면 다음 날 어찌나 개운하던지. 모 광고에 나왔던 "침대는 가구가 아니라 과학이다"라는 말은 단지 유행 카피가 아닌, 혼수를 준비하는 우리가 새겨들어야 할 중요한 팁이었던 것이다. 그만큼 내 몸에 맞는 침대를 고르는 일은 그 무엇보다 신중해야 한다.

매트리스처럼 타인의 추천이 도움되지 않는 혼수는 없다. 매트리스는 사람마다 잘 맞는 소재와 스타일이 다르기 때문에 가격이나 소문보다는 직접 만져보고, 누워보며 두 사람의 몸에 잘 맞는 제품을 골라야 한다. 몸에 맞지 않는 매트리스를 2년 동안 사용한 우리는 서울에 돌아가면 구입할 매트리스에 대해 신중하게 생각을 해왔다. 호텔에서는 늘 집보다 숙면을 취할 수 있었지만 유난히 SPG계열 호텔에서 잠을 자면 그 어느 때보다 몸이 개운했다. 결혼 1주년 기념 여행으로 갔던 싱가포르 W호텔에서는 매트리스가 너무 마음에 들어 침구를 벗겨 브랜드와 시리즈까지 알아내고 흡족해 하기도 했다. 모든 매트리스에서 잠을 자볼 수는 없겠지만 매장에 찾아가 잠시라도 직접 누워보며 매트리스를 고르는 일은 아무리 바쁘더라도 절대 미뤄선 안 된다. 숙면은 우리의 행복한 삶을 위한 가장 중요한 요소이기 때문이다.

우리가 사용하는 매트리스는 SPG계열 호텔에서 사용하는 시몬스 브랜드의 뷰티레스트 제논이다. 브랜드는 쉽게 결정했지만 매트리스는 매장에 여러 번 찾아가 하나하나 누워보고 골라서 3년이 넘는 시간 동안 불편함 없이 만족하며 사용하고 있다.

숙면을 위한 공간으로 심플하게 꾸민 침실.

침대 맞은편 빈 공간에
발뮤다 에어엔진과 가습기를 나란히 두었다.

톡톡하고 부드러운 소재의 60수 면 베딩을 사용한다.
삶음 세탁이 가능해 위생적으로 오래 사용할 수 있어 좋다. 오꾸리모노 제품.

오크나무로 만든 침대 프레임과 같은 소재의 작은 사이드 테이블.
군더더기 없는 디자인이 마음에 들어 선택했다. 스탠다드에이 제품.

매트리스 선택,
가장 먼저 고려해야 할 것은?

매트리스를 구입하기 전 가장 먼저 고려할 것은 매트리스의 강도다. 어떤 소재인지를 떠나 매트리스가 너무 단단하면 혈액순환에 방해가 되고 반대로 너무 부드러우면 척추를 지지하지 못해 허리에 무리가 올 수 있다. 우리는 고급 호텔에서 흔히 사용하는 푹 들어가는 듯한 릴렉스(Relax) 스타일의 매트리스도 좋지만 매일 사용하기엔 허리에 부담이 될 것 같아 하드(Hard)에 가까운 강도를 선택했다. 자신의 몸 상태에 맞는 강도를 아는 것은 매트리스의 소재를 결정하는 것만큼 중요한 일이다.

신혼 시절, 유난히 호텔에 많이 머물렀다. 상하이의 흥미로운 호텔을 탐험하는 것도 재미있었지만 이제와 생각하니 불편한 침대를 벗어나기 위한 이유도 컸었던 것 같다. 서울로 돌아온 지 벌써 3년이 되었지만 여행을 제외하고는 일부러 호텔에 간 적이 없다는 걸 깨달았다. 쾌적한 호텔을 좋아하는 우리가 호텔 침대가 그립지 않다는 것은 아마도 몸에 잘 맞는 매트리스를 찾았기 때문이 아닐까.

숙면을 위해 필요한 몇 가지 요소,
쾌적한 공기와 습도

단정한 오크나무 프레임 위에 놓인 우리 몸에 잘 맞는 매트리스. 이것만으로도 나는 우리의 침실이 마음에 든다. 가구라고는 침대와 작은 사이드 테이블 하나가 전부인 공간이지만 숙면을 위해 늘 신경 쓰는 것이 하나 있다. 바로 공기청정기와 가습기다. 침실 한편에 나란히 놓인 발뮤다 에어엔진과 가습기는 의외로 큰 역할을 한다. 침실의 온도와 습도, 맑은 공기는 매트리스만큼이나 숙면에 영향을 끼치는 요소로 계절에 따라 조금씩 차이는 있지만 늘 침실의 온도만큼은 20~24도 사이, 40~50%의 습도를 유지하려고 노력한다. 이 두 기계가 정말 숙면에 영향을 미칠까 하는 생각도 들지만 가끔 작동을 잊고 자는 날엔 목이 칼칼하고 코와 입이 마르는 불쾌한 기분으로 일어나는 걸 보면 침실에 둘 가구를 이것저것 구입하는 대신 가습기와 공기청정기를 구입할 것을 추천한다.

TIP 매트리스 사용 방법

매트리스를 오래 사용하기 위해서는 처음 3개월은 2주일에 한 번, 그 후는 3개월에 한 번 매트리스를 돌려가며 사용하면 꺼짐 없이 오랜 기간 사용할 수 있다.

○타퍼(Topper : 침대 매트리스 기능을 보완하기 위해 매트리스 위에 얹어주는 침구)를 사용하면 하드(Hard), 소프트(Soft), 릴렉스(Relax) 등 몸의 컨디션에 따라 강도를 바꿔 사용할 수 있다.

○최근 매트리스 렌트 서비스도 인기다. 매월 비용을 지불하면 정기적으로 방문해 침대 전체의 클리닝과 살균을 도와준다. / **코웨이**, 1588-5200 + **청호나이스**, 02-3019-5172

침대를 고를 때 가장 먼저 떠오르는 생각은 '어떤 모양의 침대를 선택할까'일 가능성이 높다. 나 역시 신혼 생활을 서울에서 시작해 모든 가구들을 한번에 장만했다면 프렌치 스타일의 헤드보드를 선택할지 깔끔한 원목 헤드보드를 선택할지 침대의 모양부터 고민했을지도 모르겠다. 하지만 이미 매트리스의 중요성을 뼈저리게 느꼈기에 자신 있게 말할 수 있다. 침실 인테리어의 핵심은 어떤 모양, 색상의 침대인가가 아니라 몸에 맞는 매트리스를 찾는 것. 소재별 매트리스의 장단점과 추천 브랜드에 대해 알아보자.

	특징	단점
스프링	○가장 일반적인 형태의 매트리스. ○모델이 다양해서 선택의 폭이 넓다. ○스프링의 연결 방식에 따라 본넬과 포켓으로 나뉜다. ○본넬은 탄력이 강하고 수명이 길다. 단단한 타입으로 누웠을 때 안정감이 든다. 반면 포켓은 각각의 스프링으로 이루어져 체형에 맞게 몸을 지지해주며 소음이 적고 옆자리의 뒤척임이 느껴지지 않는다.	○본넬은 스프링이 모두 연결되어있어 옆자리의 움직임이 그대로 전달된다. 오래 사용하면 소음이 발생한다. 반면 포켓은 스프링 자체가 부드러워 수명이 짧다. ○한번 손상되면 복원력이 떨어진다. 오래 쓰면 무게를 많이 지탱한 부분부터 꺼짐 현상이 일어난다.
메모리폼	○폴리우레탄이 주성분이며 포근하고 형태 복원력이 뛰어나다. ○탄성이 낮아 몸이 튕기지 않고 체형에 맞게 몰딩되어 편안한 자세를 유지할 수 있다. ○흔들림이 없다.	○온도 변화에 민감하다. ○입자가 조밀해 통풍이 좋지 않다.
라텍스	○천연 고무나무 원액이 주원료인 매트리스. ○통풍이 잘되고 항균성이 뛰어나다. ○소음이 없다.	○물과 직사광선에 약해 부식의 위험이 있다. ○사용 초기에는 특유의 냄새가 나기도 한다.
팜	○야자열매에 추출한 섬유질로 만든다. ○단단하고 안정감이 있으며 통기성이 좋아 세균 번식력이 덜하다. ○오래 사용해도 변형이 적은 편이다.	○무겁고 딱딱해서 이동 시 불편하다. ○오래 사용하면 팜가루가 날릴 수 있으니 기관지가 약한 이에겐 추천하지 않는다.
하이브리드	기본 스프링 소재와 메모리폼, 라텍스 등의 소재를 결합하여 단점을 줄인 형태의 매트리스다.	

스프링 매트리스

에이스

국내 최대의 매트리스 업체. "침대는 가구가 아니다. 침대는 과학이다"라는 광고로 유명한 한국 시장의 브랜드 파워 1위 브랜드이다. 시장 점유율이 30%를 웃돌며, 수입 브랜드에 비해 매장이 많아 접근성 및 서비스가 편하다. / 60~300만 원대, 1599-7121

시몬스

"혼들리지 않는 편안함"이라는 카피로 유명한 매트리스 브랜드. 세계 최초로 포켓 스프링을 개발한, 미국에서 가장 오래된 매트리스 제조사로 플래그십 라인인 뷰티레스트가 가장 유명하다. 포시즌, W호텔 등 많은 5성급 호텔에서 사용하는 브랜드이다. / 80-400만 원대, 1899-8182

영동가구

독일 휼스타(hülsta)를 수입하여 판매하고 있고 있는 영동가구. 머리,어깨, 척추 등 일곱 가지 존을 구성해 포켓 스프링의 강도를 달리하며 몸을 받쳐준다. 스프링 매트리스 외에 메모리폼 소재의 매트리스도 판매한다. / 120~400만 원대, 02-547-7850

씰리

135년 전통의 미국 브랜드로 템퍼와의 합병을 통해 세계 최대의 매트리스 베딩 업체가 되었다. '포스처피딕' 라인은 정형외과 의사들과의 협업을 통해서 제품을 생산하는 것으로 유명하고 시몬스와 마찬가지로 호텔에서 많이 사용한다. / 80~250만 원대, 1800-9827

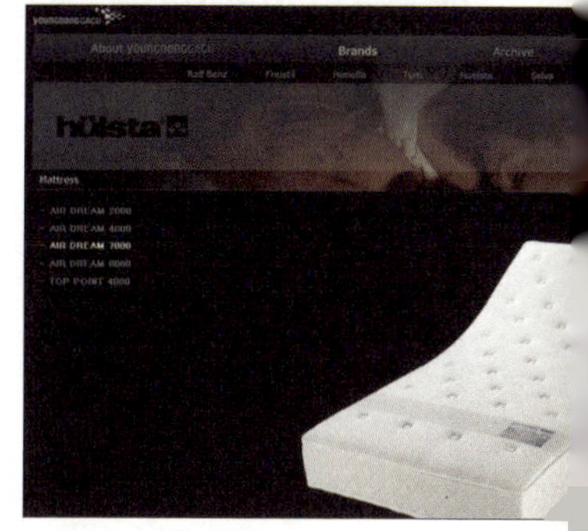

한샘

2011년부터 매트리스를 판매하기 시작한 인테리어 전문 기업 한샘의 '컴포트아이'. 가구와 함께 구입할 수 있다는 장점이 있고 홈케어 서비스를 시작하며 많은 사랑을 받고 있다. 전국 일곱 개 플래그 숍의 '수면존'에서 제품을 직접 체험해보고 구매할 수 있다. / 50~250만 원대, 1688-4945

해외 프리미엄 매트리스

입이 떡 벌어지는 가격이지만 프리미엄 매트리스에 대한 관심이 높아지고 있다. 대표적인 해외 명품 브랜드들은 다음과 같다.

덕시아나

1926년 스웨덴에서 시작한 고급 매트리스 브랜드. 다른 침대보다 많은 스프링을 자체 생산하고 일일이 손으로 조립한 매트리스로 유명하다. 스티븐 스필버그 감독 등 전 세계 유명인들이 선호하는 브랜드다. / **덕시아나 쇼룸, 02-512-6551**

코코맡

소크라테스 등의 철학자들이 해초와 허브를 곁에 두고 잠든 것에 착안해 탄생한 브랜드. 천연고무, 선인장, 해조류, 울, 리넨 등 다양한 천연 재료로 매트리스를 만든다. / **하농, 02-515-2626**

바이스프링

영국 왕실에서 3대째 사용하고 있는 영국 프리미엄 침대 브랜드. 1901년 세계 최초로 고안한 개별 스프링을 사용한다. / **Infini, 02-3447-6000**

해스텐스

164년의 전통을 가진 스웨덴 브랜드. 고무, 폴리우레탄, 라텍스를 사용하지 않고 양모, 순면 등 천연 소재로 만들어 침대의 통기성이 좋다. 스웨덴 왕실 매트리스로 유명하다. / **해스텐스코리아, 02-516-4973**

사보이어

영국의 고급 호텔인 사보이 호텔에서 투숙객을 위해 개발한 핸드크래프트 매트리스. 1905년 탄생 이후 윈스턴 처칠, 마릴린 먼로 등의 사랑을 받았다. 엄선한 천연 재료만을 사용해 수작업으로 제작한다. / **크리에이티브브랩, 02-516-1743**

메모리폼

비본

스프링 매트리스 상단에 30~40cm 두께의 메모리폼을 붙인 매트리스. 방충과 습도 조절 효과가 있는 메모리폼과 시원한 성질의 젤메모리폼을 합쳐서 만든다. / 150~250만 원대, 1600-4593

비코

스위스의 프리미엄 매트리스 브랜드. 150년의 역사를 가지고 있으며 스위스 국민의 1/4이 사용하고 있는 국민 매트리스 브랜드이다. / 240~400만 원대, 에르고슬립, 02-2023-3000

템퍼

메모리폼 매트리스의 대표 브랜드. 미항공주우국 나사에서 우주 항공 시 충격 완충재 용도로 개발한 소재를 이용한 의료 매트리스로 시작했고, 기술의 진화에 따라 새로운 메모리폼을 출시하고 있다. / 250~400만 원대, 02-2183-2083

라텍스

던롭필로

1962년 모회사에서 타이어를 개발한 것을 토대로 최초로 라텍스폼을 선보였다. 풀 라텍스 매트리스는 물론 독립적인 멀티 스프링과 라텍스를 조합한 하이브리드 매트리스 등 다양한 라인의 매트리스를 선보인다. / 200~500만 원대, 1588-9625

팜

팜트리스

40년 전통의 100% 천연 매트리스 기업. 국내에서는 유일하게 팜 매트리스를 생산하는 곳이다. 야자나무 열매의 자연섬유에 꼬임을 준 후 천연고무를 코팅·압축해 만든다. / 80~170만 원대, 031-718-9988

팜프링

미국 천연 라텍스&코코넛 팜 브랜드. 인도에서 추출한 순수 100% 천연 코코넛 팜과 천연고무나무 유액만을 사용해 매트리스를 만든다. / 80~230만 원대, 031-541-2784

○

드레스룸

———

THINGS
FOR DRESSING ROOM

드레스룸은 가장 효율적인
공간으로 만들 것。

by 영지

오픈형 옷장을 활용한
드레스룸 설계하기

첫 신혼집은 방이 세 개 있는 구조의 아파트였다. 하나는 침실, 하나는 서재, 하나는 드레스룸으로 사용했다. 침실에는 아무것도 두지 않고 침대만 두는 것, 서재는 남편과 내가 '피해 있고 싶은' 장소로 만드는 것이 콘셉트였지만 드레스룸은 특별한 콘셉트가 없었다. 드러나는 공간이 아니라고 생각해 가구 고를 때도 다른 공간만큼 치열하게 고민하지 않았다. 드레스룸의 가구를 고를 때 고민했던 부분은 딱 하나, 문이 있는 도어형 옷장을 둘 것인가 오픈형 옷장을 둘 것인가였다.

스무 살때부터 원룸 또는 오피스텔의 문 닫힌 옷장만 사용했던 나는 오픈형 옷장에 대한 로망이 있었다. 그리고 3년간 오픈형 옷장을 사용하면서 찾아낸 장점은 '충동구매'치고는 꽤 여러가지였다.

하나, 한 번 입은 옷을 매번 세탁할 수는 없는 일. 한 번 입은 외투나 가디건을 옷장에 걸어두고 문을 닫는 것보다 오픈형 옷장에 걸어두는 게 더 쾌적하다.

둘, 하루에 두세 번씩 드나드는 공간이다 보니 내가 어떤 옷을 가지고 있는지 상기하게 되어 비슷한 옷을 쇼핑하는 실수가 줄었다. 여자들이 가장 많이 하는 실수 중 하나는, 좋아하는 색깔이나 스타일이 있으면 매번 비슷한 옷을 산다는 것. 내 경우엔 카멜색 긴 코트, 회색 티셔츠, 흰색 셔츠 같은 종목이다.

셋, 옷장은 기성품이라 공간에 맞춰 짜임새 있는 형태로 주문하기가 어렵다. 자투리 공간도 많이 남는다. 하지만 주문 제작이 가능한 오픈형 옷장은 너비, 공간 분할, 용도에 따라 사용하는 사람이 원하는 대로 구성할 수 있는 여지가 많다.

이렇게 적고 나니 드레스룸에 대한 만족도가 높다는 걸 새삼 발견했다. 진정성을 위해 단점 리스트도 적어보려고 했는데, 옥에 티 하나를 제외하고 단점을 찾기는 힘들었다. 옥에 티는 오픈형 옷장의 뒷면 하단이 판넬로 다 막혀있어서, 제습기나 다리미를 연결할 콘센트가 원천봉쇄된 것이다. 문밖의 콘센트에 전선을 꽂아 연결하면 보기도 흉하고 불편하지만, 사실 이건 기술자를 불러서 판넬 일부를 도려내기만 하면 되기에 큰 단점으로 꼽긴 힘들다. 약 3년간 큰 변화 없이 유지되고 있는 우리 집 드레스룸 구조는 다음과 같다(남편도 나도 패스트패션 브랜드에서 구입한 옷이 대부분이고, 새로 옷을 사면 입지 않는 옷은 버리는 상황이라 옷과 액세서리가 많지 않다는 걸 참고해주시길).

잡동사니 보관함 옆에 오픈 형태의 아크릴 케이스를 두고 클러치나 에코백을 따로 보관한다. 자주 쓰는 머플러는 찾기 쉽게 바구니에 보관하고, 아우터나 카디건은 한 곳에 걸어둔다(좌). 무인양품 패브릭 수납 행거. 지금은 오프라인 매장에서만 구매 가능하다(우).

영지네 드레스룸

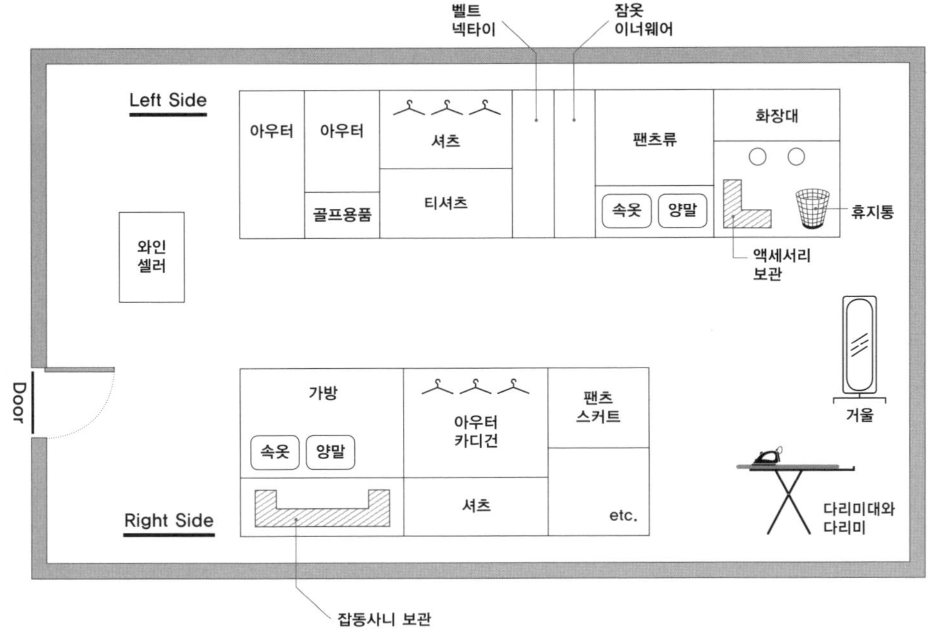

○ 남편의 공간 Left Side

1 골프용품과 가방 : 의류와 골프백, 골프 액세서리 등 골프 관련 용품과 백팩, 클러치 등의 가방은 한데 모아둔다.

2 셔츠 : 여름 셔츠는 왼쪽, 그 외 계절용 셔츠는 오른쪽에 두고 구분한다.

3 티셔츠 : 티셔츠는 돌돌 말아서 수납함에 넣으면 어떤 디자인인지 찾기 힘들고, 세탁 후 말아서 보관하는 것도 일이다. 무조건 옷걸이에 걸어 수납하고 목이 늘어나면 새 제품을 구입할 수 있도록 합리적인 가격대의 브랜드를 선호한다.

4 벨트와 넥타이 행거 : 우리는 매번 서랍을 열고 닫는 게 귀찮아 걸어두는 형태를 선택했다. 무인양품 제품.

5 잠옷과 이너웨어 : 무인양품의 패브릭 행거는 상단에 찍찍이가 부착돼 행거의 봉 크기에 상관없이 손쉽게 설치할 수 있다. 여기에는 남편의 잠옷과 이너웨어를 둘둘, 대충 말아 보관한다. 안쪽이 보이지 않아 접는 모양에 신경 쓸 필요가 없다.

6 팬츠류 : 청바지, 모직바지 등 모든 팬츠는 팬츠 전용 옷걸이에 걸어 보관한다.

7 속옷과 양말 : 무인양품에서 파는 클로젯 케이스와 의류 케이스를 활용한다. 크기가 다양하고 선반 위치를 자유자재로 지정할 수 있어서 편하다. 클로젯 케이스에는 속옷이나 양말을, 의류 케이스에는 스웨터 등 부피가 큰 옷을 보관한다. 서랍형 케이스에는 각각 속옷, 양말을 보관한다.

○**나만의 공간** Right Side

1 화장대 : 화장대를 별도로 두고 싶지 않아 옷장 상단을 화장대로 사용한다. 샘플 화장품, 옷핀, 머리핀을 보관하는 5층짜리 아크릴 수납장, 주얼리를 보관하는 수납장, 아이섀도와 컨투어링 메이크업에 필요한 색조 화장품을 두는 계단형 수납장, 각종 브러시, 스틱형 화장품을 보관하는 연필꽂이 형태 수납장, 면봉과 화장솜 전용 보관함을 짜임새 있게 배치해서 사용한다. 무인양품 제품.

2 액세서리 보관함과 휴지통 : 생리대, 화장솜, 면봉, 스펀지 여분을 보관하는 케이스와 뚜껑이 있는 휴지통을 둔다.

3 가방 보관함 : 가방류를 보관한다. 오픈 형태의 아크릴 케이스에는 a4 용지 크기의 클러치나 에코백을 따로 보관해 필요할 때 쉽게 찾을 수 있다.

4 셔츠와 티셔츠류 : 딱 한 칸. 이곳이 부족하다고 느껴지면 철 지난, 목이 늘어난, 유행이 지난 옷을 찾아서 버린다. 이보다 더 많은 셔츠나 티셔츠는 필요 없다.

5 아우터와 카디건 : 긴 외투와 카디건이 많아서 이곳에 총집합시켰다. 계절이 끝나면 지난 계절에 입었던 옷은 드라이클리닝을 맡긴 후 한쪽에 몰아서 계절을 구분한다.

6 속옷과 양말 : 남편 자리에 있는 것과 똑같은 무인양품 케이스에 각각 보관한다. 속옷은 상의와 하의를 별도로 분리한다.

7 팬츠와 스커트 : 행거에 걸어 눈에 보이게 수납한다.

8 ETC(도둑이나 강도가 가장 관심 가질 만한 품목 보관함) : 많지 않은 패물, 도장, 여권, 시계, 급할 때 현금화할 수 있는 금붙이나 한정판 주화 등 값나가는 것을 보관한다. 눈가림으로 브랜드별 케이블을 분류한 지퍼백을 앞쪽에 배치했다.

／드레스룸 정면에는 무인양품 스탠드형 거울이 있고, 그 옆에는 다이슨 무선청소기를 보관한다.

／방문 옆에는 와인 셀러가 있고, 그 앞에 바퀴 달린 제습기가 있다.

리미네 드레스룸

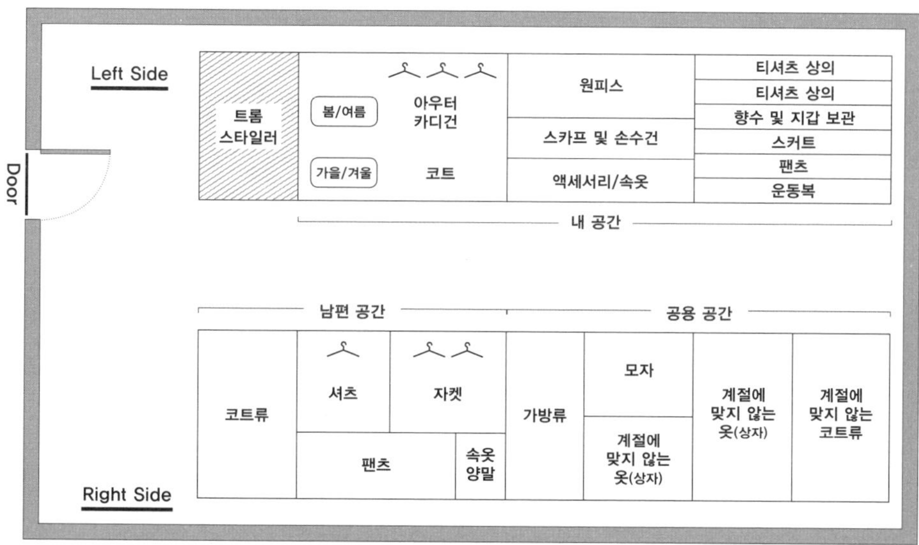

○나만의 공간 Left Side

한쪽 벽에 붙박이장이 있는 방에 추가로 한샘의 시스템장을 설치해 드레스룸을 만들었다. 시스템장은 주어진 공간을 나에게 필요한 형태로 만들어 쓸 수 있어 편리하다. 아침마다 정신 없이 준비하고 출근하는 나에게 맞춰 오픈 형태로 만들었고, 계절 옷을 넣어두는 공간과 남편의 공간은 문이 달린 붙박이장 쪽을 사용한다. 오픈형으로 만들면 복잡해 보이지는 않을까 고민했지만 3년을 사용해본 결과, 옷을 고르고 입고 나가는 동선이 효율적이라 만족하고 있다.

○공용 공간 Right Side

우리 집 드레스룸은 여름에서 가을로 넘어갈 때와 겨울에서 봄으로 넘어갈 때 한 번씩 대청소를 한다. 계절에 맞는 옷들은 손이 잘 닿는 곳으로 꺼내고 계절에 맞지 않는 옷은 공용 공간에 바꿔 넣는 작업을 하는 것이다. 계절에 맞지 않는 코트류는 정리해 넣고, 접을 수 있는 옷들은 분류해 상자에 넣어 보관한다. 상자를 활용하면 드레스룸을 여유롭게 사용할 수 있다.

／옷 관리에 관심이 많은 남편이 구매한 트롬 스타일러가 있다. 매일 빨아 입기 힘든 재킷, 코트 관리에 효과적이다. 1분에 2백회 정도 옷을 흔들어 먼지를 분리하고 스팀을 이용해 분리된 먼지를 바닥으로 떨어뜨리는 원리인 스타일러는 요즘처럼 미세먼지가 걱정이 되는 때나 드라이하기 힘든 오리털 패딩 등을 관리하기에 좋다. 특히 옷에 음식 냄새가 심하게 밴 날엔 필수로 사용한다.

드레스룸 가구를 주문하기 전, 필수 체크 리스트

1 드레스룸으로 쓸 방을 정한다. 일반 아파트나 주택은 침실, 서재, 드레스룸이 딱 봐도 정해져있지만 가장 작은 방을 침실로, 큰 방을 드레스룸으로 사용하는 사람도 많다. 침실에 필요한 가구는 침대가 전부지만, 드레스룸은 살다 보면 점점 더 수납공간이 필요해지기 때문이다.

2 오픈형 옷장으로 주문할지, 문을 여닫는 옷장 형태로 주문할지 결정한다.

3 두 사람이 가지고 있는 의류, 액세서리(모자, 벨트, 가방, 주얼리)의 총량과 살면서 추가적으로 구입할 계획까지도 고려해 공간을 분배한다. 가구 브랜드마다 인기 있는 드레스룸 시리즈가 있지만 제품을 결정하고 채워 넣는 건 드레스룸을 꾸미는 최악의 실수다. 원하는 공간을 미리 그려보고, 그에 최적화된 시리즈를 고른다. 물론 S&N 디자인퍼니처처럼 전문 디자이너가 공간을 방문하고 상담한 후 가구를 짜는 맞춤형 브랜드도 있다.

4 〈섹스앤더시티〉의 캐리처럼 드레스룸에 신발을 함께 보관할 예정인지 체크한다. 구두가 보이도록 벽에 걸어둘지, 상자나 속이 들여다보이는 수납장 형태로 보관할지도 선택 사항이다.

5 청소기, 다리미, 제습기 등 가전제품을 수납할 공간도 고려한다.

6 거울은 은근히 자리를 차지한다. 드레스룸을 완성한 후에 자리를 찾으면 동선을 망칠 수도 있다. 스탠드형으로 둘지, 벽면에 부착할지 미리 결정한다.

7 드레스룸은 철 지난 옷과 이불, 스키나 골프용품, 트렁크를 보관하는 창고 역할도 겸한다. 부가적인 공간을 생각하지 않으면 바닥이나 자투리 공간에 보기 싫게 끼워 넣어야 한다. 보기만 해도 골치 아프고 지저분하며 결국 후회하게 만드는 위험 요소다.

● 청소기

흑역사투성이인 신혼살림이었지만 청소기는 몇 안 되는 뿌듯한 살림 목록에 속한다. 결혼 전까지 약 3~4년 간 사용했던 E 브랜드의 진공 청소기를 결혼하고 나서도 약 3년간 사용했다. 흡입력이 좋고 필터를 주기적으로 교체해서 사용하니 큰 불편함이 없었다.

그러다 지난겨울, 무선 청소기 브랜드로 유명한 영국의 다이슨 V6 플러피 모델을 구입했다. 집에 반려견을 들이면서 청소 횟수가 세 배는 늘어났는데, 매번 코드를 꽂고 집채만 한 진공청소기를 끌고 다니며 청소하자니 힘이 부쳤기 때문이다. 무선 청소기로 바꾼 뒤에는 생각날 때마다 스틱형 청소기를 들고 방 안 곳곳을 누빌 수 있어 청소가 간단해졌다.

청소기를 구입할 때는 브랜드보다 어떤 타입의 청소기가 우리 집 청소에 적합할지 따져봐야 한다. 브랜드는 그 다음이다.

청소기 타입	제품 특징
진공 청소기	공기의 압력 차를 이용해 가장 강력한 흡입력을 자랑하는 기본형 청소기. 본체가 묵직하고 전선을 꽂아 방마다 이용해야 하는 번거로움은 있지만 집이 넓고 청소할 시간이 넉넉하다면 당연히 진공 청소기가 정답. 하지만 바빠서 일주일에 한 번 청소기 돌리기도 어려웠을 때는 진공 청소기가 원망스럽기도 했다. **추천 브랜드** **일렉트로룩스** 100년이 넘는 역사를 가진 스웨덴 브랜드. 국내는 물론 세계적으로 인기 있는 모델은 지난해 또 한 번 업그레이드해서 출시한 '울트라플렉스' 청소기다. 1800W의 터보 싸이클론 모터가 미세먼지를 강력하게 흡입하고, 워셔블 헤파필터가 미세먼지를 99.999% 이상 차단한다. **밀레** 실린더형 진공청소기 'C3' 시리즈가 베스트셀러다. 흡입력은 2000W. 소음 없이 조용하게 굴러가고, 에어클린 헤파필터를 장착해 미세먼지 차단 효과도 뛰어나다.

유선으로 충전한 뒤 사용할 때는 선 없이 사용하는 청소기. 사용해보니 흡입력은 비슷비슷하지만 충전 후 가능한 청소 시간이 관건이었다. 우리 집에서 쓰는 V6 플러피 모델은 한 번 충전하면 최대 20분 정도 청소할 수 있는 제품이다. 20평대 집에는 충분하지만 집이 더 넓다면 시간이 약간 걱정되기도 한다.

무선 청소기

추천 브랜드

다이슨 최근 기존의 인기 모델 'V6'보다 더 강력한 흡입력과 긴 사용 시간으로 업그레이드한 'V8' 라인이 출시됐다. 기본형과 옵션을 추가해 헤드 툴을 바꿀 수 있는 업그레이드형이 있으니 성능을 꼼꼼히 살펴야 한다.

일렉트로룩스 베스트셀러 모델 '에르고라피도'에서 업그레이드한 신제품 '베드프로' 모델은 18V 리튬 이온 배터리를 장착해 최대 45분까지 쓸 수 있다. 빗살 형태 강모 브러시가 침구 청소도 완벽하게 도와준다.

버튼 하나로 고온 스팀을 분사해 바닥을 깨끗하게 청소해주는 스팀 청소기. 먼지를 흡입한 뒤 물걸레질로 마무리하는 우리나라 청소 스타일에 알맞는 청소기이다. 사용하고 나면 물을 빼두고, 매번 물을 부어서 사용해야 하기 때문에 은근이 손이 많이 가고 세심한 관리를 요한다는 게 단점이다.

스팀 청소기

추천 브랜드

한경희 생활과학 국내 스팀 청소기 점유율 70% 이상을 차지하는 국산 브랜드. 30초 만에 스팀이 분사되고 100℃ 고온 살균 스팀으로 바닥을 청소한다. 헤드가 얇아 틈새가 좁은 가구 사이도 깨끗하게 청소할 수 있다.

아너스 국산 브랜드. 강력한 모터가 원형 극세사 물걸레를 1분에 약 250번 회전시키며 바닥을 닦는다. 리빙 전문 카페에서도 인정받은 물걸레 청소기 종결자.

출근이나 외출할 때 작동시켜 두면 온 집을 돌아다니며 똑똑하게 청소해주는 로봇 청소기. 센서와 카메라 기능이 섬세하고 똑똑할수록 가격대가 높고, 그만큼 야무지게 청소해준다. 아무리 최신 모델, 비싼 모델이라도 의자, 러그, 전선, 체중계 등의 장애물 앞에서는 헤매니 바닥을 깨끗이 치우는 게 기본이다.

로봇 청소기

추천 브랜드

샤오미 국내 A/S가 안된다는 점 빼고는 주부들 사이에서 입소문 난 브랜드. 한번 지나갔던 자리를 기억해 다시 가지 않는 똑똑한 청소기다.

아이클레보 머리카락과 반려동물 털이 브러시에 감기지 않는 블레이드, 카펫 위에서의 터보 모드, 먼지 양을 인식해 더러운 곳은 두 번 주행하는 센서, 130도 회전하는 카메라 탐색 기능 등 로봇 청소기의 기본 성능에 충실한 브랜드.

● 다리미

고백건대 33년간 다리미를 써본 적이 없다. 학교 다닐 때까지는 엄마가 다림질을 해줬고, 직장
에 다니면서는 체인 세탁소를 이용했다. 투자한 시간 대비 말끔하게 다림질을 하지 못해서 차라
리 전문가에게 맡기는 게 낫다고 생각했다. 다리미를 고민하게 된 건 집에서 홈파티를 치르고
요리할 일이 많아지면서부터다. 한번 쓰고 난 패브릭 테이블 매트와 식탁보를 매번 세탁소에 맡
길 수 없었던 것. 살짝 물기가 있는 상태에서 바로 다리지 않으면 꼬깃꼬깃해져서 다리미 구입
을 심각하게 고민했다.

그러다 2만 원대의 아이언 다리미를 덜컥 구입하고 사용하자마자 후회했다. 뜨겁게 달궈진 철판
만 있고 스팀 기능은 따로 없었기 때문이다. 다리미가 다 비슷비슷할 거라고 생각했던 건 내 착
각이었고, 아무리 물을 분무하고 오래 다려도 구김이 제대로 펴지지 않았다.

결국 다시 한번 수소문하고 정보를 수집한 뒤 '다리미계의 에르메스'라는 필립스 스팀 다리미
퍼펙트케어 다리미를 구입했다. 강력한 스팀을 분사해 그 어떤 세탁물도 쫙쫙 펴준다는 게 매력
적이었다. 스팀 청소기는 선택 사항 중 하나라고 생각했지만 다리미는 스팀 일체형을 추천한다.
어차피 다림질을 할 때는 물을 분사해서 그 증기로 다려야 하기 때문이다.

다리미 타입	제품 특징
스팀 다리미	물을 고온 스팀으로 분사해 다림질에 필요한 수분을 자체 공급해주는 다리미. 별도의 분무기로 물을 뿌려가며 다림질할 필요가 없어 간편하고, 다림질 시간도 단축된다. **추천 브랜드** ┌ **필립스** 일명 '풍선도 다려주는' 퍼펙트케어 스팀 다리미가 유명하다. 청바지, 실크 등 소재에 따라 온도를 자동 설정해 다림질이 간편하다. 가열된 열판을 다리미대에 올려두어도 타지 않도록 설계해 초보 주부가 사용해도 안전하다. └ **한경희 생활과학** 스탠딩 다리미 옷걸이에 옷을 걸고, 선 채로 다림질할 수 있는 다리미로 유명하다. 스팀 스위치를 눌러 필요할 때만 스팀을 분사할 수 있고, 본체 물통에는 물때 제거 필터가 들어있어 청결하게 관리할 수 있다.

● 공기청정기 VS 제습기 VS 가습기

결혼을 앞두고 제습기를 가장 먼저 구입했다. 여름의 끝자락에 신혼집에 입주했고, 오픈형 드레
스룸에서 느껴지는 습기 찬 공기가 질색이었기 때문이다. 몇 개월 후 겨울이 찾아왔고 제습기 말
고 가습기가 필요한 계절이 되었다. 추위를 많이 타서 하루 종일 난방 기기를 작동시키다 보니
집이 건조했다. 가습기를 구입할까 하다가 공기청정 기능을 겸한 벤타 에어워셔를 구입하기로
했다. 물만 보충하면 공기 중의 먼지를 빨아들이고 깨끗한 공기를 배출한다는 기능이 마음에 들

었다. 지금까지도 무리 없이 사용하는 조합이지만, 그때그때 구입했기 때문에 아쉬운 부분이 있다. 공기청정기, 제습기, 가습기. 셋 중 어떤 걸 고르고 버릴지 미리 신중하게 알아보지 않았다는 점에서다. 비슷한 듯 전혀 다른 세 가지 가전제품, 특징과 구매 포인트는 뭘까?

공기청정기

제습기와 가습기가 방 안의 습도를 결정한다면, 공기청정기는 공기의 질을 컨트롤하는 가전제품이다. 미세먼지 농도를 낮추고 깨끗한 공기를 배출한다.

추천 브랜드

벤타 내부에 장착된 팬이 회전하면서 오염물질을 빨아들이고 스스로 정화하는 단순한 시스템. 소음이 적고 물에 아로마 오일을 떨어뜨려 사용할 수 있다.

발뮤다 이중 팬 구조로 공기 중의 부유물질을 끌어당겨 고성능 효소필터로 걸러준다. 군더더기 없는 흰색 박스 형태 디자인이 아름답다.

제습기

여름 장마철에 가장 절실한 가전제품. 팬을 통해 흡입한 습한 공기를 냉각장치를 통해 물로 바꾸고 가둬 실내 습도를 조절한다. 드레스룸에 켜두고 나가면 돌아왔을 때 보송보송하게 바뀐 방 안 공기에 기분까지 좋아진다. 넓은 공간보다는 밀폐된 방 안에서 사용해야 더 효과적이다.

추천 브랜드

LG전자 장마철에도 실내에서 깨끗하게 의류를 말릴 수 있는 스피드 건조, 서랍장에 호스를 넣어 좁은 공간을 빠르고 효과적으로 건조시키는 집중 건조, 제균 이오나이저 기능으로 눈에 보이지 않는 세균을 제거하는 위생 건조 등 트리플 건조 시스템으로 무장한 '휘센' 제습기가 대표 모델.

위닉스 국민 제습기 '뽀송'. 의류 건조, 집중 건조, 차일드 락, 강력한 제습 기능 등 우리나라 드레스룸에 필요한 기능을 모두 담았다.

가습기

난방 기기가 하루 종일 작동하는 겨울철의 집안은 건조함 그 자체다. 가습기는 물을 안개처럼 만들고 팬으로 수분 스프레이를 내보내는 초음파 가습기, 물을 데워 수증기로 바꿔 배출하는 가열식 가습기로 나뉜다. 데운 물을 살균하고 초음파 방식으로 분무하는 복합식 모델도 등장했다. 제습기와 달리 밀폐된 공간에서 사용하지 않는 게 원칙. 내부는 소금물이나 베이킹소다 등 천연 세제를 활용해 주기적으로 세척한다.

추천 브랜드

발뮤다 항아리 모양의 가습기 본체에 물을 직접 투입하는 구조. 가장 쾌적한 실내 습도 40~60%에 맞춰 작동하며, 가습기를 통과한 실내 공기가 효소프리필터를 통해 정화된 후 기화하는 방식이다.

다이슨 '하이제닉 미스트' 가습기는 기계 속 수분에 남아있는 박테리아를 거의 완벽하게 제거한 뒤 공기 중에 깨끗한 미스트를 분사한다. 한 번 작동하면 18시간 동안 연속해서 쓸 수 있어 한밤중에 꺼질 일이 없다는 것도 장점. 겨울에는 가습기 용도로, 여름에는 선풍기로도 쓸 수 있다.

한샘

옷장이나 붙박이장이 주는 묵직함보다는 이동이 자유로운 행거에 초점을 맞춘 '알토' 시리즈를 업그레이드한 '뉴알토' 시리즈가 인기다. 세워둘 수 있지만 자유자재로 이동이 가능하고, 원하는 대로 형태를 구성할 수 있다. 여기에 뷰티 아이템을 두는 공간을 만들고, 오픈형 화장대를 포함시켰다. 자주 쓰지 않는 생활용품을 두는 곳을 배치한 것도 아이디어. 감추고 싶은 물건이나 철 지난 옷을 보관하는 코너형 숨김 수납공간, 바로바로 꺼내 입는 옷을 두는 데일리 수납공간 등 신혼부부의 라이프스타일을 고민한 흔적이 엿보인다. / 1688-4945

까사미아

'스탠다드핏', '더 로브' 등 우리나라 신혼부부의 라이프스타일에 맞춘 드레스룸 시리즈를 판매한다. 기성제품이긴 하지만 드레스룸 크기와 필요한 선반, 수납장을 세세하게 구분해 맞춤형이나 다름없다. '더 로브' 시리즈는 흰색, 갈색, 검정색 오크(무늬목) 등 가장 인기 있는 색상으로 구성되어있다. / 1588-3408

S&N 디자인퍼니처

철저한 맞춤형 서비스에 특화된 브랜드. 가구를 의뢰하면 디자이너가 방문해 공간 구성, 가구 소재, 선반이나 서랍장, 행거까지 원하는 대로 상담 후 디자인해준다. / 서울 강남구 논현로 746, 02-549-5512

○ 서재 가구

FURNITURE
FOR STUDY ROOM

서재는 마음을 편안하게 하는 요소들의 집합소.

by 영지

인테리어는 평범한 일상에서
틈새의 행복을 찾는 일

신혼 초, 누구나 겪는다는 6개월~1년간의 지독한 부부싸움을 통해 알게 된 건 '서재의 필요성'이었다. 거실과 부엌이 공동 공간이라면 서재는 개인 시간을 보낼 수 있도록 허락된 유일한 공간. 결혼 초에는 싸우기만 하면 서재에 들어가 망부석처럼 또아리를 틀고 있는 남편을 꺼내기 위해 별별 수단을 다 써보았지만, 문 앞에서 불을 지펴도 나오지 않는 게 남자의 본성이라는 걸 깨달은 후에는 서재를 남편의 공간으로 인정하기로 했다(나 또한 서재를 사용하지만, 남편은 이곳을 본인의 공간이라고 해주면 몹시 좋아한다).

서재는 마음을 편안하게 하는 요소들의 집합소다. 개수대, 세면대, 청소기 등 책임과 의무를 느끼게 하는 요소가 있는 공간이 아니다. 3년간 요모조모 이 공간을 개척하면서 내가 정의한 서재의 가구는 다음과 같다.

하나, 서재와 비례하는 카펫. 카펫의 가격대는 상관없다. 맨 바닥보다는 편안한 안정감을 주는 카펫이 바닥에 깔려있어야 한다.

둘, 책상과 의자와는 별개로 한껏 늘어져있을 수 있는 라운지 체어. 그게 명품 라운지 체어든, 아메바처럼 움직일 수 있는 빈백 소파든 상관없다. 부인의 잔소리 또는 남편의 잔소리에서 벗어나 온몸을 내던질 수 있는 형태의 의자가 필요하다.

셋, 책이나 CD. 학생 때 이후로 이 두 가지 목록은 일상보다는 의무에 가까웠다. 책 읽을 시간, 음악 들을 시간이 정말 없었기 때문이다.

서재는 우리가 바쁘다고 멀리했지만 늘 목마른 이런 것들로 채워두면 좋다. 멍하니 하늘의 구름이 변해가는 모양을 보다 보면, 강렬하게 다른 이의 문장과 멜로디로 자극받고 싶다. 문을 닫고 혼자일 때 꼭 필요한 문화예술 도구다. 서재에 이보다 더 멋진 요소는 없다.

우리 집 서재의 시작은, 역시나 성급하게 고른 가구와 소품으로 채워졌다. 반복하지만 신혼살림의 비극은 늘 뒤늦게 깨닫는다는 데서 생긴다.

고민 없이 가격과 타협한 책꽂이, 차라리 사지 않는 게 나았을 라운지 체어(제값을 받지 못하고 되팔게 될 것이다). 그리고 조화롭지 않은 이 두 가지 목록을 사이드 테이블이나 오브제(액자나 화병 등)로 만회하겠다고 10만 원 이하로 구입한 소품들까지.

거실과 부엌에 대해 고민하면서 남편과 나의 은신처인 서재에 대해서 고민하지 않았을 리 없다. 이것저것 고민하다 나를 열병에 휩싸이게 한 건 독일의 디자인 대가 디터람스의 유닛 선반이었고, 그것도 우리 집 PH5 조명처럼 흰색이 아닌 멋지게 나이 든 회백색 빈티지 유닛 선반이 탐났다. 하지만 내가 원하는 대로 서재를 꾸미기 위해 필요한 예산은 족히 천만 원. 그렇다고 세븐 체어처럼 한 줄 설치하고, 몇 달 후에 두 줄 설치하고, 1년 후에 세 줄 설치하기에는 전체적인 수납 구조가 완전히 망가져버리니 시간을 두고 시도할 수도 없었다.

그래서 내린 정답은 또다시 이케아다. 나는 이케아 찬양론자가 아니다. 다만 미니멀한 북유럽 인테리어와 로맨틱한 프렌치 공간과 단아한 젠 스타일 중에서 북유럽 인테리어를 더 좋아하고, 좋은 북유럽 가구를 가질 수 없다면 가격도 디자인도 기본은 하는 이케아가 낫다고 생각할 뿐이다.

우리 집 서재에는 책보다 LP판이 더 많은데, 이 많은 LP판을 수납하기 위해 속이 깊은 이케아 베스토 책꽂이를 골랐다. 블록 형태로 여러 개를 쌓으니 깔끔한 인테리어가 완성됐다. 책상도 의자도 이케아에서 적당히 골랐다. 온통 흰색 가구라 방이 심심해 보이기에 이케아에서 구입한 페르시안 카펫(언젠가 진품을 사는 날이 오겠지만 페르시안 카펫에 조예가 없는 내 눈엔 괜찮아 보인다)을 깔았다. 화려한 문양의 카펫이지만 텅 빈 흰색 공간에 깔아두니 제법 괜찮았다.

포인트로는 PH5 펜던트 조명을 달았다. 원래 부엌에 달았던 조명으로 식탁을 치우고 높이가 더 높은 아일랜드 식탁을 두면서 펜던트 조명을 둘 길이가 나오지 않아서 빼두었던 것이다. 그냥 수직으로 달기엔 심심해 보여 광원이 되는 천장 중심에서 U자형이 되도록 옆으로 빼고, 거기에 다시 못을 박아 아래로 늘어뜨렸다. 좁은 방이지만 이 U자형 전선 덕분에 공간이 여유 있어 보인다. 이런 형태의 설치는 층고가 높은 북유럽

최근 책장 칸마다 LP판을 종류별로 분류하는
태그를 달아 표시해두었다.

집에서 흔한 인테리어 요소다.

온 집안이 생체리듬에 맞춰 살짝 어둡다 싶은 조도지만, 이 방에는 유일하게 밝은 조명이 있다. 의사들도 인정한 눈에 편안한 조명, 라문 스탠드가 책상 위에 있다. 새벽까지 글을 쓰고 책 읽는 걸 좋아하는 나를 위해 구입했다. 우연히 행사장에서 만난 어떤 이가 빈티지 조명에 대한 만족감을 표현하면서 "책을 읽고 싶어도 참는다"고 말한 적이 있다. 나는 속으로 깜짝 놀랐다.

하고 싶은 일을 인테리어를 위해 참는다니, 그건 정말 불행하다. 인테리어는 좋아하는 걸 포기하는 게 아니다. 남들과 똑같은 눈높이로 봤을 때는 미처 깨닫지 못했던 틈새의 행복을 발견하는 일이다. 그때 라문 조명을 알았더라면 행사장에서 만난 그 사람에게 추천했을 텐데, 아쉬울 따름이다.

서재 한쪽에는 내가 작업하는 공간이 있다.
PH5 펜던트 조명이 포인트.
흰색 테이블과 의자, 인테리어용 퍼 러그는
모두 이케아 제품이다.

Potent
sumptuous
& elegant
Aēsop.

———

이케아가 있어서
다행이야

 일에 치여 두 달 정도 서로의 집을 왕래하지 못하다가 오랜만에
우리 집에 온 리미는 완전히 바뀐 서재를 보고 깜짝 놀랐다. 그리고 진심
으로 "정말 북유럽 집 같다"고 말했다. '북유럽 스타일이 아니라 진짜 북
유럽 집의 일부'라는 뜻이었다. 나는 그 칭찬이 무척 고마웠고, 그 이유를
찾기 위해 서재를 낯설게 바라보았다.

서재에 포함된 가구

○ 이케아 린몬 테이블(가로 150cm) / **약 8만 원**

○ 이케아 요세프 캐비닛 / **약 20만 원(총 4개)**

○ 이케아 페르시안 카펫 / **약 7만 원**

○ 이케아 베스토 시리즈 LP 전용 수납장 / **약 40만 원(총 10개)**

○ 이케아 그네드비 CD 수납장 / **약 4만 원**

○ 이케아 메레테 커튼 / **약 4만 원**

누구나 쓰는 이케아이고, 특별한 아이템이 아니라 가장 인기 있는
베스트 아이템으로 구성했기 때문에 어찌 보면 평범할 수 있는 서재다. 하
지만 자세히 들여다보니 이 방에서 특별한 포인트 몇 가지가 눈에 띄었
다. 그중에 하나는 앞에서 말한 PH5 펜던트 조명이고, 다른 하나는 겨우
내 거실에 두었다가 옮긴 야자수 화분이다. 페르시안 카펫과 LP로 빼곡한
오픈형 수납장, 야자수가 이국적이면서도 여유로운 분위기를 만들어주었

다. 수납장 맨 위에 둔 소품들도 한몫했다. '어느 곳에나 있을 만한' 인기 아이템은 모조리 선물하거나 버리고, 외국의 빈티지 마켓에서 가져온 캔들 홀더와 액자, 꽃병으로 장식했더니 독특한 나만의 공간이 완성됐다.

거실과 부엌이 누군가에게 보여주기 위한 공간이라면, 서재는 우리 부부가 각자의 시간을 보내는 사적인 공간이다. 물건의 출처보다는 그 물건이 그 자리에 있어야 하는 이유를 분명히 한다면 누구든 다른 이와 비교할 수 없는 독창적인 공간을 갖게 될 거라고 확신한다.

지금 서재는 이케아 철제 캐비닛과 흰색 기본 책장으로 통일했다.
깔끔한 디자인 덕분에 작은 소품들을 올려두는 공간으로 꾸며둔다.

비초에 '606' 시스템

본문에서도 언급했지만 내가 꿈꾸는 궁극의 서재 시스템은 디터람스가 1960년대 디자인한 불멸의 디자인, 비초에 시스템이다. 폭, 길이, 서랍장까지 내가 원하는 대로 완벽하게 디자인해준다. 비슷비슷한 브랜드가 여러 개 있지만, 더 이상 빼고 더할 게 있을까 싶을 정도로 완벽한, 비례미와 미학을 갖춘 시스템이다. 국내 수입사에서 비초에를 수입할 예정이라는 이야기도 있지만, 지인 중 몇몇은 비초에 본사 웹사이트에 접속해서 직접 견적을 받고 해외 배송으로 선반을 받아 절반의 금액을 절약했다고 했다. 문의부터 주문, 배송까지 모두 비초에 소속 디자이너가 직접 진행하는데, 가상 주문을 해본 결과 피드백도 빨랐고 원하는 답변을 정확하게 해줬다. 예산도 애매하지 않고 정확히 2687달러라고 견적을 내준다. 주문 과정은 다음과 같다. / **사진 출처 : 비초에 홈페이지**

1 비초에 웹사이트(www.vitsoe.com)에 가입한다.

2 가구 리스트를 보며 생각하는 디자인과 견적을 구체화한다(서재에 둘 선반의 길이는 정확하게 재야 한다).

3 606 시스템 버튼을 클릭하고 질문에 맞춰 대답을 입력한다. 벽면 크기, 벽면 실사, 원하는 시스템 종류(책장, 서류 보관, LP, TV, 장난감, 의류 등)를 선택한다. 추가적으로 궁금한 부분이 있으면 입력한 뒤 제출(Send Inquiry) 버튼을 누른다.

4 일주일 정도 기다리면 답변이 도착한다.

5 초안을 보고 추가 사항을 적어 답변을 보내면 디자이너 피드백이 바로 돌아온다.

6 결제하고 기다리면 해외 배송을 통해 물건이 도착하는데, 설치는 직접 하거나 기술자를 섭외하면 된다.

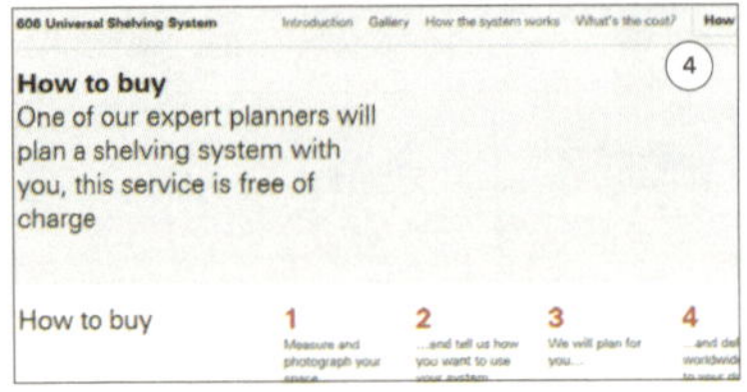

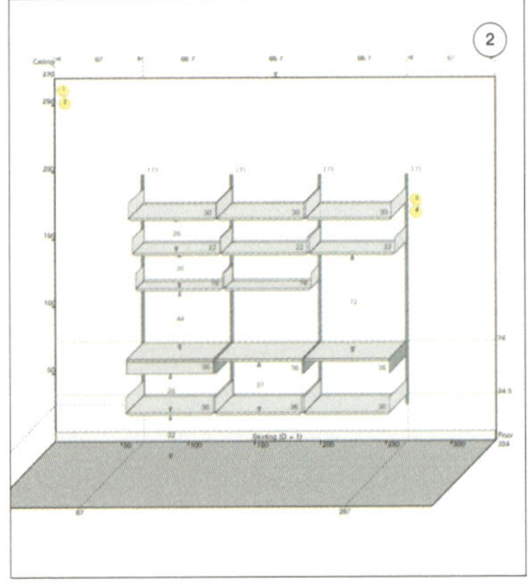

트리에스타 시스템

국내에서 '사과 액자'로 유명한 이탈리아 디자이너 엔조 마리가 디자인한 시스템. 비초에를 대신할 수 있는, 좀 더 심플하며 기성화된 시스템은 없을까 고민하다가 찾아냈다. 흰색 철제 선반의 형태는 비초에와 비슷하지만, 선반 양쪽에 타공판처럼 구멍이 뚫려있어 더 경쾌한 느낌을 낸다. 루밍에서 판매한다. / 사진 출처 : 트리에스타 홈페이지

스트링 시스템

스웨덴 건축가이자 디자이너 닐 스트링이 고안한 스프링 시스템. 국내에서는 북유럽 인테리어 붐이 일기 시작한 2000년대 중반부터 인기를 얻은 시스템이다. 선반의 높낮이 조절이 자유롭고 추가로 선반을 연결해서 확장하기가 편리하다. 게다가 무채색부터 형형색색까지 색상 선택의 폭이 넓어 신혼부부 인테리어 가구로 인기가 높다. 누구나 하나쯤 사거나, 갖고 싶어할 아이템. 이노메싸에서 판매한다. / 사진 출처 : 이노메싸 홈페이지

이케아 '알고트Algot' 시스템

앞서 소개한 브랜드의 장점을 모두 갖췄으며 디자인은 심플하고 가격까지 합리적인 알고트 시스템. 철제 프레임을 벽에 고정해 원하는 대로 수납공간을 디자인할 수 있어 셀프 인테리어 전문가들에게도 많은 사랑을 받았다. 거실이나 서재 외에 욕실에 장착해도 좋은 제품이다. 고가의 시스템을 습도 높은 욕실에 장착하기 부담스럽다면 알고트 시스템을 고려하는 것도 방법이다.

USM 시스템

1965년 스위스 출신 파울 슈레러와 프리츠 힐러가 합작해서 만든 모듈 가구 USM. 매끈한 광택의 표면과 날카로운 칼로 잘라낸 듯한 아웃라인이 모던하고 세련된 인상을 준다. 앞서 소개한 브랜드처럼 원하는 폭, 높이를 반영해 얼마든지 쌓거나 확장할 수 있다. 서재 인테리어용으로도 좋지만 강렬한 색상과 과감한 디자인으로 무장해 상업공간이나 사무실에도 잘 어울린다.

로열 시스템

덴마크 디자이너 폴 카도비우스가 디자인한 로열 시스템. 비초에와 트리에스타 시스템이 흰색 철제 선반을 기본으로 한다면 로열 선반은 나무 소재라는 게 가장 큰 차이점이다. 따뜻하고 편안한 서재를 연출하고 싶다면 가장 먼저 고려해보아야 할 시스템이다. 벽에 부착하는 나무 프레임에는 구멍이 여러 개가 있어 원하는 높이로 선반을 장착할 수 있다. 프레임과 선반을 잇는 심플한 금속 프레임도 미학적이다. B2B 프로젝트나 인포멀웨어 등의 빈티지 숍에서 구할 수 있다.

/ 사진 출처 : 로열 시스템 홈페이지

거실에 있는 테이블은 우리 부부를 위한 것이기도 하지만 홈파티를 자주 열기 때문에 손님을 위한 가구이기도 하다. 만약 손님이 자주 오지 않는다면 굳이 테이블을 두지 않고 부부용 라운지 체어 두 개를 두고 좀 더 여유로운 거실로 꾸몄을 것이다. 소파처럼 덩치 큰 가구가 아니다. 공간을 제한하지 않기 때문이다. 앉아서 영화를 보거나 음악을 감상할 때, 책을 읽거나 낮잠을 잘 때도 요긴한 라운지 체어. 인테리어 효과도 있고, 서재나 침실에 두고 써도 좋은 활용도 백 점짜리 가구다.

쿠에로의 '마리포사'

종종 거실에 꺼내두기도 하지만 주로 서재에 머무는 우리 집 라운지 체어. 나비처럼 날개가 솟은 디자인이라 '나비'라는 뜻의 마리포사라는 이름이 붙었다. 겨울에 이케아의 양털 러그를 깔아두었더니 반려견 버터가 전용 침대처럼 쓰기도 하고, LP 선반 바로 옆에 있어 남편의 전용 공간이 되기도 한다. 가죽과 패브릭 소재 중 고를 수 있고 색상이 다양하다. 조립도 간편하고 등에 쿠션을 받치고 앉으면 하루 종일이라도 앉을 수 있을 만큼 편하다. 새 제품은 가죽이 너무 반짝반짝해서 매장에 디스플레이한 지 1년이 지났다는 모델을 구입했다. 이노메싸에서 판매. / 150~170만 원대, 사진 출처 : 이노메싸 홈페이지

프리츠한센의 '에그' 체어

껍질이 잘려나간 달걀 모양 의자, 에그 체어. 우리 집에서 쓰는 세븐 체어와 테이블 시리즈를 디자인한 아르네 야콥센이 프리츠한센 브랜드를 통해 출시한 의자다. 머리 받침 양쪽이 둥글게 앞으로 솟아있어 심리적으로 편안하며, 볼록 올라온 팔걸이는 말 그대로 신의 한 수. 2천 만 원이 넘는 고가의 의자이지만, 한번 앉아 보면 누구나 탐을 내는 진리의 라운지 체어. 디자인을 전혀 모르는 남편이지만 언젠가 꼭 서재에 두고 싶다고 '로망'하는 아이템이기도 하다. 프리츠한센 플래그십 스토어에서 판매. / 2000만 원대, 사진 출처 : 프리츠한센 홈페이지

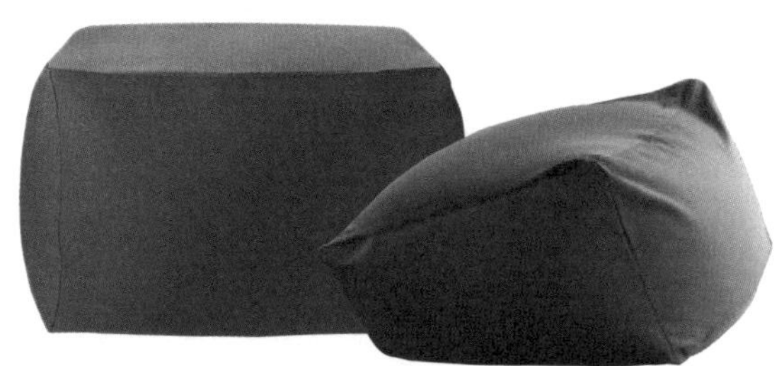

무인양품의 '푹신소파'

늘어나지 않는 니트 원단을 개량해서 만든 푹신소파. 미립자 비즈 충전재가 들어있어 몸의 형태에 따라 자유자재로 모양을 바꾼다. 오래 사용해도 소재가 늘어나거나 망가지지 않아 이미 일본에서는 베스트셀러다. 소파라고 이름 붙이긴 했지만 라운지 소파에 가깝고 공간을 차지하지 않는다. 책을 읽다 낮잠 자기에 딱 좋은, 일요일 오후의 소파다. 무인양품에서 판매한다. / 20만 원대, 사진 출처 : 무인양품 홈페이지

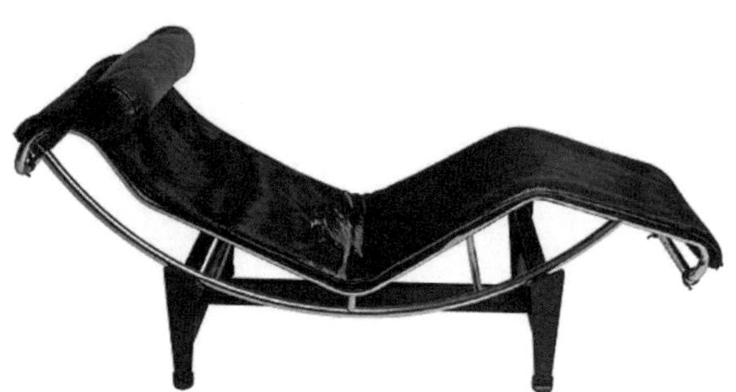

카시나의 'LC4 셰이즈 롱'

스위스 출신의 전설적인 디자이너 르 코르뷔지에가 동료들과 디자인한 20세기 의자의 아이콘. 마리포사나 에그 체어가 '어머, 예쁘다'는 생각이 드는 공간친화적인 가구라면 카시나의 LC4는 '뭔가 위엄이 있는데'라는 생각이 드는, 멋진 디자인을 뽐낸다. 정형외과 의사들이 추천할 정도로 인체공학적인 디자인이며 원하는 각도로 간단하게 조작할 수 있어 눕거나, 기대거나, 앉는 행위가 모두 가능하다. 다리를 위로 올려둘 수도 있다. 현대백화점 판교점 가구 매장에서 직원의 권유로 처음 앉아봤던 날, 눈물 나게 욕심났던 의자다. 크리에이티브 랩에서 판매한다. / 900~1000만 원대, 사진 출처 : 카시나 홈페이지

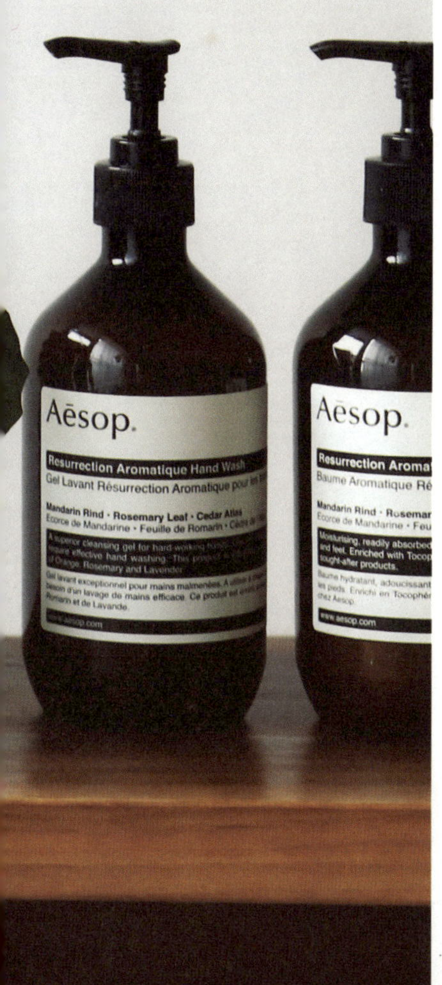

○

욕
실

THINGS
FOR BATHROOM

수리없이 아늑한 욕실,
건식 화장실.

by 리미

———

큰 투자 없이 건식 화장실을 만드는
세 가지 소품

자연광이 들어오는 널찍한 공간에 아름다운 욕조가 놓인 화장실. 누구나 꿈꿀법한 공간이지만 현실은 그리 녹록치 않다. 원하는 만큼 너른 욕실은 그다지 많지 않은데다 자연광이 아름답게 드는 욕실 역시 신혼살림을 시작하는 아파트에서 만나기는 어렵기 때문이다. 사람들을 집으로 초대하는 것을 좋아하는 나 역시 예쁜 욕실에 대한 로망이 있었다. 오래 살 내 집이라면 무리를 해서라도 수리를 해보겠지만 몇 년을 살 지 알 수 없는 집의 욕실에 비용과 노력을 들이는 것은 그리 좋은 선택이 아니라 생각했다. 하지만 최소한의 노력으로 우리도, 손님들도 최대한 편안한 분위기로 사용할 수 있는 화장실을 만들고 싶었다. 그래서 선택한 것이 바로 건식 화장실이다.

건식 화장실을 쓰기 시작한 것은 결혼 후의 일이다. 상하이에 가기 전, 한 달 정도 어머님 댁에서 생활했던 기간이 있었는데 샤워 부스를 제외하고는 화장실을 파우더룸처럼 쓰는 어머님의 건식 화장실이 생활할수록 마음에 들었다. 슬리퍼를 신고 들어가는 습식과는 달리 호텔같이 느껴지는 아늑함이 있었고 막연히 청소하기 불편할 거라 생각했지만 실제 사용해보니 의외로 힘들지 않았다. 그 후, 우리 집 욕실은 완벽한 건식용은 아니지만 슬리퍼를 신고 들어가지 않아도 되는 건식 스타일로 쭉 유지하고 있다.

인테리어 공사 없이도 건식 화장실을 만드는 방법은 의외로 간단하다. 완벽한 형태는 아니지만 변기와 세면대, 샤워 공간을 제외한 면적을 물기 없이 뽀송뽀송 유지한다는 기본 개념을 생각해보면 몇몇 소품들로도 최대한 간결하게 만들 수 있다. 우리 집 건식 화장실의 핵심은 바로 샤워 커튼, 발 매트 그리고 향초다.

샤워 커튼은 샤워 부스가 없는 욕실에 필수적인 소품이다. 건식 화장실을 사용한다면 더욱더 그 기능이 중요한데 우리가 선택한 것은 이중 샤워 커튼이다. 샤워 커튼 라이너라 불리는 안쪽 방수천과 그보다 두툼하고 디자인적 요소를 더한 패턴 방수천을 함께 사용한다. 물이 밖으로 튀지 않게 하는 기능적 요소도 중요하지만 큰 면적을 차지하는 만큼 인테리어적 요소도 무시할 수 없다.

화려한 무늬의 샤워 커튼은 싫었고 심플한 샤워 커튼을 찾던 중 알게 된 아이졸라(Izola) 샤워 커튼은 저렴한 가격은 아니었지만 이중 구조로 사용할 수 있는 데다 위트 있는 무채색 일러스트가 마음에 들었다. 안쪽 샤워 라이너는 1년에 한 번 새 제품으로 교체하지만 바깥 커튼은 소재가 좋아 2년 넘게 잘 사용하고 있어 돈이 아깝지 않은 살림 중 하나다.

건식 화장실을 위한 또 하나의 필수 소품은 바로 발 매트다. 샤워 커튼을 사용하더라도 샤워를 마치고 나오면 바닥이 물기로 흥건해지기 마련이다. 이를 위해 바닥엔 항상 두툼한 발 매트를 깔아둔다. 우리 집 발 매트는 상하이에서부터 사용해온 이케아 제품이다. 만 원 초반대의 착한 가격이지만 부들부들한 촉감도 내구성도 기대 이상이다.

그리고 마지막, 늘 세면대 아래 자리 잡고 있는 향초다. 화장실은 늘 습기가 많을 수밖에 없는 공간인데 향초로 습기도 잡고 좋은 향을 낼 수 있으니 일석이조. 향초를 태우는 것은 생각보다 효과가 좋다. 가끔 선물 받은 큰 향초를 사용할 때도 있지만 대부분은 티라이트 크기의 작은 크기를 완전연소될 때까지 켜두는 것을 선호한다.

군이 값비싼 향초를 사용할 필요는 없지만 성분은 꼼꼼하게 확인해야 한다. 파라핀으로 만든 향초를 밀폐된 장소에서 피우면 발암물질을 유발할 수 있기 때문에 천연 소이왁스와 천연 향료를 사용한 향초를 추천한다. 또 천연 재료의 향초라도 밀폐된 장소에서 사용하고 나면 꼭 환기를 해야 한다. 한동안 디퓨저를 사용해본 적도 있었지만 화장실은 습기 때문에 향초가 좋다. 더불어 향초와 함께 수건 옆에는 늘 왁스 방향제를 걸어둔다. 이탈리아에 신혼여행을 다녀오며 산타마리아노벨라의 왁스 방향제를 알게 되었다. 선물용으로 딱 좋은 이 방향제는 직접 만드는 과정이 의외로 간단하다. 말린 꽃을 모아두었다 1년에 한두 번씩 친구들과 재미 삼아 만들어두면 향이 오래가지는 않지만 욕실에 포인트를 주어 인테리어 소품으로도 좋은 아이템이다.

TIP　　　　　　　　　　　　　　　　　　　　　　　　　　**영지의 욕실 수건 추천**

선물 받거나, 브랜드 행사장에서 얻은 다양한 색깔의 수건은 욕실 인테리어를 방해할 수 있다. 수건이야 누가 보는 게 아니니까 싶어서 3년 가까이 '수건 통합 의식'을 미루다가 지난겨울 드디어 의식을 거행했다. 나의 선택은 가지고 있던 영국 존루이스의 베이지색 수건과 톤 앤 매너가 일치하는 코스트코 수건. 코스트코 수건은 '호텔 수건'으로도 평이 자자한데, 실제로 써보니 면 100%에 두툼하고 부드러워서 쓰기 좋았다. 흰색 수건은 얼룩이 질까봐 부담스럽고, 회색 수건은 욕실 톤이 어두워질까봐 망설였는데, 베이지색 수건은 그 두 가지 고민을 해결해주는 색이기도 했다. 앞으로 수건 고민은 끝!

건식 화장실의 장점과 단점

건식 화장실을 쓴다고 하면 많은 사람들이 장점과 단점을 묻곤 한다. 이미 많은 이들이 예상하는 것처럼 일반적인 습식 화장실은 물청소가 쉽고 건식 화장실은 그 부분이 번거롭다. 물청소를 하려면 바닥에 둔 발 매트를 치우고 한 번씩 빨래를 해야 하기 때문이다. 하지만 물 때문에 바닥이 미끄럽거나 타일에 곰팡이가 끼는 건 방지할 수 있다. 무엇보다 일반 화장실에서 느끼기 힘든 아늑함이 있고, 파우더룸으로도 사용할 수 있는 장점이 있다.

건식 화장실의 만족스러움에 대해 한참을 이야기했지만 결국 정답은 없다. 세면대에서 머리를 감거나 손빨래할 일이 잦거나 물청소가 편하다면 습식 화장실을, 미끄러운 바닥을 피하고 싶거나 파우더룸이 필요하다면 건식 화장실을 선택하면 된다. 욕실의 형태 역시 두 사람의 라이프스타일을 들여다보는 것에서부터 시작한다는 것을 잊지 마시길.

TIP   **건식 화장실 관리법**

○욕조에서 이중 샤워 커튼 사용한다면 라이너는 욕조 안쪽에, 바깥 커튼은 밖에 두고 사용한다. 샤워 후에는 곰팡이가 생기지 않도록 커튼의 물기를 털고 펴서 습기가 생기지 않게 관리한다.

○건식 욕실 바닥은 진공 청소기를 돌리고 물걸레로 닦아 관리하고, 우리 집처럼 완벽한 건식 화장실이 아닐 경우엔(배수구가 있는 경우) 2~3주에 한 번 정도 세제로 물청소를 하고 바짝 말려 사용하면 좋다.

○세면대나 변기의 안쪽은 전용 약품으로 닦고 겉은 마른 수건에 세정제를 묻혀 닦아주거나 물티슈로 관리하면 편하다.

아이졸라

2007년부터 샤워 커튼을 제작해 판매하는 미국 브랜드. 위트 있는 디자인과 퀄리티 있는 소재로, 다소 가격대는 높으나 오래 사용할 수 있는 용품들을 판매하고 있다. 라이너를 따로 구매해 사용하는 것과 라이너 없이 단독으로 사용하는 샤워 커튼이 있으니 주의해서 구입할 것. / 샤워 커튼 3~7만 원대, 070-8811-1039, 사진 출처 : 아이졸라 홈페이지

이케아

모든 영역의 신혼살림 장만에 없어서는 안 될 브랜드. 욕실용품 역시 추천할 만하다. 건식 화장실이 보편화된 유럽의 브랜드답게 다양한 소재와 형태의 욕실 매트를 구매할 수 있다. 60x90의 넉넉한 크기에, 물기를 금방 흡수하는 부드러운 극세사 원단으로 만든 토프트보(Toftbo) 매트를 추천한다. / 토프트보 매트 1만 원대, 팔러렌(Falaren) 매트 9천 원대, 사진 출처 : 이케아 홈페이지

대림바스

욕조, 욕실 토탈 전문 브랜드 대림바스에서도 다양한 욕실용품을 구입할 수 있다. 일본 센코(Senko)의 향균 욕실 매트, 독일 리더(Ridder)의 유니크한 샤워 커튼은 물론 핸드타월, 칫솔꽂이 등등 직접 수입하는 세계 각국의 욕실용품 브랜드 제품을 판매한다.

/ 센코 욕실 매트 3만 원대, 샤워 커튼 2만 원대, 1588-4360

소일

흡수성이 높은 자연 소재인 규조토로 만든 욕실 매트 브랜드. 발바닥의 수분을 빠르게 흡수한다. 돌이지만 얇고 내구성이 좋으며 3개월에 한 번씩 사포질로 흡수력을 회복시키며 사용하면 된다. 매트 외에도 트레이 등 다양한 욕실용품을 판매한다. / 챕터 원 10만 원대, 02-517-8001, 사진 출처 : 소일 홈페이지

패키지 자체가 인테리어가 되는 핸드워시

욕실의 인테리어 포인트는 뭐니 뭐니 해도 핸드워시, 치약 등 클렌저 제품들이다. 욕실은 포인트를 줄 수 있는 부분이 적기 때문에 욕실용품 패키지는 그 자체로 인테리어가 된다. 자타공인 패키지의 노예로 살아오며 사용해본 많은 클렌저 제품 중 꾸준히 애용하고 있는 핸드워시 제품들을 소개한다.

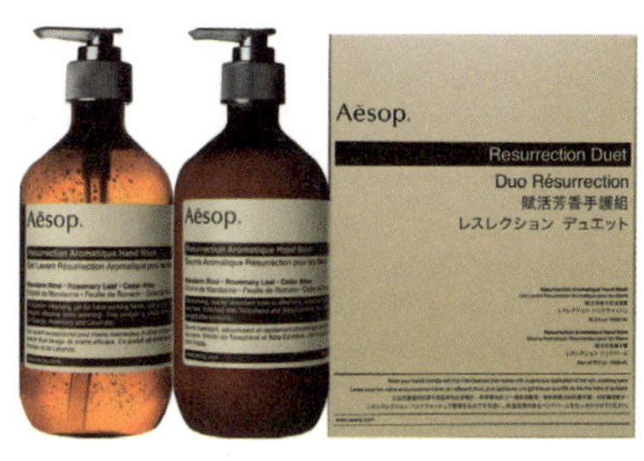

이솝

호주의 자연주의 스킨케어 브랜드 이솝. 허브향을 좋아해 다른 제품들도 좋아하지만 이솝의 레저렉션 핸드워시와 핸드크림은 3년째 쭉 사용하고 있는 우리 집 욕실 공식 핸드워시다. 이솝 핸드워시 설명을 읽어보면 "cleansing gel for hard-working"이라는 설명이 눈에 띄는데, 말 그대로 간장게장처럼 냄새가 강한 요리를 하고 난 뒤에도 효과적으로 냄새를 없애준다. 욕실제품에 유난히 관심이 많아 다양한 브랜드의 제품을 사용해보았는데 향과 기능은 물론 깔끔한 패키지로 인테리어 효과까지 있어 가장 추천하고 싶은 브랜드다. /5만 원대, 1800-1987, 사진 출처 : 이솝 홈페이지

바코

미국에서 온, 98% 이상 자연성분을 사용한 에코프렌들리 클렌저 브랜드. 순한 성분의 내추럴한 보습 세정 효과와 기분 좋은 향기로 인기를 얻고 있다. 핸드워시와 바디워시 겸용으로 사용할 수 있는 '퍼 앤 그레이프프룻 클렌저'는 상큼한 자몽과 시원한 전나무향의 조합이 좋고 감각적인 로고가 붙은 유리병 자체가 인테리어 소품이 된다. / 챕터 원 4만 원대, 070-8881-8006, 사진 출처 : 바코 홈페이지

와트킨즈

1868년부터 미국 미네소타에서 천연 제품을 만들어온 브랜드. 아이허브에서 판매하고 있어 사용해보았는데 순한 느낌과 상큼한 향이 마음에 들었다. 거품이 많이 나지 않는 점이 아쉬웠지만 거품으로 분사하는 포밍 핸드숍을 사용해본 후, 안방 화장실에 늘 비치해두는 제품이다. / 신세계백화점 1만 원대, 1588-1234, 사진 출처 : 와트킨즈 홈페이지

Chapter

3

소품 인테리어

○

조명

ILLUMINATION

FOR HOUSE

잘 고른 조명 하나가
공간 전체의 분위기를 결정한다.

by 영지

———

조명에 대한 고민은
바닥과 천장 공사를 하기 전에 미리 끝내둘 것

조명은 가구가 아니다. 집의 일부다. 벽에 페인트칠을 하고 바닥 공사를 하기 전에 조명의 위치와 종류를 미리 결정해야 한다. 그 이후에는 늦는다. 조명을 제거할 때나 교체할 때 그 자리에 구멍이나 흠이 생겨 보기 흉하기 때문이다.

지금 우리 집에는 아파트에서 기본으로 제공하는 빌트인 조명이 하나도 없다. 그리고 누가 봐도 의아해하는 흉터가 남아있다. 접착력이 약해 자주 떨어지는 흰색 마스킹 테이프가 보기 싫게 덜렁거리며 붙어있는 흉터다.

맨 처음 손대야 하는 영역이 조명이란 걸 몰랐던 나는 가구가 다 들어오고 나서야 동네 전파사에 전화해서 조명 기사님을 섭외했다. 거실의 우주선 조명을 없애고 다용도실에 보관하겠다고 했더니 기사님은 "세상에 그런 집은 없다"며 나를 세상 물정 모르는 새댁처럼 바라봤다. 결국 설득 끝에 조명을 제거했지만, 공사가 끝나자 기사님이 말린 이유를 알게 되었다. 조명을 제거한 자리에 남자 주먹 두 개가 들어가고도 남을 만한 검은 구멍이 나버렸다. 기사님은 "조명을 먼저 했어야지"라고 나무르며 집을 떠났다. 슬픈 기분으로 마스킹 테이프를 잘라 흠을 덮었다. 조명은 벽지를 바르기 전에 해야 했었다.

재밌게도 이후 우리 집에 찾아온 손님 중에 거실 천장에 조명이 없다는 걸 알아챈 사람은 아무도 없다. 얘기를 듣고 천장을 봐도 '어 그러

네' 정도의 심심한 반응이다. 그 자리에 꼭 조명이 있어야 하는 과학적, 미
학적 이유가 있었다면, 그런 심심한 반응일 리 없다. 거실에 달린 조명은
사람에 따라 다르겠지만 꼭 필요한 요소는 아니라는 것이다.

184

부엌에 있던 빌트인 펜던트 조명(좌).
약속이라도 한듯 모든 아파트에 달려있는 거실 조명(우).

— Before

취향이 담긴
아름다운 조명을 찾기까지

첫 번째 신혼집에서는 앞의 사진에 등장하는 거실 조명을 처치하지 못하고 그대로 두었다. 2년 가까이 거실에 앉아 천장의 조명을 괴로운 심정으로 바라보았다(지금 생각하니 참 어리석은 일이다. 기사님을 부르면 30분 안에 제거할 조명을 보며 왜 2년이나 괴로워한단 말인가).

조명에 대한 고민은 2013년 9월부터 2015년 9월까지 약 2년간 지속되었다. 그 사이에 우리 집에 왔다가 떠나간 조명들의 리스트는 다음과 같다.

하나, 이케아에서 구입한 부엌 펜던트 조명은 상판과 바닥의 폭이 지나치게 길고, 조명은 하늘로 바짝 올라붙어 비례미가 전혀 없었다. 간접 조명이 아니라 빛이 얼굴 위로 쏟아지는 갓이기 때문에 한밤중에 와인을 마실 때도 조명으로 예뻐 보이는 효과가 전혀 없었다. 오히려 다크서클과 팔자주름을 강조하는 조명이었다.

둘, 대학교 4학년 때 2만 원 주고 구입해서 이사 다닐 때마다 가지고 다닌 플로어 조명은 낡을대로 낡아 헤드가 흔들리는 상태였다.

셋, 거실의 비례와 맞지 않는 반구형 펜던트 조명도 우스꽝스러웠다.

하지만 조명에 욕심이 생기니 '진짜' 조명이 갖고 싶었다. 10년이 아니라 남은 생을 함께하고 누군가에 물려줄 수 있는 그런 조명 말이다.

이탈리아 브랜드 플로스에서 만든 '탭' 조명은 가격도 높고 오리지널 디자인 조명이지만, 내 취향이 아니면 아무리 고가의 물건이어도 오래 쓰기 힘들다는 걸 알려준 교훈적인 조명이다. 플로스나 아르테미데의 조명은 다소 미래지향적이고 모던한 디자인인데, 나는 이런 스타일의 조명을 좋아하지 않는다는 걸 이 제품을 통해 새삼 알게 되었다. 지나치게 똑 떨어지는 디자인이라 인간미가 느껴지지 않는다고나 할까. 그 사실을 깨달았지만 이 조명과 헤어지기란 힘든 일이었다. 나중에 후회하지 않을까도 생각했지만 내 취향이 아닌 고가의 물건은 없어도 전혀 그리워지지 않는다는 것 또한 알게 되었다.

186

부엌과 비례가 맞지 않는 펜던트 조명(좌).
10년 동안 쓴 저렴한 플로어 조명(가운데). 거실에 달았던 펜던트 조명(우).

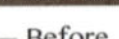

—— Before

———

밝고 환한 조명이 필요한 곳에는
부분 조명을 설치한다

거실 등을 제거할 때 과감하게 안방 등도 같이 제거했다. 우리 집 안방은 열두 시면 자러 들어가는, 수면에 충실한 공간이다. 거기서 책을 읽지도, 와인을 마시지도 않는다. 눈부신 형광등 조명은 필요 없었다.

우리가 잠자리에 들 준비를 하고 침실에 들어와 부분 조명을 켜면 반려견 버터가 순식간에 따라 들어와 침대 옆에 있는 버터의 침대에 동그랗게 눕는다. 늦게 자러 들어온 사람은 거실의 오디오 전원을 끄고, 부엌 조명을 끄고, 침대에 눕는다. 환한 형광등을 켜는 집이었다면 갑작스럽게 어둠이 찾아와 충분한 수면의 의식을 행할 수 없을 것이다.

마찬가지로 서재 등도 제거했지만, 다른 공간과는 달리 책상 위에 데스크 조명을 하나 두기로 했다. 의사들이 인정한 조명 라문의 '아물레또' 스탠드다. 한밤중에 책을 읽거나 컴퓨터 작업을 할 때는 이 조명을 켜둔다. 밝은 빛이 필요하다면 공간 전체를 밝히는 게 아니라 간접 조명, 부분 조명을 활용하면 충분하다.

밤에 작업할 때 켜두는
라문 '아물레또' 스탠드를
책상 위에 두었다.

이딸라 바카 수납장과도 잘 어울리는 아카리 램프.
불을 켜면 한지로 만든 갓에서 은은한 조명이 번져나온다.

머물고 싶은 공간은
조명의 채도가 다르다

집안 곳곳의 조명을 제거할 때쯤 우리 집에는 소파와 6인용 나무 식탁, 톤 체어 같은 것들도 하나둘씩 사라졌다. 가장 거슬리는 조명에도 처방전이 필요했고 프리츠한센 테이블과 세븐 체어처럼 운명적인 조명이 찾아왔다. 그리고 꽤 오랫동안 PH5 펜던트 조명과 판텔라 플로어 조명에 대한 욕망으로 열병을 앓았다(내가 이 조명을 선택한 이유에 대해서는 자세하게 쓸 필요가 없다. 다른 이에게는 또 다른 조명이 그 집의 정답이 될 것이기 때문이다).

마침내 진짜 빛을 들이기로 결심했다. 아파트먼트 쇼룸 '카우니스 코티'를 운영하는 서동희 실장님에게 구입한 50년 된 빈티지 PH5 펜던트 조명을 본 순간 진짜 빛의 순간이 찾아왔다. 남편과의 결혼을 결심했을 때처럼 설명하기 어려운 기분이 나를 휩쌌다.

처음 이 조명을 구입했을 때는 부엌에 설치했었다. 그 자리에 높이가 높은 아일랜드 식탁이 들어오면서 이 조명은 서재로 이사했다. 충고가 낮은 아파트라 수직으로 달면 멋이라고는 전혀 없어서, 천장 중앙에 연결한 전선을 70cm쯤 U자형으로 늘어뜨리고 다시 못을 박아 전선이 아래로 떨어지게 설치했다. 같은 조명이라도 전선을 어떻게 배치하는가에 따라 분위기는 전혀 달라진다.

흰색이 아니라 회백색으로 변한, 돈을 주고는 구입할 수 없을 것 같은 근사한 빈티지 조명은 종종 비난을 받기도 했다. '어디서나 보이는 흔한 인테리어 아니냐'는 거였다.

반대로 생각해보자. 멋진 건축물에 사람들이 많이 모이면 그게 흔한 공간이어서일까? 아뗌도시건축의 곽희수 소장님이 한 "좋은 건축물은 사람이 많이 모이는 공간"이라는 말은 무척 감동적이다. 조명도, 가구도 그렇다. 사람들이 많이 사용하는 조명과 가구에는 시간을 초월해 사용하고 싶고 만지고 싶은 마력이 있는 것이다. 50년 후에도, 100년 후에도 지구인들은 이 조명 아래에서 와인을 마시고 대화를 나눌 것이다. 그 클래식한 아름다움을 소유한 사람에게는 평온함이 찾아온다. 더 나은 것이 있을까 안달하고 불안할 필요가 없기 때문이다.

다음으로 선택한 조명은 덴마크 루이스 폴센에서 만든 판텔라 조명으로 반구형 갓을 씌운 플로어 램프다. 이 조명은 우리 집 거실 조명이 되었다. 다른 브랜드의 플로어 램프에 비해 빛이 퍼지는 범위가 더 넓어 거실에 두기 좋았고, 종종 그 자리에 있다는 걸 잊을 정도로 심플한 디자인이라 좋았다.

생각보다 커서 집에 온 손님들이 놀라는 판텔라 조명은 거실같이 넓은 공간에 두어도 충분히 밝다. 이것만으로 부족하면 테이블 램프 하나를 더 두고 두 개의 빛을 조합해서 쓰면 된다.

온라인 벼룩시장을 통해 거실을 텅 비웠던 날 이 조명이 도착했다(이날 나는 반차를 내고 저녁이 되길 기다렸다). 해 질 녘이 되었고 숨죽여 전원 버튼을 켰다. 어랏. 처음 만난 빛은 예상했던 것보다 더 붉고 오렌지빛이 감도는, 그다지 예쁘지는 않은 빛이라 깜짝 놀라고 말았다.

한 시간 가까이 그 옆에 머무르며 빛의 변화를 관찰해보니 의문이 풀렸다. 밖이 어두워지는 속도에 맞춰 판텔라의 빛깔도 변했던 것이다. 빛이 남아있는 초저녁에는 튀는 오렌지빛을 내뿜지만, 밖이 어두워지면서 따듯한 노란빛으로 변했다. 완전한 밤이 되자 판텔라는 모든 공간을 부드럽고 우아한 바닐라색으로 코팅하기 시작했다. 전구 색이 시간에 따라 변한다는 얘기가 아니다. 자연의 온도와 채도에 맞춰 빛의 색이 자연스럽게 변하는 것이다. 한밤중에 무심코 판텔라 조명을 보면 저절로 입가에 미소가 지어진다. 내가 살고 싶던 집의 채도를 이 조명이 만들어주고 있구나, 기특하고 행복한 기분이 들어서다.

우리 집 거실의 주인공, 판텔라 플로어 램프.

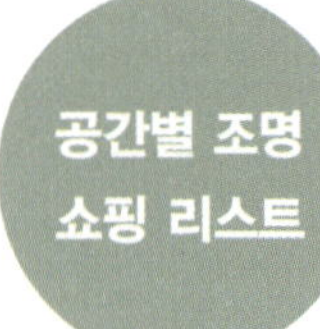

어떤 공간에 두어도 상관없지만 주로 거실에 둔다. 천장 조명을 없
애고 메인 조명으로 쓸 경우에는 갓이 적당히 커야 골고루 빛을 분
포한다. 막상 구입했는데 너무 어두워서 다시 천장 조명을 달았다
는 사례도 있으니 신중히 고를 것.

플로어 조명

각도를 자유자재로 구부릴 수 있는 프랑스
지엘드사의 조명. 기다랗게 휜 프레임과 커
다란 갓이 공간 전체를 감싸 안는 아늑한 빛
을 발산한다. 지엘드에서 판매.
/ 사진 출처 : 지엘드 홈페이지

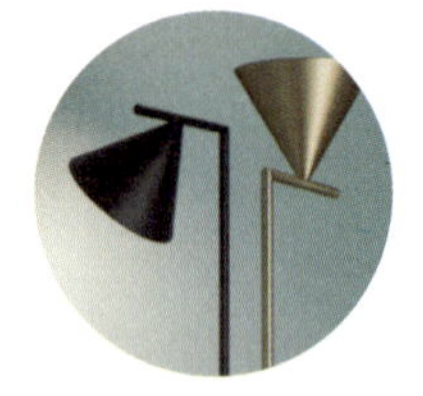

기호 같기도 하고, 오브제 같기도 한 독특한 형태
의 캡틴 플린트 조명. 이탈리아 플로스 제품으로
갓의 각도를 조절할 수 있다. 두오모에서 판매.
/ 사진 출처 : 두오모 홈페이지

마크 새들러가 디자인한 이탈리아 포스카리니의 '
트위기' 조명. 낚싯대에서 영감을 얻은 군더더기 없
는 심플한 디자인이 어떤 공간과도 잘 어우러진다.
웰즈에서 판매. **/ 사진 출처 : 웰즈 홈페이지**

군더더기 없는 탭 형태의 갓이 달린
플로스 '탭' 조명. 검정색과 흰색으
로 출시된다. 두오모에서 판매.
/ 사진 출처 : 두오모 홈페이지

이사무 노구치가 디자인한 비트라의 '아
카리' 조명. 소지 종이로 만든 갓에서 은
은하고 따스한 조명이 흘러나온다. 동양
적인 디자인이라 젠 스타일 인테리어에
도 잘 어울린다. 비트라에서 판매.
/ 사진 출처 : 비트라 홈페이지

테이블 조명

플로어 조명과 테이블 조명 두 개를 조합해 거실 조명을 완성하기도 한다. 두 개의 조명을 합치면 양쪽에서 은은히 퍼져나온 빛이 적당히 밝은 조도를 완성해준다. 복도 끝 콘솔, 현관 옆, 침대 머리맡 등등 이동이 용이해 어디든 두고 쓸 수 있는 분위기 메이커 조명이다.

클래식한 무드가 가미된 무이의 '페이퍼' 조명. 웰즈에서 판매한다.

/ 사진 출처 : 웰즈 홈페이지

이탈리아 아르테미데의 '라 프티' 조명. 갓이 프레임 중간쯤에 위치한 독특한 디자인이지만 심플해서 어디에 두어도 잘 어울린다. 두오모에서 판매. / 사진 출처 : 두오모 홈페이지

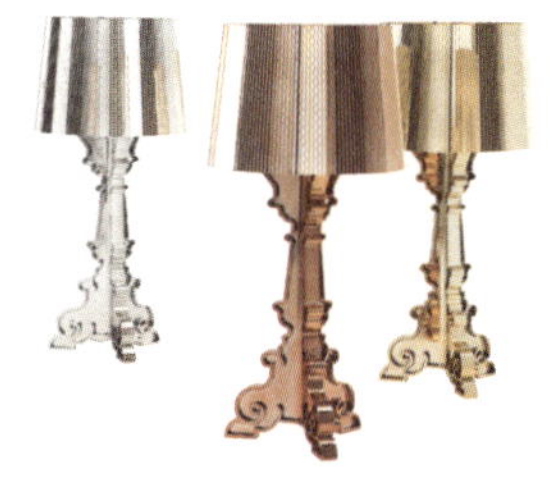

카르텔의 예술감독 페루치오 라비아니가 디자인한 카르텔의 '부지' 조명. 중세의 고전적 화려함을 신소재로 마감해 상반되는 이미지를 결합했다. 포인트 조명으로 훌륭하다. 카르텔에서 판매. / 사진 출처 : 카르텔 홈페이지

로돌포 도르도니가 디자인한 포스카리니의 '루미에르' 조명. 컬러풀한 갓을 씌운 최근 모델과 고전적이고 클래식한 이전 모델이 매력적이다. 투명하고 매끄러운 갓의 광택이 오묘하다. 에이후스에서 판매.

/ 사진 출처 : 에이후스 홈페이지

1931년 독일 디자이너 크리스티안 델이 디자인한 프리츠한센의 '카이저 이델' 조명. 귀여운 듯하면서도 클래식한 디자인이 오랫동안 사랑받은 비결이다. 프리츠한센에서 판매.

/ 사진 출처 : 프리츠한센 홈페이지

벽 조명

일반 가정집에서는 주로 침대 머리맡에 설치한다. 인테리어 효과도 있지만 잠들기 전 독서 등으로도 유용하다. 콘센트를 꽂을 수 있는 위치를 미리 확인하지 않으면 무용지물이 될 수도 있다.

독서 등과 인테리어 등의 역할을 완벽하게 결합한 카라바지오 '월' 조명. 이노메싸에서 판매.
/ 사진 출처 : 이노메싸 홈페이지

아르네 야콥센이 디자인한 'AJ' 조명. 세련된 디자인이 돋보인다. 이노메싸에서 판매.
/ 사진 출처 : 이노메싸 홈페이지

360도로 회전하는 코브라 모양의 갓을 단 구비의 '그로스맨 코브라' 조명. 코브라보다는 사탕이나 풍선 같아 보이지만, 귀엽다고 정의하기엔 어딘가 묵직한 매력이 풍긴다. 이노메싸에서 판매. **/ 사진 출처 : 이노메싸 홈페이지**

원하는 문구나 단어를 주문할 수 있는 맞춤형 조명인 '네온 폰트 알파벳'. 이탈리아 셀레티 제품으로 루밍에서 판매한다.
/ 사진 출처 : 루밍 홈페이지

●K는 색 온도를 뜻하는 켈빈(Kelvin)의 이니셜

1. 주광색 : 6500K. 얼핏 보면 그냥 흰색이다.
2. 주백색 : 5000K. 살짝 노란 기가 도는 아이보리색.
3. 백색 : 4100K. 상업 공간에서 주로 사용하는 노란색.
4. 온백색 : 3000K. 노란색과 주황색 중간 정도.
5. 전구색 : 2700K. 주황색이 많이 돈다.

팬던트 조명

주로 라운지 체어나 부엌 식탁, 아일랜드 식탁 위에 달아 포인트 조명으로 사용한다. 여러 개를 나란히 달면 조화로운 아름다움이 더해진다. 저렴한 모델은 사람 얼굴에 빛이 직접 떨어져 오래 켜두면 피로할 수 있다. PH5나 PH아티초크 조명은 갓과 갓 사이가 섬세하게 분할되어 빛이 부드럽게 반사되는 과학적인 설계 덕분에 오래 사랑받는 베스트셀러 조명이다.

베르너 팬톤이 디자인한 ‘플라워팟’ 펜던트. 상상할 수 있는 모든 색상을 입혀 공간에 경쾌한 분위기를 선사한다. 식탁 위에 색상별로 조합해 여러 개를 달아도 예쁘다. 이노메싸에서 판매. / 사진 출처 : 이노메싸 홈페이지

폴 헤닝센이 디자인한 PH 시리즈. 지금 우리 집에서 쓰고 있는 PH5(1958년) 조명 외에도 PH 루브르(1957년), PH아티초크(1957년) 등 다양한 라인이 있다. 이 조명들의 특징은 갓이 비례적으로 분할되어 빛을 고루 반사해 눈이 편하다는 것. 덴스크에서 판매.

/ 사진 출처 : 덴스크 홈페이지

핀란드 디자이너 알바 알토가 아르텍을 통해 출시한 ‘골든 벨’ 조명. 원래는 헬싱키에 있는 레스토랑에 설치할 목적으로 만들어졌지만 지금은 전 세계에서 사랑받는 베스트셀러가 되었다. 에이후스에서 판매.

/ 사진 출처 : 에이후스 홈페이지

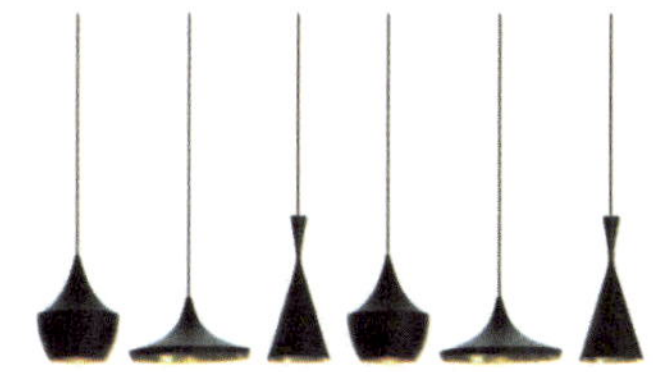

영국 디자이너 톰 딕슨이 디자인한 ‘비트’ 조명. 인도의 옛 항아리에서 영감을 얻어 만든 조명으로 검은색 갓과 황동색 내부 마감의 대비가 세련미의 극치를 보여준다. 네 가지 디자인이 있어 조합해서 사용하기도 한다. 두오모에서 판매. / 사진 출처 : 두오모 홈페이지

일본 디자이너가 만든 게 아닐까 싶을 정도로 동양적인 라인을 보여주는 섹토 펜던트 라인. 반원형, 나팔형 등등 다양한 형태가 있으며 나뭇결이 연상되는 편안한 디자인을 기본으로 한다. 이노메싸에서 판매. / 사진 출처 : 이노메싸 홈페이지

○ 패브릭

FABRIC
FOR EVERYDAY LIFE

커튼과 카펫은
가구 이상의 역할을 한다.

by 영지

화려한 커튼은
인테리어를 망치는 주범

결혼하고 계절이 지나며 가구에 대한 욕심은 덜해졌다. 식탁 두 개, 침대 두 개, 거실장 한 개를 더 살 수는 없으니 어쩔 수 없이 쇼핑할 가구 리스트가 줄어든 것이다. 이제 새로운 인테리어 영역인 패브릭으로 눈을 돌렸다.

스트라이프 패턴의 커튼부터 시작해 꽃무늬 커튼, 파란색 커튼, 기하학적인 패턴의 커튼까지 신혼 초 구입할 만한 커튼을 후회 없이, 아낌없이 다 사보았다.

빳빳하고 구김이 잘 가지 않는 소재의 스트라이프 패턴 커튼은 제품 자체의 퀄리티는 흠잡을 데가 없었다. 문제는 잠에서 깨고 거실로 나가면 이상하게 어지러운 기분이 들었는데, 그게 이 강렬한 패턴 때문이라는 걸 깨닫고 인정하기까지는 꽤 오랜 시간이 걸렸다. 하지만 당시에는 패턴이 들어간 커튼이 인기였고, 내 눈엔 이게 북유럽 인테리어의 정석으로 보였다. 하지만 그건 착각이었다. 이건 북유럽 스타일일뿐이지 북유럽 인테리어가 아니었다.

당시 침실에 두었던 파란색 커튼은 동그란 구멍을 낸 천을 커튼봉에 거는 형태였다. 이 천은 처음 봤을 때부터 너무 좋아서 심장이 떨렸다. 어쩜 이렇게 과감하고 개성 넘치고 눈이 시원한 파란색을 낼 수 있을까, 하고 감탄했다. 지금은 한눈에 보인다. 우리나라 아파트의 기본 색깔인 희끄무레한 나무 색 몰딩과 저 시원한 파란색 패턴은 전혀 어울리지 않는다는 것. 그리고 거실에 달린 스트라이프 커튼과 빨간색, 검은색 톤 체어까지 바라보면 전체적으로 더욱 어울리지 않는다는 것을 그때는 이 사진을 찍으면서도 알아차리지 못했다.

또 다른 흑역사는 2014년 7월 북유럽 여행 때 마리메꼬 매장에서 거금을 주고 떼온 천이다. 천 자체는 아름답고 근사하다. 하지만 한국의 일반 가정집에 있는 열리지도 않는 이상한 유리 창문과 그 둘레의 나무 몰딩, 그 앞의 짙은 나무 색 식탁과 커튼은 당연히 어울리지 않았다. 그걸 인정하기엔 이 패브릭이 너무도 비쌌기에 바라볼 때마다 아름답지, 아름답고말고, 하며 스스로에게 주문을 걸었다.

그 자체로 아름다운 패브릭은 수없이 많다. 그중 가장 위험한 곳은 우리 집을 스웨덴 가정집처럼 바꿔줄 거라는 환상을 불러일으키는 이케아의 커튼 코너. 그곳에서 만나는 아름다운 패브릭들은 우리나라 아파트와 주택에 걸리는 순간 빛이 바랜다. 격자무늬 창문, 애매한 몰딩 등 요소가 많은 집은 더욱 그렇다.

정신없이 패브릭 패턴과 색상에 집착하던 내가 우리 집 인테리어의 문제를 깨달은 건 순전히 눈치 덕분이었다. 여자 동료들이 많은 집단에서 일을 하다 보니 곰 같은 나도 눈치가 늘었다. 상대가 굳이 말하지 않아도 느껴지는 이상한 기운.

우리 집에 놀러온 스타일리스트 실장님이 침실에 들어서는 순간 경직된 걸 보고, 이 방에 뭔가 문제가 있다는 것을 눈치챘다. 다음 날 핸드폰으로 찍어두었던 사진을 보며 골몰히 생각해보니 그제야 거짓말처럼 안개가 걷히는 기분이었다. 사진 속 색상의 조악함과 패턴의 난잡함이 객관적으로 보였다. 명품 브랜드와 화보 촬영을 하고, 수많은 최고급 리빙 숍을 탐방하면서 갖게 된 안목이 고작 이렇다니, 스스로가 망신스럽고 부끄러웠다. 나는 당장 침실부터 바꾸기 시작했다.

스트라이프 패턴 커튼(위/좌).
침실에 걸기에는 지나치게 화려한 파란색 커튼(위/우).
우리 집 거실에 어울리지 않았던 패턴 커튼(아래/좌).
강한 원색과 패턴이 뒤섞여 아늑함과는 거리가 먼 침실(아래/우).

그 주말을 넘기지 않고 우리 집 침실은 단정해졌다. 힘을 빼고 심플하면 된다, 대신 패브릭은 좋은 소재를 구입했다. 그때 스스로에게 되뇌던 교훈이 생각난다. 화려할수록 초라해 보일 수 있다는 것.

이후 우리 집 커튼은 항상 흰색이다. 물론 흰색으로 바꾸고 나서도 한 번의 실수가 있었다. 유명 블로거의 집에서 본 여리여리하고 얇은 커튼에 매혹돼 거실에 그런 천을 달았다. 커튼은 보기 좋으라고 다는 게 아니라 여름의 햇빛을 순화시키고 빛을 조절하기 위해 다는 '천으로 만든 가구'인데, 보기에 예쁜 것만 생각하다보니 본질을 까맣게 잊은 것이다.

그래서 똑같은 흰색이지만 암막 기능을 어느 정도 갖춘 톡톡한 천의 커튼을 다시 구입했다. 언젠가 층고가 높고, 몰딩에 색깔이 들어가지 않은 하얀 도화지 같은 집에서 살게 된다면 다시 컬러풀한 패턴의 커튼을 달아보고 싶다. 하지만 그전까지 기성품 아파트에 달 수 있는 가장 무난한 커튼은 흰색 커튼이 아닐까 싶다. 무엇보다 자고 일어나서 거실로 나오면 이 커튼 덕분에 아침 햇빛이 더 아름답고 눈부시게 느껴진다. 더 이상 팀 버튼 영화 속 한 장면처럼 일상이 어지럽지 않다.

흐린 날에는 아예 저렇게 묶어두고
채광을 최대한 밝게 만들 때도 있다.

카펫은 주연이 아니라 조연.
심플하게 공간을 지탱해야 한다

104만 원. 아직 남아있는 과거의 혼수 리스트의 카펫 품목에는 이 금액이 적혀있다. 지금 기준에서 104만 원짜리 카펫이라니, 악 소리가 나올 정도의 거금이다. 하지만 신혼살림을 준비할 때는 그야말로 눈에 보이는 게 없었다.

나는 파펠리나 러그가 깔린 집에 살고 싶었다. 스웨덴에서 만든 이 친환경 PVC 소재 카펫은 당시 굉장한 인기 아이템이라서, 이게 없는 집을 신혼집이라 부를 수 있을까, 스스로에게 묻는 지경이었다. 하지만 정신을 차리고 우리 집 카펫을 보니 내가 이 카펫을 오랫동안 사랑할 수 없는 여러 가지 이유를 발견했다. 친환경 PVC 소재이고 물빨래가 가능하지만 이 카펫에 오래 앉아있으면 살에 자국이 배겨 간지러웠다. 또 커다란 동그라미가 새겨진 디자인이 보면 볼수록 유치했다. 때로는 놀이방 매트같아 보여서 어른스럽고 분위기 있는 인테리어를 방해했다.

확실히 유행하는 아이템이란 무섭다. 이 유행병은 초보의 삶에 쉽게 침투해 더 무섭다. 대부분의 브랜드를 경험해본 이라면 파펠리나를 구입할지, 페르시안 러그를 구입할지, 아니면 아예 카펫 없이 생활할지 스스로 판단할 수 있다. 하지만 결혼 전에는 한 번도 카펫을 구입해본 적이 없는 나 같은 초보는 '무조건 사야 한다'는 강박관념에 시달리다가 온라인에서 사람들이 열광하는 아이템을 정답이라고 믿는다. 어떤 연예인이, 혹은 유명 블로거가 저걸 썼다더라 하는 분위기에 쉽게 휩쓸리고 만다.

다시 그때로 돌아가도 파펠리나의 유행에서 초연할 수 있을까? 자신은 없지만 한 가지는 분명히 배웠다. 남들이 다 쓰는 물건에는 두 가지 이유가 있다는 것이다. 하나, 시대와 상관없이 클래식 디자인 제품이기 때문에. 다른 하나, 유행이기 때문에. 두 번째 이유 때문에 구입한 제품은 백발백중 후회한다.

지금 우리 집에 있는 카펫은 모두 이케아 제품이다. 플러피한 모가 달려있는 베이지색 기본 카펫을 10만 원대 초반에 구입해서 쓰고 있다. 반려견 버터가 카펫에 실례를 하는 대형 사고를 일으켰지만, 100만 원짜리 카펫이 아니니 버리고 같은 디자인을 새로 구입하면 된다. 겨울에는 털이 있는 카펫을, 나머지 계절에는 얇은 대나무색 투 톤 카펫을 간다. 아예 카펫을 깔지 않을 때도 있다. 가격도 부담 없고 여러 개 두었다가 기분 따라 바꿔 써도 좋다.

서재는 온통 흰색 가구라 이케아에서 구입한 7만 원짜리 페르시안 카펫을 깔았다. 진품 페르시안 카펫은 100만 원이 훌쩍 넘겠지만, 언

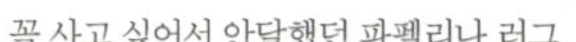

꼭 사고 싶어서 안달했던 파펠리나 러그.

— Before

제 반려견이 실수할지 모르는 위기의 요즘, 굳이 그런 모험을 하고 싶지
는 않다. 그리고 내가 정말 페르시안 카펫을 좋아하는지 확신이 서지 않
는다. 그런 날이 온다면 100만 원은 비싼 금액이 아니다. 인테리어에 들어
가는 금액이란 나의 취향을 조합해 환산하는 참으로 상대적인 숫자 같다.

흰색 톤의 서재에 포인트로 둔
이케아표 페르시안 카펫.

겨울을 제외한 계절에 쓰는 대나무색 카펫.

키티버니포니

커튼, 베딩, 쿠션까지 신혼살림에 필요한 패브릭을 원스톱으로 쇼핑할 수 있는 곳. 다양한 패턴과 색상을 취급해 웹사이트만 둘러봐도 눈이 즐겁다. 특히 커튼은 레일핀, 봉핀, 봉형, 펀칭형 등 처음엔 어렵게 느껴질 수 있는 용어를 자세히 구분해놔 인터넷으로도 쉽게 주문할 수 있다. / 서울 마포구 월드컵로5길 33-16, 02-322-0290

다브

숍 자체를 패브릭 갤러리같이 꾸민 전문 매장. 원단과 패턴을 눈으로 보고 만져볼 수 있으니 직접 방문하는 게 좋다. 프랑스의 고급 원단 브랜드 외에도 소니아 리키엘, 장 폴 고티에가 디자인한 디자인 패브릭 라인도 다양하다. / 서울 강남구 학동로 234, 02-512-8590

패브릭 길드

벨기에 브랜드 디자인 오브 더 타임, 스페인의 그루포 라마드리드, 미국의 마하람 등 전 세계의 고급 패브릭 브랜드를 독점 수입하는 브랜드. 웹사이트를 방문하면 단순한 패브릭 패턴뿐 아니라 디자이너들의 프로필과 스토리를 읽어볼 수 있어 공부가 된다. 현재 성북동 모벨 랩 매장에서 만날 수 있다. / 서울 성북구 선잠로 49, 02-544-0611

유앤어스

패브릭뿐만 아니라 카펫, 바닥재 등 인테리어 자재를 다양하게 취급하는 매장. 스위스의 크리에이션 바우만, 이탈리아의 데다르와 데코르텍스, 독일의 NYA 노르디스카, 벨기에의 아리스티드 등 유럽의 주요 패브릭 브랜드를 다양하게 만날 수 있다. 이탈리아의 아미니, 스페인의 간에서 만드는 스타일리시한 러그도 있어 패브릭과 카펫을 같이 둘러보기 좋다. / 서울특별시 강남구 논현로 750, 02-547-8009

카펫
브랜드 숍

챕터 원

최근 도쿄의 유명 리빙 숍과 카페는 5000년 역사를 간직한 페르시안 카펫으로
가득하다. 그 트렌드를 국내에서 가장 먼저 만나볼 수 있는 곳이 바로 챕터 원이
다. 장인이 수작업으로 만든 고급 페르시안 카펫을 직접 보고 만져볼 수 있다.
이란과 터키 등의 대표적인 페르시안 카펫과 생산 지역에 따라 달라지는 패턴과
소재를 감상하기에도 좋다. / 서울 강남구 논현로151길 48, 02-517-8001

한일 카페트

1969년 창업한 국산 브랜드. 자체 제작 카펫부터 수입 브랜드까
지 다양한 라인업이 독보적이다. 공간별, 소재별(샤기, 코지, 플
랫위브, 컷파일), 모의 길이, 형태에 따라 제품을 세분화해서 한
눈에 둘러보기 좋다. 베이직 카펫부터 패턴 카펫까지 종류가 다
양하다. / 서울특별시 강남구 논현로 652, 1566-5900

얀 카페트

원하는 스타일과 크기에 맞춰 주문 제작이 가능한 곳이다. 수입
브랜드 리스트도 다양하며 국내에서는 찾아보기 힘든 네덜란드
천연 울로 만든 사이잘룩 카펫 리스트가 흥미롭다. 북유럽 농가
에서나 만날 수 있는 고급스럽고 편안한 소재라 개인적으로 하
나쯤 구입하고 싶은 카펫이다. 다양한 패턴의 송치 카펫도 판매
한다. / 서울 강남구 논현로 731, 02-3442-5355

구다모

벨기에의 모던한 카펫 브랜드 렉슈
어의 다양한 라인을 소개한다. 전
형적인 유럽식 인테리어에 어울릴
법한 과감한 패턴과 색상, 디자인
이 많다. 화학섬유가 아닌 천연 캐
시미어로 만든 렉슈어의 카펫은 호
텔이나 오피스, 웨딩 인테리어로
오랫동안 사랑받았다고. 맞춤형 카
펫도 주문 가능하다. / 서울 특별시 강
남구 학동로77길 7 3층, 02-558-3165

인엔

텍스타일 디자이너 마에 엥겔헤이르의 러그를 비롯해 여러 디자이
너 러그를 만날 수 있는 곳. 단순히 러그나 카펫만 판매하는 게 아니
라 쇼룸 곳곳에 배치된 가구와의 조화를 둘러볼 수 있다는 게 장점.
/ 서울 강남구 삼성로 747, 02-3446-5103

빛을 자유롭게 조절하는
매력을 가진 블라인드.

by 리미

커튼 대신 선택한
블라인드의 장점

빛은 거실의 분위기를 좌우한다. 그래서 이사를 하기 전에 서둘러 블라인드를 결정했다. 내 집이 생기면 내추럴한 느낌을 주면서도 깔끔한 우드 블라인드를 설치해야겠다고 마음을 정하기도 했지만 거실 창문의 짙은 색 창틀과 난간을 가려서 정돈된 느낌을 주고 싶었기 때문이었다. 가구 하나 들어오지 않은 거실에 심혈을 기울여 선택한 하얀색 우드 블라인드가 달리던 날, 강한 빛을 적당히 조절해 온화한 빛이 가득한 거실을 보며 마냥 뿌듯했던 기억이 난다.

블라인드를 선택한 가장 큰 이유는 빛을 자유로이 조절할 수 있다는 점 때문이다. 상하이 집 거실에서는 이중 커튼을 사용했었는데 빛을 차단하거나 시야를 가리는 목적으로는 좋았지만 시간에 따라 달라지는 빛을 조절할 수 없다는 점이 늘 아쉬웠다. 또한 커튼을 세탁하는 일은

우드 블라인드를 거실에 처음 달던 날,
자연스러운 채광이 마음에 들었다.

가장 큰 스트레스 중 하나였기에 블라인드는 쓱쓱 먼지를 털어주고 가끔 닦아서 사용해도 되는 점 역시 마음에 들었다.

지금은 거실에는 흰색 우드 블라인드를, 침실에는 트리플 셰이드 블라인드를 달아 사용하고 있다. 거실의 우드 블라인드는 자연스러운 천연 원목이 깔끔하게 정리된 분위기를 만들어주고, 침실의 트리플 셰이드 블라인드는 부드럽고 자연스러운 빛을 들여 편안한 수면 환경을 만들어준다.

블라인드는 종류에 따라 쓰임새에 차이가 있으니 공간별로 적합한 블라인드를 고르는 것이 중요하다. 거실은 빛을 조절하기 쉽고, 강한 자외선으로부터 가구를 보호할 수 있는지 살펴보고 서재는 독서에 집중할 수 있도록 빛을 효과적으로 차단하는지 등을 생각하여 결정해야 한다. 블라인드는 어느 곳에나 잘 어울리지만 튀는 색상이나 소재일 경우 인테리어 콘셉트를 고려해 신중히 선택해야 한다.

햇살이 많이 드는 오후의 모습.
트리플 셰이드 블라인드는 빛을 부드럽게 만들어준다.

흰색의 우드 블라인드로
깔끔한 거실 분위기가 완성된다.

집에서 사용하기 좋은 블라인드의 종류

●우드 블라인드

원목을 사용해 자연스러운 아름다움이 느껴지는 블라인드. 슬렛 회전이 가능하여 블라인드를 내린 상태에서도 빛의 양을 조절할 수 있고 어수선한 공간을 고급스러운 분위기로 정돈시키는 특유의 분위기를 가지고 있다. 좋은 원목으로 만든 블라인드를 선택하면 변형 없이 오래 사용할 수 있다. 서재, 거실 등 다양한 공간에 활용하기 좋다.

●롤스크린

원단이 롤에 감겨 올라가거나 내려가는 방식의 블라인드. 심플한 구조에 단순한 기능이지만 유행을 타지 않는다. 주로 아이들 방이나 베란다의 햇빛 차단용으로 쓰인다. 색상과 질감을 잘 선택하면 깔끔하게 사용하기 좋다.

●콤비 블라인드

원단 부분과 망사 부분이 규칙적으로 배열되어있어 원단과 망사를 겹치게 하면 밖에서 안이 보이지 않고 반대로 원단과 원단이 겹치면 통풍이 가능한 형태의 블라인드. 암막지를 사용해 빛과 자외선을 90% 차단할 수 있는 암막 콤비 블라인드도 있다.

●트리플 셰이드 블라인드

콤비 블라인드 형태에서 채광을 자유롭게 조절하는 형태로 진화한 블라인드. 3중 구조의 원단이 열렸다 닫히며 채광을 조절한다. 작동이 간단하며 부드럽고 자연스러운 빛을 만들어주어 가장 인기 있는 형태의 제품이다.

●허니콤 셰이드 블라인드

벌집 구조 원단의 블라인드. 육각형 구조가 공기를 보존해 겨울에는 냉기를 차단하고 여름에는 열기를 차단해준다. 외부 소음과 내부의 울림 현상을 막아주는 기능이 있다.

꽃과 식물

FLOWER AND PLANT
FOR EVERYDAY LIFE

한 송이의 꽃이라도
공간을 바꾸는 힘이 있다。

by 리미

———

공간에 생기를 더하는
꽃과 식물이 있는 집 만들기

언제부터 꽃을 좋아했는지는 정확히 기억나지 않는다. 평생을 베란다 가득 화분을 키우는 엄마와 함께 살았지만 난에 꽃대라도 올라오면 온 가족을 불러 보여주시던 엄마의 마음을 어렸을 땐 잘 알지 못했다. 아마도 내 집이 생기고 또 그 공간에 표정이 있다는 사실을 알게 된 후부터 엄마처럼 꽃과 식물에 관심이 생기기 시작한 것 같다.

꽃과 식물이 있는 공간엔 생기가 돈다. 각각의 꽃은 놀라울 정도로 다른 분위기를 가지고 있어서 화사한 색깔의 장미를 둘 때와 여린 베이비핑크색의 라넌큘러스를 둘 때 공간의 느낌은 완벽히 달라진다. 집안 분위기를 바꾸려면 가구나 카펫을 바꾸는 것처럼 크고 힘든 결정을 해야 한다고 생각하지만, 꽃을 두는 것만으로도 집의 분위기는 달라진다.

어떤 꽃을 어떻게 두어야 할까 막막하다면 처음엔 전문가의 도움을 받는 것도 좋다. 굳이 본격적인 공부가 아니더라도 취향에 맞는 스타일의 꽃꽂이 원데이 클래스를 듣거나 집 근처 꽃집에 가서 꽃다발이 아닌 집에 둘 꽃에 대해 상담을 해보는 것이다. 여건상 힘들다면 책을 구입하는 것도 방법이다. 나도 꽃을 전문적으로 배운 적은 없지만 틈틈이 원데이 클래스나 책을 통해 꽃으로 생기를 더하는 집을 만들기 위해 애쓰고 있다.

여름이면 큼지막한 크기의 수국 한 송이를 사다 툭 꽂아두고, 홈파티가 있는 주말에는 큰맘 먹고 블러싱 브라이드나 클레마티스 같은 좋아하는 꽃을 사다 테이블 가득 꽂아둔다. 꽃 선물처럼 아까운 게 없다고 생각했던 내가 이렇게나 꽃을 좋아하는 날이 올 줄이야. 처음부터 꽃이 없었을 땐 당연히 모르지만 꽃이 있다가 없어진 공간은 거실의 큰 라운지 체어가 없어졌을 때처럼 그 빈자리가 크게 느껴진다.

220

니콜라이 버그만의 아름다운 꽃들.
센스 있는 꽃은 보는 것만으로도 많은 공부가 된다.

벚꽃나무와 핑크색 튤립.
봄에 꽃 시장에 가면 벚꽃나무를
어렵지 않게 발견할 수 있다.

꽃을 두면 거실의 분위기가 달라진다.

친구가 교토에서 사다준 술병은 녹색식물을 꽂아두기만 해도
싱그러운 느낌이 나서 화병으로도 자주 사용한다.

224

여름에서 가을로 넘어가던 시기,
계절을 느낄 수 있게 해준 테이블 센터피스.

직접 만들어본
크리스마스 파티 테이블의 가랜드.

결혼기념일 홈파티에 친구들과 함께 만들었던 꽃팔찌.

어버이날 부모님과의 식사를 위해 블레스가든 실장님들과 함께 만들었던 거실 한편의 꽃.

생기를 주는 그린 인테리어,
관엽식물 들이기

꽃의 장점이자 단점은 짧으면 며칠, 길어도 1~2주의 시간밖에 즐기지 못한다는 점이다. 즐길 수 있는 기간이 짧기에 아쉽긴 하지만 잘못 선택했더라도 다음을 기약할 수 있는 건 장점이다. 하지만 식물은 다르다. 자칫 성급하게 들인 나무가 우리 집에 어울리지 않을 수 있고 혹여 잘못 키워 죽기라도 하면 마음이 어찌나 아픈지. 그렇기에 생명이 있는 나무를 집에 들이는 것은 심사숙고의 시간과 용기가 필요하다.

우리 집 거실에는 커다란 떡갈나무가 있다. 천장에 닿을 만큼 키가 큰 나무를 들이고 싶었지만 천장이 그리 높지 않은 거실에 너무 큰 나무는 답답해 보일 수 있다는 전문가 친구들의 조언을 듣고 적당한 높이의 나무를 골랐다. 자꾸만 잎이 노랗게 변해 노심초사할 때도 있었지만 아침에 일어나 거실에 나왔을 때, 초록이 주는 싱그러움을 마주하는 순간은 힐링 그 자체다. 이런 큰 기쁨을 주는 관엽식물은 실내 공기 정화 능력까지 갖추었다. 잘 고른 나무 한 그루가 공간의 표정까지 바꾼다. 특히나 요즘처럼 미세먼지 걱정이 많을 때는 스파티필룸, 산세비에리아 스터키, 뱅갈고무나무 등 공기 정화 능력이 있는 식물을 들이면 일석이조의 효과를 누릴 수 있다.

거실의 떡갈나무와 헬레보레스.

―――

자연스러운 공간을 만들어줄
아름다운 계절의 식물을 찾는다

도쿄의 치바현에서 사는 금속공예 작가이자 고등학교 친구인 김희수가 어느 날 인스타그램에 댓글을 달았다, "이제 그린만 있으면 되겠네"라고. 그녀가 말하는 그린은 식물이다. 흰색 톤의 우리 집이 누군가의 눈에는 정갈하다 못해 춥거나 심심해 보일 수도 있겠다는 생각이 들자, 다급하게 '식물'을 수배했다. 친구의 추천으로 알게 된 경기도의 한 농장 주인분과 여러 번 상의한 끝에 지난여름 우리 집에는 야자수가 입성했다. 20만 원이라는 거금을 주고 구입한 야자수 화분은 우리 집 거실의 체감 온도를 최소 2도는 낮춰주었다. 그리고 계절이 바뀌고 겨울이 되었다.

겨울을 다 보낼 때쯤 문득 거실을 바라보며 깨닫게 된 것 하나. 겨울 인테리어에는 따스한 식물이 자연스럽다는 것이다. 물론 그동안 정글처럼 무성하게 자라 가지치기를 해야 할 정도로 생명력 왕성한 야자수는 우리 공간에 멋진 숨을 불어넣었다. 하지만 누군가의 시선과 상관없이 '자연스러운' 인테리어는 아니다. 겨울에 여름이 존재하기 때문이다. 일부러 의도한 상업 공간이 아니라 가정집이기에 그 조합이 조화롭지 않아 보였다. 멋진 야자수는 서재로 옮겼다. 거실에는 아직 중심을 잡아줄 식물을 찾지 못했지만 낯선 계절의 야자수가 거실의 한 부분을 장악한 것보다, 아무것도 없는 지금이 더 아름답다. 내가 만족하는 인테리어, 자연스러운 공간. 그게 집안 곳곳에 관심을 기울이며 얻는 작은 즐거움이다.

같은 공간이라도 꽃이나 화병 소재에 따라 집안 분위기가 달라진다.

남대문 대도상가 꽃 시장

규모가 큰 편은 아니지만 제철 꽃 종류를 다양하게 갖춰 늘 붐빈다. 소매로 구입하는 일반인에게도 친절하며, 매장마다 꽃값도 크게 차이 나지 않는다. 생화와 조화, 화기를 파는 곳이 분리되어있다. / 서울 중구 남대문시장4길 9

도매시장

강남고속터미널 꽃 시장

생화 시장과 조화 시장으로 나뉘어있다. 생화 시장은 밤 12시부터 오후 1시까지, 조화 시장은 같은 시간에 열어 오후 6시까지 운영한다. 일요일에는 문을 닫는다. 싱싱함은 떨어지지만 토요일 폐장 전, 오후 12시쯤을 노리면 꽃을 저렴한 가격에 구매할 수 있다. / 서울 서초구 신반포로 194

양재 aT 화훼 공판장

국내 꽃 시장 중 최대 규모를 자랑하는 곳. 생화 도매시장, 분화온실, 화환 등으로 판매하는 종목에 따라 세분화된다. 꽃보다는 나무를 구입할 때 주로 가는 곳으로 가게별로 문을 여는 시간, 영업하는 날짜가 다 다르니 웹사이트(http://yfmc.at.or.kr)를 참고할 것. / 서울 서초구 강남대로 27

남서울 화훼 단지

양재와 더불어 나무를 구입할 수 있는 시장. 양재 공판장이 일반인을 상대로 한 곳이라면 과천은 도매인들이 주로 찾는 곳이다. 둘러보기 좋은 구조는 아니지만 더 저렴하게 구입할 수 있다. / 경기도 과천시 주암동 남서울 화훼 단지

플로리스트의 꽃집

블레스가든

1998년 청담동에서 시작한 꽃집으로 많은 명품 브랜드와 작업해온 백선미 플로리스트의 감각적인 꽃을 만날 수 있는 곳이다. 진정한 아름다움이란 시간을 넘어선다는 것을 보여주는 대표적인 꽃집으로 단골손님들이 대를 이어 찾는 곳이다. / 서울 강남구 도산대로78길 14, 02-3442-7785

라마라마

유명 화보는 물론 고급스러운 상업 공간 디스플레이 하면 가장 먼저 떠오르는 꽃집. 고급스럽고 우아한 스타일링으로 소문난 정은정 플로리스트가 운영한다. 이태원 매장에는 유럽에서 직접 구입한 빈티지 소품이나 앤티크 가구도 둘러볼 수 있어 인테리어 쇼핑을 하기에도 좋다. / 서울 용산구 녹사평대로26길 42, 792-8957

플라워베리

전직 VMD 출신의 정다정 플로리스트가 운영하는 서래마을 함지박 사거리 꽃집. 어머니가 운영하던 터줏대감 꽃집이었는데, 최근엔 모녀가 함께 운영하며 더욱더 스타일리시해졌다. 모던하고 세련된 스타일이 돋보이며 완성된 꽃은 예술작품처럼 아름답다. / 서울 서초구 동광로 101, 문의 02-3482-2373

보떼봉떼

2006년 오픈한 정주희 플로리스트의 플라워 아틀리에. 프렌치 스타일의 꽃을 체계적으로 배울 수 있는 클래스로 플로리스트 지망생들은 물론 현직 플로리스트에게도 큰 사랑을 받고 있다. / 서울 마포구 와우산로23길 14, 02-338-2325

호텔 꽃집

서울 웨스틴조선 호텔, 격물공부

'사물의 이치를 깨우쳐 익힌다'는 뜻의 꽃집. 동양사상을 기본으로 한 꽃꽂이와 분재 스타일링을 선보이며 이끼, 돌 등의 동양 소재를 다양하게 활용한다. 정적이고 단아한 스타일링을 선보여 외국인들도 사랑하는 꽃집이다.
/ 서울 중구 소공로 106, 02-771-0500

더 플라자 호텔, 지스텀

'작은 오솔길이 있는 유럽식 정원'이라는 뜻의 꽃집. 유러피언 터치를 통해 꽃과 식물 본연의 아름다움을 살린 우아한 스타일링을 지향한다.
/ 서울 중구 소공로 119, 02-771-2200

포시즌스 호텔 서울, 니콜라이 버그만

덴마크 출신 플로리스트 니콜라이 버그만이 디렉팅한 서울 매장이다. 도쿄 아오야마에 있는 본점은 꽃집 겸 카페로도 유명하다. 소재와 화기에 힘을 실어 여느 꽃집과 차별화된다. 화려한 듯하면서도 절제돼있어 일본인 플로리스트의 공간처럼 느껴지기도 한다. 작은 선물상자에 촘촘히 꽂혀있는 기프트 플라워 박스가 시그니처 아이템.
/ 서울 종로구 새문안로 97, 02-6388-5000

○

향초와 디퓨저

AROMA CANDLE
AND DIFFUSER

좋은 향이 나는
공간이 아름답다。

by 영지

우리 집 공기청정기,
틴 캔들

남편은 무던하지만 딱 두 가지, 까탈스러울 정도로 예민한 게 있다. 하나는 좋아하는 식재료(소고기와 해산물)와 싫어하는 식재료(돼지고기와 닭고기)이고, 다른 하나는 좋아하는 향(우디, 머스키 등 남성적인 향)과 싫어하는 향(시트러스, 플로럴 등 여성적인 향)이다. 돼지고기나 닭고기는 다른 반찬에 섞어서 몰래 주기도 하는데(별 탈이 없는 걸 보면 이건 고집인 것 같기도 하고) 향은 귀신같이 분별해서 "그런 향은 정말 싫다"고 말한다.

내 경우엔 특별히 고집하는 식재료도, 고집하는 향도 없다. 어떤 때는 남편이 쓰는 향수를 같이 뿌리고 나가기도 한다. 하지만 집에서 나는 향만큼은 지나치게 묵직한 향보다 꽃이나 허브 향이었으면 좋겠는데, 남편은 영 시큰둥하다.

아직 궁극의 향초를 찾지는 못했지만 우리 집에서 향초는 취향이 아닌 필수다. 반려견과 함께 생활하면서 혹시라도 약간의 비린내나 동물 냄새가 날까 봐 늘 신경을 쓴다. 10년간의 직장 생활을 그만두고 집에서 와인 수업을 시작한 이후부터는 더욱 조심하게 되었다. 그래서인지 우리 집에 방문한 손님들은 하나같이 "개를 키우는 집인데 냄새가 나지 않아요" 하고 얘기해주신다. 비법은 하나. 10개가 넘는 틴 캔들을 공간마다 끊임없이 피우기 때문이다.

틴 캔들은 참 신기한 물건이다. 한두 시간 정도 알아서 타오르고 꺼지며, 낮에도 밤에도 로맨틱하고 서정적인 분위기를 연출한다. 특

정한 향이 없어 식사 중에 켜도 좋고 캔들의 나라 북유럽에서 만든 이케아 틴 캔들은 가격이 저렴해 몇 박스를 한꺼번에 구입해도 그다지 부담되지 않는다.

마침 책상 옆에 켜둔 틴 캔들이 방금 생명을 다했다. 자리에서 일어날 필요는 없다. 거실, 안방, 욕실, 드레스룸은 물론 서재에도 캔들 라이터를 준비해놨기 때문에 다시 켜면 그만이다. 참, 캔들을 피울 때는 꼭 창문을 열어두고 환기에 신경 쓴다.

집에서 사용하는 각종 향초와 인센스들.
펜할리곤스, 톰딕슨, 아스티에 드 빌라트, 이솝 등.
패키지가 아름다운 제품들이라 선물용으로도 좋다.

집에서 늘 사용하는 이케아 글리마 틴 캔들.
유리 용기에 담아 테이블에 두면 은은한 빛이 퍼져나온다.

●캔들 보관함

향초는 그대로 보관하지만 틴 캔들은 얇은 비닐 포장에 담겨있기 때문에 별도의 보관함이 필요하다. 보관함에 담아 자주 켜는 곳에 두면 틴 캔들을 찾으러 다닐 필요가 없다.

●캔들 라이터

젓가락 길이의 캔들 라이터를 보관함 옆에 두면 유용하다. 생각보다 가스가 빨리 닳으니 가스 연료는 미리 준비해두고 떨어질 때마다 충전해서 쓴다. 가스 연료는 마트에서 판매한다.

●스누퍼

초를 끌 때 입으로 불어서 끄면 그을음이 심하게 올라온다. 종 모양 스누퍼로 공기를 차단해서 꺼야 한다. 끄고 나서는 심지를 녹은 왁스에 묻혔다가 다시 일으켜 세워둔다. 이렇게 하면 다시 태울 때 까만 그을음이 거의 생기지 않는다.

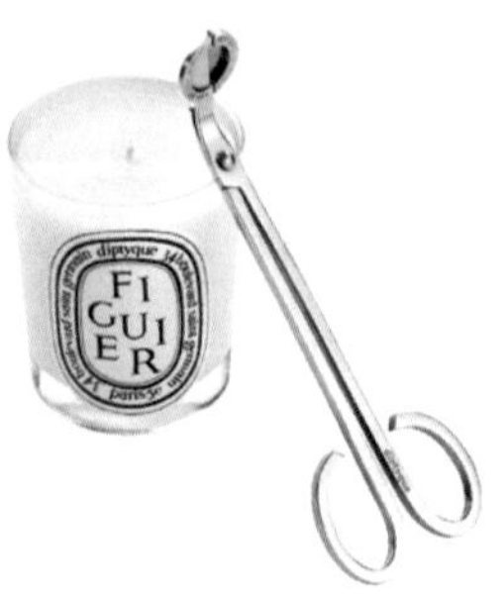

●트리머

초를 오래 태우면 심지가 길게 남는다. 이 상태로 다시 켜면 역시 그을음이 발생한다. 트리머로 적당량 잘라줘야 다시 태울 때 깨끗하다.

TIP　　　　　　　　　　　　　　　　　　　　　　　　　**향초 사용 시 유의점**

사용 후에 충분히 환기를 하고 연속 세 시간 이상은 사용하지 않는다. 처음 사용할 때는 윗부분이 골고루 타도록 켜두어야 심지 주변만 녹는 터널 현상을 막을 수 있다. 향꽂를 사용하기 전 심지를 5mm 정도로 자른 후 사용하면 그을음이 생기지 않는다.

향초를 선택하는 것은 화장품을 고르는 것과 같다. 처음에는 다양하게 사용해보며 자신이 선호하는 향에 대해 파악하고, 화장품의 원료를 따지듯 향초 역시 어떤 원료를 썼느냐를 확인하며 선호하는 브랜드를 찾아가자. 향은 전적으로 개인의 취향이지만 추천하고 싶은 향초, 디퓨저 브랜드를 소개한다.

이니스프리

화장품 브랜드지만 깔끔한 디자인의 향초와 디퓨저를 만날 수 있다. 특히 '수향'과의 콜라보레이션으로 만든 100% 식물성 소이왁스 캔들을 추천한다. 삼나무 향이 나는 프레시 브리즈는 욕실, 침실에서 쓰기 좋다. 가격 역시 부담스럽지 않아 처음 사용한다면 추천하고 싶은 브랜드이다. / 소이캔들 1만 원대, 080-380-0114

시흐트루동 Cire trudon

1643년 시작되어 프랑스 입헌 군주국 최후까지 베르사이유 궁전에 향초를 납품한 프랑스 브랜드. 370년의 경험을 바탕으로 그을음 없이 태울 수 있는 식물성 왁스와 순면을 꼬아만든 심지를 쓴다. 만만치 않은 가격이지만 뛰어난 품질과 디자인으로 두터운 마니아층을 보유하고 있다. / 캔들 10만 원대, 갤러리아백화점 매장 02-3449-4523

미세스 메이어

아이허브에서 구입할 수 있는 미세스 메이어 향초. 섬유유연제 등 세제도 유명하지만 콩, 옥수수 등 식물성 재료를 바탕으로 만든 향초도 있다. 천연 오일만 사용한 것이 아니라 향이 다소 강하게 느껴질 수 있으나 심플한 디자인과 합리적인 가격으로 많은 사랑을 받고 있다. / 캔들 1만 원대, 아이허브 kr.iherb.com

산타마리아노벨라

400년 전 피렌체 수도회의 약국에서 시작된 이탈리아 코스메틱 브랜드. 이 브랜드의 화장품들은 성능도 뛰어나지만 은은하면서도 기분 좋은 향이 매력적이다. 그 향을 오롯이 느낄 수 있는 향초, 왁스 타블렛을 추천한다. 특히 필라 캔들은 디자인이 유니크하고 꼭 피우지 않아도 인테리어 효과가 있어 선물하기에도 좋은 아이템이다. / 캔들 6만 원대, 도산점 02-546-1612

캔들웍스

직접 향초, 디퓨저를 만들 수 있는 재료를 판매하는 사이트. 방산시장과 가로수길에 오프라인 매장이 있어 프레그런스 오일을 시향해보고 고를 수 있다. 자신의 취향에 맞는 향을 골라 직접 향초와 디퓨저를 만드는 재미가 있다. / 캔들웍스 홈페이지 www.candleworks.co.kr

이케아

냄새 제거용으로 가볍게 태울 수 있고 알아서 연소되는 티라이트(틴 캔들). 부담 없이 사용하기 좋다. / 글리마 미니 양초 100개 3천 원대, 1673-4532

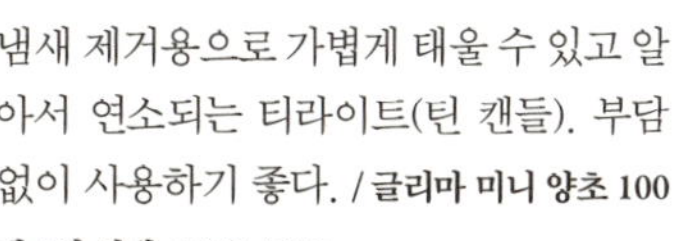

○ 작은 소품

INTERIOR PIECE
FOR EVERYDAY LIFE

실용성을 염두에 둔
인테리어 소품은 질리지 않는다.

by 영지

기준 없이 사들이는 소품은 낭비다

결혼 직전의 두세 달 동안, 나는 부자가 된 기분으로 살았다. 혼수 마련 목돈을 손에 쥐게 되면서 십만 원 대 소품은 '저렴해' 보이기까지 했다. 일을 하다 스트레스를 받으면 간식이 생각나는 것처럼, 일과 혼수 준비를 병행하느라 답답할 때면 소품 사이트를 폭풍 검색하거나 인테리어 매장에 달려가서 충동적으로 소품을 구매했다.

두고두고 후회하는 예전 소품들

1. 기차 모양 선반 : 어지럽게 굴러다니는 리모콘을 꽂아두기 위해 거실에 설치했지만 너무 아기자기한 디자인이라 금방 싫증이 났다.

2. 도시를 형상화한 도자기 소품 박스 : 거실 오디오 장 위에 세워 두었다. 담을 소품이 없어서 전혀 실용적이지 않았다.

3. 파란색 새 액자 : 그림을 고르는 안목이 없을 때, 무난하게 보기 좋은 걸로 골랐지만 결국 오래 가지 못했다.

4. 민트색 트롤리 : 소스, 홍차, 살림 도구 등을 보관해둘 이동형 트롤리가 필요했지만 집의 분위기에 어울리지 않았다.

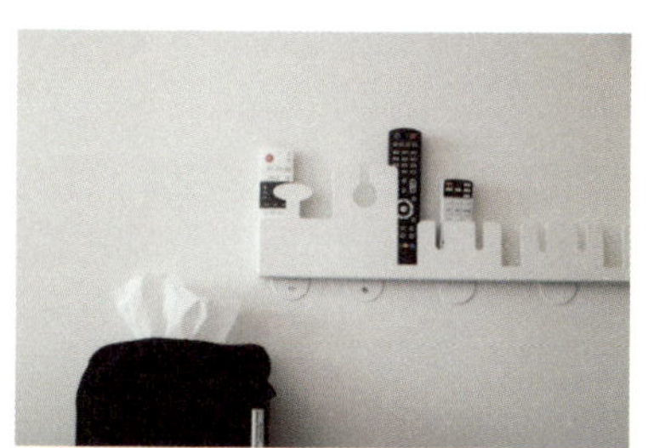

—1

—2,

—3, 4

5. 스틱 캔들 홀더 : 이탈리아 유명 브랜드 제품. 하나쯤 있어야 할 것 같았다.

6. 스트링 선반 : 당시 누구나 하나쯤 가지고 있었던 스트링 선반. 정말 아름다운 선반이지만, 이 선반 위에 올려둘만한 물건이 없었다. 지금도 같은 생각이라 장식용 선반이 아쉽지 않다.

7. 화병에 끼울 수 있는 종이 소재의 푸른 화병 오브제 : 가로수길에서 충동적으로 구매했다.

예전 소품들은 하나하나는 다 좋은 물건들이다. 하지만 이 물건들은 우리 집에서 실용적이거나 아름답거나 두 가지 기능 중 하나도 제대로 해내지 못했다. 소품은 가구만으로는 완성하기 어려운 구석구석에 놓여 공간이 더 빛나도록 도와주는 조력자의 역할을 해야 한다. 그런데 이런 물건을 유행한다고 당장 예뻐 보인다고 획 구입하다 보면 나중에 버리지도 못하고 갖고 있기도 피로한 물건이 된다.

소품은 부피도 작고 가격도 가구에 비해서는 저렴하지만, 이 소품을 어떻게 고르고 정하는지에 따라 집주인의 취향과 센스가 고스란히 드러난다. 가구는 나무의 수종과 스타일, 색상의 큰 흐름만 결정하면 되는데, 소품은 정해진 크기도 없고, 놓는 위치나 세팅한 스타일에 따라 촌스럽기도 하고 세련돼 보이기도 하니 가장 어려운 인테리어 영역이다.

2016년 여름과 가을에 걸쳐 목록에 적힌 소품 아이템을 모두 정리한 뒤, 우리 집에는 소품에 대한 한 가지 기준이 생겼다. 아직 소품에 대한 안목이 부족한 나는 장식을 위한 소품을 구입하는 건 최대한 자제하기로 했다(하지만 언젠간 멋진 장식용 소품을 구입하길 바란다!). 대신 소품이라기보다는 그 자리에 꼭 있어야 할, 필요한 물건이 계속 생각날 때만 사기로 했다.

이를테면 이런 물건이다. 항상 침대 머리맡에 캔들을 켜두기 때문에 그 자리에 소품들을 한데 모아 정리할 납작한 트레이가 필요하다는 걸 눈 뜨고, 눈 감을 때마다 생각했다. 트레이의 필요성을 몇 주에 걸쳐 확인하고 트레이의 그림을 머릿속으로 그려보았다. 색깔, 소재, 형태, 크기 같은 요소다. 그러고 나서 쇼핑을 하러 다니니 이것도 예뻐, 저것도 예뻐, 하는 악마의 속삭임이 들리지 않았다. 예쁘군, 하지만 저 트레이는 우리 집과 맞지 않아, 이런 생각을 하게 되었다. 트레이 쇼핑은 흑역사를 뒤로하고 처음으로 성공한, 아주 자랑스러운 물건이다. 이후로는 화병 하나, 테이블 매트 하나 충동적으로 구입하는 일이 없다. 어떤 물건이든 늘 머릿속으로 그림을 그리고, 놓을 공간을 분명히 결정한 뒤 제품을 둘러보러 다닌다.

불필요한 소품이 주는 피로도는 생각보다 높다. '저 종이컵 모양 오브제에는 꽂을 것도 없는데 참 거슬리네'라고 생각하거나, '저 파란색 새 액자는 우리 집 나무 가구와 어울리지도 않는데 버릴 수도 없고 난감하네' 싶은 물건이 한두 개가 아니었다. 아직 스스로의 안목에 대한 확신이 없다면, 장식으로의 소품보다는 필요에 의한 소품을 먼저 쇼핑해보는 게 도움이 된다. 꽃이나 나뭇가지 한 개 정도만 꽂아 사이드 테이블을 장식할 유리 화병, 손님이 왔을 때 편하게 외투를 걸 수 있는 현관용 행거, 자주 손이 가는 티코스터를 보관할 부엌 선반용 대나무 바구니, 자주 지나다니는 빈 벽에 걸어둘 거울 등 집에 '필요한' 소품은 생각보다 많다.

지금 우리 집을 빛내는 소중한 소품들

1. 화병 : 과감하고 화려한 꽃꽂이보다는 절제되고 심플한 스타일링을 좋아한다. 취향을 정하고 나니 침실, 서재, 거실에 화병을 바꿔 가며 꽃과 소재를 꽂아두어도 어느 하나 피로하게 여겨지는 부분이 없다. 태국, 일본, 프랑스 등 여행과 출장을 통해 구입한 것들이 많다.

2. 대나무 바구니 : 집에서 와인 수업을 하게 된 이후부터는 입구에 손님용 슬리퍼를 넉넉히 준비해둔다. 슬리퍼를 보관할 수납장을 오랫동안 찾다가, 꼭 수납장일 필요가 없겠다는 생각을 했다. 속이 깊어 안이 잘 들여다보이지 않는 대나무 바구니는 자라홈에서 구입했다.

3. 미놀타 카메라 : 스무 살 때부터 탐닉했던 필름 카메라. 당시 수십 가지 모델을 써보며 필름 카메라 사용법을 익혔는데, 그중 가장 먼저 구입했던 미놀타 카메라 한 대만 남겨두었다. 늘 상자 속에 보관했는데, 어느 날 이 카메라를 항상 볼 수 있는 위치에 두고 싶다는 생각이 들어 꺼내두었다. 성인이 되고 가장 먼저 가진 취미가 곧 오브제로 변신한 셈이다.

4. 캔들 홀더 : 강아지를 키우는 집이다 보니 틴 캔들의 소모량이 엄청나다. 신혼 초에는 화려한 홀더를 구매한 적도 있지만, 지금은 투명한 유리 홀더에 가장 손이 많이 간다. 이딸라와 이케아의 제품을 사용하고, 종종 나무나 도자기 제품을 사용해 테이블 스타일링에 포인트를 준다. 나무줄기를 엮어 만든 커다란 홀더는 밤의 조도가 낮은 우리 집에서 세컨드 조명 역할을 톡톡히 한다. 나무줄기 사이로 빛이 새어나와 낭만적인 분위기를 연출한다.

5. 앤티크 보관함 : 도쿄 나카메구로의 앤티크 가게에서 구입한 유리문이 달린 보관함. 예뻐서 산 것이 아니라 서재에서 자주 쓰는 자질구레한 소품과 예쁜 오브제를 담을 상자가 필요해서 구입했다. 지금은 꽃

가위, 파리의 벼룩시장에서 구입한 열쇠 오브제, 남편이 오랫동안 썼던
안경 프레임 같은 아름다운 것들을 모아두었다. 둘 다 물건을 쌓아두고
모아두는 성격이 아니라 이 정도 크기의 상자만으로도 추억을 들여다보
는 일은 충분하다.

—1

—2

—3

—4

—5

1. 책

요리, 여행 등 우리 부부의 관심사를 다룬 책, 잡지들
은 소중한 자산인 동시에 좋은 소품이 된다. 퇴사를
하고 요리를 배우기로 결심했을 때 친구들이 선물한
프로페셔널 셰프, 신혼여행을 기념해 사온 토스카나
요리책 등 추억이 담겨있는 책들도 좋고, 아름다운 풍
경이 담긴 도나헤이의 시즌스, 모노클 북 컬렉션 등의
감각적인 표지는 그림을 놓아둔 것 같은 효과를 낸다.

2. 거울

블라인드가 거실에 부드러운 빛을 만들어주었지만
왠지 모르게 회의실 같은 분위기를 지울 수 없었다.
부드러운 곡선을 가진 오브제가 있으면 좋겠다 생각
하던 차에 세덱에서 구입한 금속 프레임의 거울이다.
거울 앞 떡갈나무와 함께 싱그럽고 부드러운 느낌을
만들어준다.

3. 촛대

케이스에 담긴 향초를 주로 사용하다 테이블에 올려둔 긴 촛대의 매력을 알게 되었다. 가끔 촛농이 흘러내리며 연소되는 모습을 바라보고 있는 것만으로도 마음이 차분해지는 느낌이 든다. 아름다운 선을 가진 도자기 촛대와 금속 촛대는 테이블, 선반 등에 올려두는 것만으로도 색다른 분위기를 만들어준다. 아스티에 드 빌라트와 벼룩시장 등에서 구입했다.

4. 빈티지 동냄비

재작년 파리 벼룩시장에서 구입한 빈티지 동냄비 세트. 불에 올려 사용하기 위해서는 수리가 필요해 계란 보관용, 스튜, 카레를 담는 그릇 등으로 사용하고 있다. 사용하지 않을 때는 크기별로 켜켜이 쌓아 거실 선반 가장 위 칸에 올려두곤 하는데 그것만으로 훌륭한 오브제가 된다.

올 어바웃 키친

○ 신혼 부엌의 로망, 그릇

BOWL AND PLATE
FOR COOKING

크고 작은 시행착오를 통해
자신의 취향을 알아간다

내 부엌이 생기기 전부터 그릇을 모았으니 나의 그릇장 역사는 내 살림의 역사보다 길다. 친구들이 옷이나 가방에 열을 올리던 20대 때도 나는 그릇이 더 좋았다. 음식을 좋아해 그릇을 좋아하게 되었는지 그릇을 좋아해서 음식을 좋아하게 된 것인지 그 순서는 기억나지 않지만 맛있는 음식을 만들고 그에 어울리는 그릇을 고르는 과정 자체가 큰 기쁨이었다.

그릇에 본격적으로 빠지기 시작한 것은 사회초년생 시절이었다. 야근이라도 하고 온 날이면 왜 그리 요리가 하고 싶었는지, 말도 안 되는 요리를 만들어 몇 개 안 되는 그릇 중 하나를 신중히 골라 플레이팅해서 남동생에게 내주던 생각이 난다. 그때 자주 사용한 만 원짜리 하얀색 디너 접시, 앵두가 그려져있던 디저트 접시 등 두서없는 나의 그릇 컬렉션은 아직도 엄마의 그릇장 곳곳에 오랑캐처럼 자리 잡고 있다. 볼 때마다 엄마의 그릇과는 어울리지 않는 느낌이지만 그 그릇에 담긴 우리 남매의 추억들로 웃을 수 있어 엄마에겐 버릴 수는 없는 소중한 물건들이 되어버렸다.

요리를 좋아한 엄마의 그릇장은 엄마를 닮아 소박하고 사랑스럽다. 매일 사용하는 자연스러운 색상의 광주요 그릇들과 10년은 족히 사용한 꽃무늬 코렐들, 교환 서비스를 알뜰하게 누리며 사용하는 알록달록 타파웨어 그리고 내가 남긴 몇몇 접시들까지. 어울리지 않는 듯하면서도 묘하게 조화를 이루는 그릇들은 엄마를 그대로 닮았고 동시에 우리 가족의 추억이 담겨있다. 집의 공간 중 가족의 취향이 가장 잘 드러나며 추억이 구석구석 담겨있는 곳, 그래서 가장 사적인 공간이 바로 부엌인 것이다.

　　어렸을 적부터 그릇 이야기를 함께 나눠온 친구가 있다. 초등학교부터 고등학교까지 쭉 같이 다닌 효정이와 나는 꽃피는 계절이 오면 체크무늬 천을 깔고 피크닉을 떠날 계획을 세우고, 즐거운 일이라도 생기면 파티를 기획하며 20년을 함께해왔다. 나는 여전히 내 취향을 찾아가고 있지만 그녀는 조금 달랐다. 20대에도 지금도 특정한 분위기의 그릇을 보면 "효정이 스타일인데?"라고 그녀를 떠올릴 만큼 확고한 자신만의 취향을 가지고 있다. 그녀처럼 처음부터 자신의 취향을 확실히 알고 있다면 더할 나위 없이 좋겠지만 대부분의 사람들은 크고 작은 시행착오를 통해 자신의 취향을 알아간다. 나 또한 엄마의 그릇장 속 나의 옛 그릇들처럼 많은 시행착오를 겪었고 지금도 역시 겪고 있다. 친구들에게 2007년부터 5년에 걸쳐 생일선물로 받아 모아온 노리다케의 큐티로즈 시리즈는 엄마의 부엌 한편에서 시작해 상하이 신혼집을 거쳐 지금 우리 집의 그릇장까지 10년을 함께해온 반면에, 재작년 한정판이라는 말에 충동구매했던 유리 그릇들은 부엌에 정착하지 못하고 1년 만에 친구 집 부엌으로 보내졌다.

　　비단 10년 남짓 그릇을 모아온 나뿐만 아니라 몇십 년씩 그릇을 모아온 선배님들 역시 이와 비슷한 충동구매로 가끔은 후회를 한다는 이야기는, 아직 취향을 찾아가고 있는 우리에게 꽤 큰 위로가 된다. 자신의 취향을 알아가는 과정에의 시행착오는 당연히 있을 수밖에 없으며 그런 시간을 통해 나만의 부엌을 만들어가는 것이다.

어렸을 적부터 여성스러운 라인의
화려한 색상과 무늬를 좋아했던 친구 효정이의 그릇들.
상단은 레녹스 어텀라인, 하단 그릇은 앤슬리 코티지가든.

프랑스, 베트남, 독일 등지에서
자신만의 느낌으로 고른 정화 씨의 에스닉한 그릇들.

여러 가지 브랜드의 접시들도 마법처럼 매칭하여 사용하는 레몬밤키친 강지수 씨의 그릇들.
로스트란트 스웨디시와 카루셀리 그릇을 매칭한 테이블이 아름답다.

자신의 색깔을 명확히 드러낸
부엌과 식탁은 아름답다

소재를 이해하고 기능을 따져봐야 하는 냄비, 프라이팬은 분명 약간의 공부가 필요하지만 그릇은 조금 다르다. 취향이란 것이 그러하듯 그릇에도 좋은 취향, 나쁜 취향은 없다.

나의 그릇장엔 유난히 푸른 계열의 그릇이 많다. 특별히 파란색을 좋아하는 것도 아닌데 그릇만은 푸른 무늬에 눈이 갔다. 처음 세트로 장만했던 젠 레이첼 바커 시리즈의 짙은 남색이 좋았고, 에르메스의 많은 라인들 중 블루다이어 시리즈를 모은다. 푸른빛 패턴의 로얄코펜하겐을 제일 좋아하며, 가나자와 여행에서 우연히 만난 야마모토 초자 선생님의 그릇에 담긴 깊은 푸른색에 반했다. 또한 정유리 작가의 옻칠 식기 중 톤 다운된 푸른빛 그릇에 제일 손이 많이 가는 것은 우연이 아니다. 너무 푸른색 계열의 그릇만 있는 것 아니냐고 남편이 소심하게 이의를 제기할 때도 있었지만 이제는 푸른색으로 채워지는 그릇장을 내 취향으로 받아들인다. 언뜻 비슷해 보이는 푸른빛이지만 내 눈엔 하나하나 다른 느낌으로 아름답게 느껴지며 보는 것만으로도 즐거워지니 이 이상 무엇을 바랄까.

좋은 그릇은 부엌의 주인이 소중히 아끼고 자주 손이 가는 것이라 생각한다. 어떤 브랜드인지, 얼마를 주고 산 그릇인지를 떠나 가족을 위해 요리하고 그것을 담아내고 싶은 그릇이라면 그것이 바로 명품이고 좋은 그릇인 것이다. 굳이 남의 취향과 나의 취향을 비교할 필요가 없다. 나의 취향을 내 식탁에 용기 있게 드러내보자. 앞서 말했듯 취향에는 좋고 나쁨

나의 푸른색 그릇들.

아스티에 드 빌라트와 정유리 작가의 그릇.
아즈마야의 버터 나이프.

일본 여행에서 만난
야마모토 초자 장인과 스다 세이카 장인의 그릇들.

이 없다. 단지 있고 없음의 문제일 뿐이다.

　　자신의 취향을 명확히 드러낸 부엌과 식탁은 아름답다. 꽃무늬와 에스닉한 그릇으로 가득한 친구의 식탁도, 북유럽 빈티지 그릇만을 모으는 또 다른 친구의 식탁도 각각의 모습으로 아름답다. 자신의 취향을 찾고 그것을 잘 다듬어가며 나만의 부엌살림을 만드는 일은 그 어떤 일보다 흥미롭고 의미 있게 느껴질 것이다.

266

유럽 여행 때마다 모아온 빈티지 은식기와 커틀러리,
아스티에 드 빌라트와 잘 어우러진다.

―――

당신의 취향이 담긴
부엌을 위한 인덱스

이 짧은 글로 누군가의 취향을 찾아줄 수는 없겠지만 어떻게 하면 시행착오를 줄이고 취향을 담은 부엌을 찾아가는 데 도움이 될 수 있을까 고민을 해보았다.

그릇은 자신의 취향에 가까운 그릇을 찾을 수 있도록 처음 그릇을 고를 때 알아두면 좋을 팁들과 많은 선배 주부들에게 사랑을 받고 있는 브랜드 위주로 정리를 해보았고 냄비, 칼 같은 조리도구는 소재의 특성을 이해하여 자신에게 맞는 도구를 고르는 것에 중점을 맞춰보았다.

챕터 곳곳에 소개될 나의 부엌, 영지의 부엌 역시 우리 개인의 취향일 뿐이다. 결국 살림에는 정답이 없다는 사실을 다시 한 번 기억하고 나의 취향을 찾아가는 것에 집중해보길 권한다.

그릇과 냄비는
부부의 라이프스타일을
확인한 후 장만한다.

by 영지

신혼 초에는 결혼 전 쓰던 냄비나
프라이팬을 좀 더 써보자

열두 살 때쯤, 엄마의 서재 책꽂이에 있던 가정백과사전이라는 책을 보고 바바로아 케이크, 머드 파이 같은 단어를 처음 접하며 요리에 대한 환상이 생겼다. 평범한 집밥보다는 명절에 빚는 송편이나 진한 사골 국물로 끓인 떡국 같은 걸 배워서 손님맞이 상을 차려보고 싶다고도 생각했다. 학교 시험 성적은 엉망이었지만, 가사 시간에 배웠던 경단은 그 어떤 수학 공식보다도 재밌었다. 어떤 날은 달걀과 밀가루와 설탕을 대충 섞어 전자레인지에 돌려보기도 했는데, 그때의 실패가 바닐라 향 나는 예쁜 추억으로 기억되는 걸 보니 꽤 일찍부터 적성과 취향을 찾아가고 있었나 보다.

제대로 된 요리 실력은 결혼을 하고서야 발휘하게 됐다. 사랑하는 이에게 맛있는 음식을 차려주고 싶다는 강렬한 본능에 의지해 상을

어렸을 때부터 재료를 섞어
요리하는 걸 좋아했다.

차렸더니, 남편은 "어렸을 때 드라마에서나 보던 식탁"이라며 나를 고무시켰다. 그때의 기분에 취해 지금까지 요리에 재미를 붙이고 있나 보다.

꾸준히 요리를 하면서 살림도 늘어났고, 쓰지 않는 그릇도 늘어났다. 그게 3년 정도 쌓이면 제법 양이 된다. 가구를 통해 좋은 물건에 대한 가치를 정확히 인지하게 된 어느 날, 부엌 수납장을 열어 보며 스스로 깨닫게 되었다. 이 부엌의 도구에는 질서도, 애정도 없다는 것을. 둘의 라이프스타일과 좋아하는 음식에 대한 이해 없이 보이는 대로 마구 사들인 그릇과 냄비들은 깨끗하고 상한 데 없지만 사랑받지 못해 초라해 보였다.

그래도 그릇과 냄비는 가구에 비해서는 성공한 편이다. 결혼과 동시에 숨 막히는 속도로 가구를 사들였다면, 그릇과 냄비는 결혼 전에 쓰던 제품을 꽤 오래 사용했기 때문이다. 컬러풀한 코팅 냄비, 5종 코팅 프라이팬이 대표적이다. 육수도 내리고 스파게티 면도 삶고, 김치찌개도 끓이며 부족함 없이 신혼 초를 보냈다. 도마는 용도에 따라 색깔이 다른 플라스틱 도마를 썼고, 칼은 커다란 식칼과 작은 과도가 전부였다.

그때를 돌이켜보면 아마도 이런 심리가 아니었을까 싶다. 스무 살 이후로 온전히 내 집을 꾸며본 적이 없기 때문에 인테리어 부분은 허겁지겁 목마르고 분주하게 준비했던 반면, 부엌이라는 공간은 좋아하고 오래 쓸 것을 알았기 때문에 급하게 채우려 들지 않았던 것.

결혼과 함께 급하게 사들인 저가 가구들은 '실패(다시 고르고 사러 가야 하니), 시간 낭비, 경제적 손실'로 이어졌지만, 사지 않고 결혼 전부터 쓰던 저가 살림은 하나둘씩 좋은 걸로 바꿔나가면서 '성공, 시간 절약, 경제적 이득'으로 이어졌다.

신혼 초 우리 집 살림 리스트

1 쿠쿠 2인용 압력밥솥
2 네오플램 통주물 에콜론 냄비와 프라이팬 세트
3 키친아트 에그 프라이팬 세트
4 플라스틱 도마 세트
5 다이소 칼, 실리콘 스패출러, 플라스틱 계량컵 등

이 물건들은 필요할 때 사용하고 낡거나 닳으면 부담 없이 교체할 수 있는 '혼사녀'의 필수 아이템이다. 이 도구들로 갈비찜도, 어란파스타도, 오징어 버터구이도 만들어 아주 맛있게 먹었다. '좋은 조리도구가 없어 요리를 제대로 할 수 없으니 빨리 좋은 도구를 사야겠다'는 생각은 위험하고, 또 맞지 않다. 사용하던 도구는 우리 집 라이프스타일에 어떤 도구가 필요한지 미리 체험해볼 수 있는 '과정의 도구'였다.

게다가 더 비싼 도구라고 해서 맛이 드라마틱하게 좋아지지도 않는다. 굳이 비교하자면 좀 더 맛있어지고, 좀 더 편해지고, 좀 더 오래 쓰고, 그래서 좀 더 멋스러운 가치가 더해지는 정도의 차이다.

— Before

결혼 전 잡화점에서 구입한 그릇들로 차린 밥상.

좋은 도구로 가기 전에
먼저 파악해야 할 것들

사야 할 살림과 사도 쓰지 않을 살림을 구분하는 방법이 있다. 부부의 라이프스타일을 파악하는 것이다. 수백 가지의 예가 있지만 대표적인 사례는 다음과 같다.

집집마다 전혀 다른 라이프스타일

1 평일 삼시세끼를 밖에서 해결하고 가스레인지는 거의 켜지 않는 집
2 주로 외식을 하지만 평일, 주말 아침에는 빵과 시리얼, 요거트를 챙겨 먹는 집
3 평일엔 어림도 없지만 주말만큼은 집밥을 두 끼 정도 차려 먹는 집
4 남자가 요리를 더 많이 하는 집
5 밥은 안 해도 친구, 친척이 많이 찾아오는 홈파티 스타일의 집
6 한식, 일식, 서양음식, 태국이나 멕시코 음식 등 특별히 선호하는 장르가 있는 집
7 평일 아침, 저녁은 물론 도시락까지 만드는, 일주일 내내 부엌이 바쁜 집

1번이나 2번 집에 굳이 고급 냄비와 조리도구가 필요할까? 3번 집에 유명 브랜드의 웨딩 컬렉션 냄비 세트가 꼭 필요할까? 4번 집이라면 무겁지만 열전도율과 보존율이 높은 무쇠 프라이팬이나 냄비를 구입해도 괜찮지 않을까? 5번 집은 메인 조리도구보다는 개인 접시나 커틀러리 등 세팅에 힘을 줄 수 있는 테이블 웨어를 구입하는 게 훨씬 실용적이지 않을까? 이런 인과적인 사고를 거치고 살림을 구입하면, 두고두고 사용한다. 쉴 틈 없이 사용하는 그릇. 이보다 더 경제적인 살림은 없다.

살림살이를 바꿀 때가 되어도
'많이'는 필요 없다

요리 연구가, 푸드스타일리스트, 아이가 있는 전업주부가 아닌 바에야 많은 살림 도구는 필요 없다. 집밥은 기본적인 살림살이만으로도 차릴 수 있기 때문이다.

신혼 초 꼭 필요한 살림 리스트

1 솥(전기밥솥, 무쇠솥, 압력솥 중 하나)
2 프라이팬(18~30cm 팬 한두 개)
3 냄비(18~30cm 냄비 두세 개)
4 칼과 주방가위
5 조리도구(국자, 뒤집개, 건지개, 스패출러)
6 그 외 특수도구(감자칼, 채칼, 마늘 다지개 등)는 살면서 하나씩 갖추는 게 좋다.
분명히 사용하지 않는 도구가 생기기 때문이다.

이 정도 리스트만 있다면 밥, 국, 메인 요리 한 가지, 반찬 한 가지 정도의 신혼 밥상을 차리기에 충분하다. 문제는 가짓수가 아니라, 위의 품목에 해당하는 도구가 있느냐이다. 1~6번을 저렴한 도구로 쓰다가 하나하나 좋은 도구로 바꾼 우리 집 부엌의 라인업이 스스로 마음에 드는 이유다.

여기서 말하는 좋은 도구란 '소재가 좋고 사용하면 할수록 길이 들어 요리하는 스타일에 맞춰 자유자재로 다룰 수 있는 도구'를 뜻한다.

사람마다 무쇠, 스테인리스, 법랑 등 선호하는 소재, 실제로 쓸 때 편한 소재가 각각 다르기 때문에 "르크루제를 사겠어"보다는 "무쇠솥 위주로 장만하겠어" 같은 판단이 중요하다.

자신이 사용하기 좋은 소재에 대해 알지 못한 채 브랜드의 유명세만으로 도구를 구입하면 실패하기 십상이다. 르크루제 무쇠솥을 사두고도 손목이 약해서 쓰지 못하는 친구, 스테인리스는 쓰기만 하면 태운다며 울상 짓는 친구, 법랑 표면을 스크래치 투성이로 만드는 친구 등 소재에 대한 고민 없이 덜컥 살림을 들였다가 후회한 사람들이 주변에 많다.

내가 개인적으로 선호하는 소재는 관리만 하면 늘 새것 같고 열전도율이 좋은 스테인리스와 오랫동안 열기를 간직해 그 자체로 접시처럼 사용해도 좋은 무쇠, 이 두 가지다. 완성된 우리 집 부엌 라인업은 다음과 같다.

결혼 전 살림	지금의 살림
2인용 전기밥솥	6인용 가마도상 솥
코팅 냄비 3종 세트	르크루제 무쇠솥 16, 23cm 휘슬러 더 크레스트 컬렉션 냄비 냄비 소스팬 16cm, 스튜팟 16, 20, 24cm
코팅 프라이팬 2종 세트	롯지 무쇠 팬 20cm 덴마크 티타늄 스칸팬 32cm 휘슬러 뉴 크리스피 스테인리스 프라이팬 24, 28cm
다이소 식칼	헹켈 쌍둥이칼 5종 세트, 우스토프 올인원 세트
조셉조셉 플라스틱 도마	무인양품 편백나무 도마
다이소 조리도구 세트	크리스텔 스테인리스 조리도구

　　물론 이 외에도 중간중간 한두 개씩 구입하거나 선물 받아 브랜드를 통일하지 못한 도구도 있지만, 가장 자주 쓰고 물이 마를 날 없는 도구들은 이 리스트가 전부이다. 한식, 일식, 중식, 서양식 요리를 만들기 충분하다.

　　이미 가지고 있지만 새로운 브랜드를 발견할 때, 반짝이는 고가의 구리 냄비 세트를 볼 때 나 역시 또 사들이고 싶어서 심장이 콩콩 뛴다. 하지만 그때마다 생각한다. 내 부엌에는 오브제가 필요 없다. 가족과 식사할 수 있는 집밥 도구만 있으면 충분하다. 이렇게 주문을 외운다. 이 생각을 오래 하다 보니 충동구매도 잦아들었다. 혹시라도 충동구매했다가 자주 손이 가지 않는 도구가 있으면 블로그나 중고거래 사이트를 통해 즉시 판매한다. 갖고 있으면 언젠가 쓸 거야, 이 생각이 드는 도구는 백이면 백, 1년에 한 번 쓸까 말까다.

정돈된 부엌 풍경.

—

소재와 브랜드를 먼저 정하고
조금씩 늘려갈 것

276   살림살이를 확장할 때 브랜드를 이것저것 섞는 것보다 한 가지 브랜드를 쓰는 게 다루기도 쉽고, 손에 익어서 사용하기 편하다. 늘 복잡한 주방에 굳이 조리도구까지 섞어서 정신없는 분위기를 연출할 필요가 없다.

예를 들면 이렇다. 르크루제는 속이 흰색 코팅이라 솥밥을 하고 설거지하면 스크래치가 훤히 보여서 스타우브로 바꿀까, 잠시 고민하기도 했다. 하지만 그러기에는 이미 고가의 무쇠솥이 세 개나 있는 상황. 스크래치가 눈에 거슬리는 것 때문에 솥을 처음부터 다시 사거나, 이것저것 섞는 게 싫어서 그냥 르크루제를 계속 쓰기로 결심했다. 사용하는 데는 아무 문제가 없기 때문이었다.

무쇠보다 가볍지만 무쇠의 장점을 그대로 가지고 있는 스칸팬은 무척 마음에 들어서, 그보다 더 작은 팬과 큰 팬을 하나둘씩 늘려갈 예정이다. 냄비도 휘슬러 스테인리스 냄비만큼 견고하고 세련된 제품을 찾기 힘드니 더 큰 들통과 편수 냄비를 추가로 한두 개 더 구입하고 싶다. 하지만 고가이기도 하고 지금 당장은 필요하지 않기 때문에 기다리는 시간이 고통스럽지 않다.

엄마가 사주는 값비싼 살림살이는, 조금만 기다렸다가 사면 어떨까. 부부 스스로가 어떤 일상을 꾸려나갈지 충분히 판단한 후에 구입하겠다고 말하면 어떨까. 현명한 부부라면 부모님이 사주겠다고 하는 무쇠솥 세트보다는 죽은 빵도 되살린다는 토스터 한 대가 더 필요하다고 말할 수 있어야 한다.

　　결혼 3년 차인 우리 집 부엌에는 쉬고 있는 냄비나 그릇이 별로 없다. 언젠가 이런 날은 오게 된다. 신혼 초 심사숙고했는지 아닌지, 그 몇 달 간의 고민과 인내가 이런 좋은 결과를 가져온다.

신혼 초부터 잘 쓰고 있는 르크루제 무쇠 냄비 3종 세트.

가볍고 디자인이 예뻐서 자주 손이 가는 법랑 제품들.
치즈, 버터 케이스로 쓴다.

자주 사용하는 티코스터들.

자주 쓰는 식칼 4종.
(왼쪽부터)
우스토프 서양 요리 식도,
타다후사 아시아 식도,
헹켈 빵칼, 조셉조셉 과도.

도자기보다는 나무, 돌 등
자연 소재로 만든 그릇에 점점 손이 간다.

그릇은 동양 그릇과
서양 그릇으로 나눠서 사라.

by 영지

멋진 식탁을 연출하는 것은
색깔이 화려하고 패턴이 가득한 그릇이 아니다

잡지사에서 리빙 에디터로, 신문사에서 라이프스타일 기자로 일한 지난 10년간 베스트셀러 또는 스테디셀러 조리도구를 가까이서 접했다. 이도나 광주요, 화소반 같은 우리나라 그릇, 로얄코펜하겐과 이딸라, 덴비, 레녹스 같은 서양 그릇 브랜드는 일을 하면서 알게 됐다. 그때 한껏 눈이 높아져서 '어른들이 혼수로 추천하는 브랜드를 세트로 구입하는 일은 절대 없을 것'이라고 결심했다. 감각적으로 살림을 하려면 하나하나

파란색 톤으로 통일하려는 흔적이 느껴지는 식탁.
알록달록한 매트와 일러스트 컵, 도트와 빗살무늬 그릇이 뒤섞여 어수선해 보인다(좌).
화려한 일러스트 매트, 패턴이 있는 접시와 볼, 샛노란 냄비에 가려 음식도 정신없어 보인다.
그릇과 냄비가 좀 더 차분한 색감이었다면 음식이 훨씬 돋보였을 것이다(우).

— Before

예쁜 걸 골라서, 그걸 대충 늘어놓고 섞기만 해도 예뻐야 한다고 믿었던 것이다. 하지만 결혼하고 2년쯤 지나서 사진 폴더를 열어보며 그 생각이 틀렸다는 걸 어렴풋이 깨닫게 됐다.

이때부터 새롭게 태어난 살림을 나의 진짜 살림, 첫 살림이라고 다시 부르고 싶지만 앞의 과정이 없었다면 내 살림은 여전히 갈피를 잡지 못하고 중구난방이었을 것이다. 이것저것 내키는 대로 사거나 마구잡이로 늘어놓았던 약 2년간의 신혼 첫 살림들. 그 시간을 꼭 실패라고만 부를 수는 없겠다.

패턴과 색깔이 뒤섞인 그릇과 냄비를 올려두기만 했는데도 식탁이 아름답게 연출된다면 얼마나 좋을까. 하지만 결혼을 하면서 살림을 처음 꾸리는 직장인 또는 살림 초보에게 그런 마법을 일어나지 않는다. 다

색깔도 패턴도 무질서한 초기 세팅.
2013년 신혼 초 식탁의 흑역사를 대표하는 사진들이다.
10년간 무분별하게 사 모으고, 충동적으로 구매한 그릇의 불협화음이 적나라하게 드러난다.

— Before

만 '난 그릇이 정말 많은데 사도 사도 또 사고 싶다'는 욕심만 생길 뿐이다. 우리들 대부분이 저 사진 속 그릇과 비슷한 과정으로 그릇을 구입했기 때문이다.

콘셉트 없이 사들인 그릇들은 식탁 위에서 제각각이다. 식탁은 어지러워 보이고 우리는 그 이유를 '그릇이 부족해서'라고 생각한다. 또 사들이지만 여전히 어수선한 식탁. 우리가 가장 쉽게 저지르는 실수다.

영국식 브런치에나 어울릴법한 심플한 파란 테두리 접시에
난데없는 로얄코펜하겐 접시, 작은 접시까지 더하니 통일성을 찾기 힘들다.
색상만 맞추는 게 전부가 아니라는 걸 알게 해준 상차림이다.

—— Before

처음부터 실패 없이
그릇을 구입하는 방법

최악의 실수는 국적도 다르고 통일감 없는 패턴의 그릇과 냄비를 식탁에 올리는 데서부터 비롯된다. 이런 식탁에서는 흔히 패션에서 말하는 '원 포인트'가 불가능하다. 하나하나가 개성이 강해서 오히려 조악해 보인다.

당연하면서도 스스로 깨닫기 힘든 이 소중한 교훈을 알려준 건 서울 시내 유일한 오리지널 북유럽 빈티지 카페 '프로퍼커피바'의 이시은 대표님. 그분의 조언은 그릇을 이것저것 섞지 말고 똑같거나 비슷한 그릇으로 통일된 분위기를 연출하고, 색상이 화려하거나 패턴이 있는 건 한두 개만 넣어 포인트를 주라는 거였다.

머릿속이 새하얘졌다. 신혼 초 자랑스럽게 SNS에 올려 '예쁘다'고 칭찬받았던 식탁들의 문제점이 아프고 화끈하게 꼬집히는 순간이었다. 그날부터 그릇에 대한 정의를 하나하나 되짚어 보았다.

그리고 마침내 2015년 가을, 대대적으로 집안 살림을 정리하기 시작했다. 알록달록한 테이블 매트, 빨간색 라메킨, 요란한 패턴의 국수 그릇과 기하학적인 모양의 티스푼까지 식탁 위를 어지럽히는 주범들을 아낌없이 팔아 치웠다. 비싸고 희귀한 접시도 있었지만 '이건 사야해'라는 마음으로 급하게 들인 살림이다 보니 팔 때는 일말의 머뭇거림도 없었다. 한 달에 걸친 벼룩시장을 마치고 나니, 그릇으로 꽉 찼던 싱크대 상하부장이 텅 비었다.

1 그릇도 가구나 패션 제품과 같다. 저렴한 SPA 브랜드를 구입해 사고, 버리고, 다시 사기를 반복하기보다는 좋은 걸 사라.

2 시간이 흘러 곱게 낡은 그릇은 우리 가족의 추억을 보여주는 값비싼 빈티지 그릇이다. 좋은 그릇을 오래 사용하면, 가치가 더해진다.

3 식탁을 차릴 때 내추럴한 한식 스타일로 할지, 북유럽 빈티지 그릇 스타일로 할지, 컬러풀하고 색이 많이 들어간 남프랑스 스타일로 할지, 단아하고 차분한 젠 스타일로 할지 콘셉트를 먼저 정하자. 이 중 어떤 세팅을 골라도 상관없지만 우리 가족이 가장 자주 먹는 음식에 맞춰 그릇을 결정하는 게 기본이다. 여기서 균형을 잃고 남프랑스 냄비에 젠 스타일 앞접시, 한식 밥공기를 섞어버리면 '왜 이렇게 복잡하지'라는 생각만 든다.

4 아름답지 않은 식탁의 문제점은 그릇이 아니다. 그 자체로는 아름다운 그릇이지만 불필요한 그릇, 우리 집 식탁과 맞지 않는 그릇을 구입해서 돈을 낭비했다는 거다.

5 딱 한두 가지 그릇으로 포인트를 주고, 나머지 식기들의 분위기는 무조건 통일한다. 브랜드를 통일할 필요는 없다.

동양 그릇과 서양 그릇을 나누면
식탁에 질서가 잡힌다

신혼살림을 구입한 주변 친구들의 이야기를 듣다가 공통점을 발견했다. L사의 무쇠솥을 살지, I사의 유리그릇을 살지, R사의 도자기 그릇을 살지 고민한다는 점이다. 틀렸다기보다는 순서가 바뀌었다. 브랜드를 먼저 결정하는 게 아니라 한식에 어울리는 그릇을 살지, 서양 음식에 어울리는 그릇을 살지 콘셉트부터 결정해야 한다.

L사, I사, R사가 아니라 한식을 담기 좋은 우리나라 그릇, 파스타를 담기 좋은 이탈리아나 미국 그릇, 스테이크를 담기 좋은 프랑스식 무쇠 제품으로 각도를 좁혀야 한다. 이렇게 명확하게 콘셉트를 결정하고 쇼핑하면 브랜드는 다양해지고 색감은 정리된다.

한식을 자주 먹는 집이라면 광주요 그릇만 생각하지 말고 광주요, 이도, 화소반, 지승민의 공기 등 한식 그릇을 골고루 구입하면 된다. 이 그릇들은 담는 용도와 그릇 자체의 색상과 질감이 비슷하기 때문에 섞어 써도 자연스럽게 어울린다.

한식보다 양식을 선호하는 집이라면 투박한 가정식 분위기 연출에 좋은 아라비아 핀란드나 이딸라, 덴비 같은 그릇을 섞으면 잘 어울린다. 이케아의 장식 없는 심플한 그릇을 섞어도 좋다.

좀 더 여성스럽고 사랑스러운 분위기의 가정식 서양 그릇을 선호한다면 영국의 포트메리온, 미국의 코렐, 한국도자기나 행남자기의 플라워 패턴 그릇을 섞어도 괜찮다.

고급스러운 양식 세팅을 선호하는 집이라면 덴마크 로얄코펜하겐이나 프랑스 아스티에 드 빌라트 그릇도 힘을 발휘한다. 하지만 로얄코펜하겐이나 아스티에 드 빌라트처럼 브랜드의 분위기가 확실하게 드러나는 그릇은 믹스매치하기가 쉽지 않다. 그 자체의 디자인과 분위기가 강력해서 다른 그릇을 누르거나 부조화를 이루기 쉽다.

288

한식, 일식, 중식에 자주 사용하는 동양 그릇들이다. 한국, 일본, 미국 등 다양한 나라, 다양한
브랜드의 그릇들이지만 특별히 튀는 무늬와 모양이 아니라 그때그때 메뉴에 따라 조합하여
사용하기 좋다. 히스세라믹, 이이호시 유미코의 둥근 접시는 여섯 개씩 마련해 손님을 초대
했을 때 앞접시로 활용한다. 화소반 밥공기, 허상욱 작가 분청그릇, 일본 백화점 그릇 매장의
밥공기들, 무인양품 나무 밥공기.

자주 쓰는 동양 그릇 중 몇 가지와 생선구이, 불고기 등 메인 메뉴에 사용하는 그릇 두 가지를 조합한 한식 상차림이다. 자연스러운 도자기의 질감과 색감에 톤다운된 자주색 옻그릇을 포인트로 두었다. 화소반 밥공기 + 국그릇 + 반찬종지, 정소영의 식기장(정유리 작가) 자주색 옻칠 그릇 + 수저 받침, 정소영의 식기장(이강효 작가) 녹색 메인 그릇, 정소영의 식기장(허상욱 작가) 작은 간장 종지

무인양품 밥공기와 아즈마야의 종지, 일본 편집 숍에서 구입한 그릇들의 조합.
비슷한 푸른 계열의 무늬라 브랜드는 다르지만 잘 어우러진다(좌).
화소반의 공기와 히스세라믹 접시의 믹스매치. 한식 상차림에 잘 어우러진다(우).

이이호시 유미코의 접시와 짙은 색상의 밥공기의 조합(좌).
예술품이라 생각하고 모으고 있는 야마모토 초자 장인의 그릇과 로얄코펜하겐의 그릇들.
상반된 매력을 지녔지만 깊고 푸른 색감 덕분에 잘 어우러진다(우).

면 요리나 한 그릇 요리 상차림.
세팅할 때 테이블매트나 트레이를 이용하면 좋다.
조은숙 아트 앤 라이프스타일(허명욱 작가) 옻칠 트레이와 이이호시 유미코 면기.

나무, 유기, 옻칠 등
동양적인 느낌의 소재를 섞어 사용하면
색다른 분위기의 테이블을 연출할 수 있다.

스테이크 등 구운 고기 요리를
메인 메뉴로 올릴 땐 도마를 활용한다.

상차림에 자주 사용하는
작은 종지들.

평생 함께할 브랜드라 생각하고
천천히 모으고 있는
아스티에 드 빌라트의 수려한 라인.

친구의 텃밭에서 온 싱싱한 여름 채소들.
아스티에 드 빌라트의 아름다운 선과 잘 어우러진다.

로얄코펜하겐 빈티지 잔과 티포트.

서양 상차림에 자주 사용하는 로얄코펜하겐.
차가운 옥수수 수프를 커피 잔에 담아 수프볼로 사용했다.

에르메스 블루다이아 시리즈 그릇과 아스티에 드 빌라트.

296

일식 요리를 낼 때 자주 쓰는 일본 그릇들. 일본 가정식 상차림에 유용하게 활용한다.

집에서 한식을 먹을 때 자주 사용하는 지승민의 공기 그릇들.

한 장만 깔아도 평범한 집밥이
모던한 한식으로 변신하는 테이블매트.

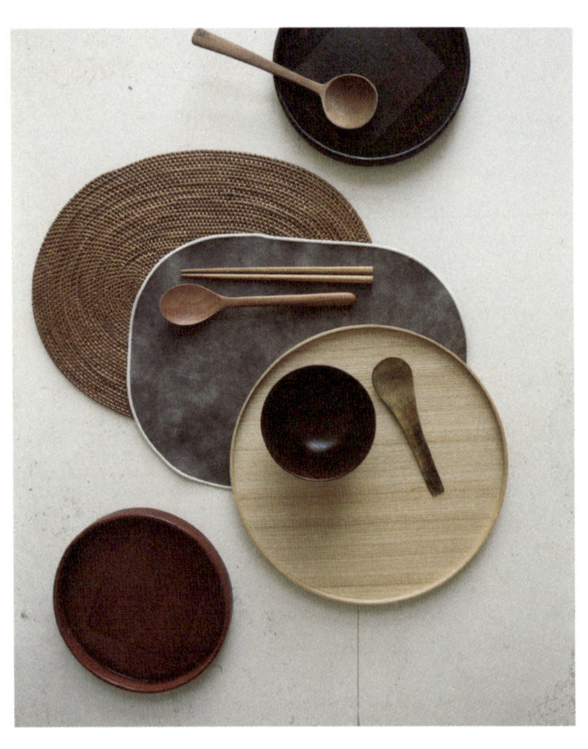

일본의 장인들이 만든 그릇들.
섞어 쓰기보다는 단독으로 과일이나 한과 디저트를 낼 때 쓴다.

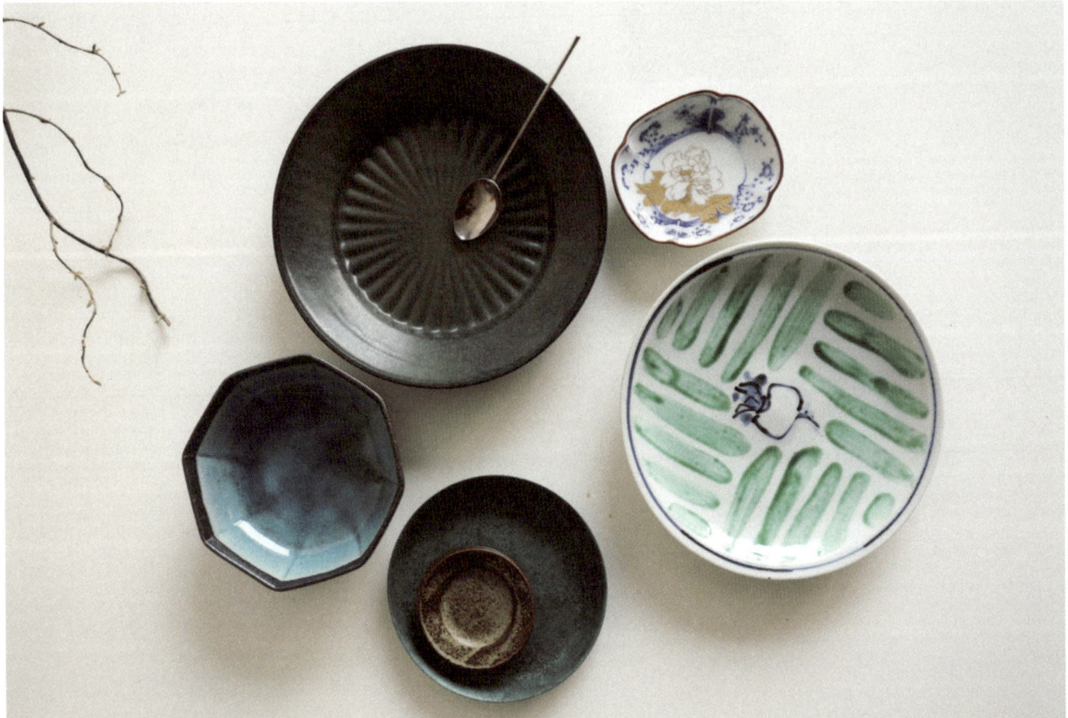

로얄코펜하겐의 '블루 플라워' 빈티지 시리즈와
모던한 세팅에 어울리는 '블루 플루티드 메가', '블루 엘레먼츠' 시리즈.

고풍스럽지만 군더더기 없는
아스티에 드 빌라트 그릇들.

빈티지 북유럽 식기.
아라비아 핀란드, 빙앤그뢴달 등.

호텔 테이블 웨어 브랜드 시라쿠스의 식기들.
묵직하고 잘 깨지지 않으며 깨끗하고 온화한 흰색이라 플레이팅하기 좋다.

—

그 나라 그릇에는
그 나라 음식을 담는 게 기본이다

최근에는 한식과 양식에 두루 어울리는 미국의 히스세라믹이나 일본의 이이호시 유미코 같은 브랜드가 인기를 끌고 있다. 로얄코펜하겐이나 영국의 덴비, 핀란드의 이딸라 등 유명한 해외 브랜드에서도 우리나라 시장을 높게 평가해 한식기 라인을 출시하며 동서양의 경계를 무너뜨리고 있다.

위와 같은 예외가 있지만 기본적으로 그 나라 음식은 그 나라 접시에 담는 게 가장 아름답다. 이탈리아 음식에 이탈리아 와인이 어울리고, 한식에 막걸리나 증류소주가 잘 어울리는 것과 비슷한 이치다.

광주요에 파스타를 담는다고, 로얄코펜하겐에 김치를 담는다고 나무랄 사람은 아무도 없다. 하지만 그 나라 음식을 가장 빛나게 해주고 조화롭게 해주는 마지막 손길은 결국 그 나라 그릇이다. 이 부분을 고민한 이의 식탁과 고민하지 않은 이의 식탁은 다르다. 이건 법칙이 아니라 순리에 가깝다.

동양 음식 상차림

한식에 어울리는 도자기 그릇과 나무 소재의 트레이.

한식에 어울리는 도자기 그릇과 대나무 소재의 매트.

동양 그릇으로 차린 스키야키 상차림.

된장찌개와 안심구이.
도마를 활용한 간단한 한식 상차림.

각기 다른 브랜드라도
분위기가 어우러지면 멋스럽다.

양념간장을 곁들인 우엉 솥밥 상차림.
히스세라믹 접시와 화소반 공기를 매치하여 사용했다.

일본 그릇으로 세팅한 일본식 아침 밥상.
무인양품의 밥그릇과 야마모토 초자 장인과
스다 세이카 장인의 그릇.

로얄코펜하겐으로 세팅한 브런치 테이블.

306

요리를 담아도 아름답지만 디저트에도 잘 어울리는 로얄코펜하겐 그릇들.

파에야를 만든 무쇠 팬 그대로
테이블에 올린 양식 상차림.
감자 수프를 담은 로얄코펜하겐 접시는
수프, 파스타 등 다양하게 활용한다.

애피타이저와 빵, 케이크 같은 디저트를 담은
아라비아 핀란드 접시들.

간단한 파티 상차림.

마늘과 새우를 튀기듯
올리브오일에 익혀낸 안주.
간단한 메인 요리는 롯지 무쇠 팬에
그대로 올려서 세팅하기도 한다.

아스티에 드 빌라트 접시에 서양식 요리를 담으면
깔끔하고 고급스러운 분위기를 연출할 수 있다.

요리를 빛나게 하는 그릇은 따로 있다

밥과 국을 기본으로 여러 가지 반찬을 먹는 한식 문화에 맞는 그릇과 서양 그릇은 따로 갖추는 것이 좋다. 화려하고 다양한 스타일의 서양 그릇과 달리 동양 그릇은 단정한 색과 선을 가진 식기가 많다. 동양 그릇을 스타일별로 브랜드를 나누고 정리해보았다.

전통 있는 한국의 생활자기 브랜드

한국도자기 (한국)

1943년 청주의 작은 도자기 공장에서 출발한 대표적인 생활자기 브랜드. 프리미엄 명품 식기 프라우나부터 테이블 웨어 브랜드 디렉터 닉 홀란드가 직접 디자인에 참여하여 만든 깔끔한 하얀색 식기 화이트블룸까지 다양한 라인을 갖추고 있다. / 사진 출처 : 한국도자기 홈페이지

행남자기 (한국)

1942년 행남사로 시작한 한국 최초의 생활자기 브랜드. 국내 최초로 커피 잔 세트를 개발하고 본차이나를 자체 기술로 생산해냈다. 국내외 디자이너들과의 협업을 통해 만드는 디자이너 컬렉션, 깔끔한 클래식화이트 라인은 물론 다양한 커피 잔을 출시하고 있다. 빈티지 잔 등은 마니아들의 많은 사랑을 받고 있다. / 사진 출처 : 행남자기 홈페이지

젠 (한국)

레녹스, 웨지우드 등의 유럽 명품 브랜드 OEM을 맡아온 친환경 도자기 브랜드. 젠의 자체 브랜드 중 가장 큰 인기를 얻은 레이첼 바커 시리즈는 자연으로부터 영감을 받아 디자인하는 영국 디자이너와의 협업으로 만들어졌다. 코발트 블루 색상의 그릇이 심플하고 단정한 플레이팅을 만든다. 전자레인지, 식기세척기 사용이 자유로워 나 역시 첫 그릇으로 선택했다.
/ 사진 출처 : 젠 홈페이지

요리가 돋보이는 단아한 스타일

광주요(한국)

한국 고유의 도자기 문화를 재해석하여 '도자 문화의 생활화'에 앞장선 한국의 대표 도자기 브랜드로 1963년 광호 조소수 선생에 의해 시작되었다. 우리 흙으로 원료를 개발하고 천연유약을 사용해 만든다. 클래식 라인, 모던 라인, 캐주얼 라인을 비롯하여 다양한 스타일의 질 좋은 그릇들을 만들어낸다. 그중에서도 백자 수 라인은 한식에 가장 잘 어울리면서도 질리지 않는 대표적 라인이다.
/ 사진 출처 : 광주요 홈페이지

우일요(한국)

조선시대 도자기의 미를 현대적으로 재현해낸 백자 브랜드로 1978년 설립되었다. 단순히 백자를 재현하는 것이 아니라 미묘한 백색의 아름다움을 살리는 현대적 해석으로 전통을 잇는 도자기를 지향한다. 김창호, 김익영 등 유명 백자 작가들과의 협업으로 소박하지만 깊이 있는 그릇을 만든다. 성북동에 고즈넉한 전시장이 있다.
/ 사진 출처 : 우일요 홈페이지

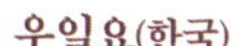

아즈마야(일본)

일본의 장인들과 젊은 디자이너가 협업해 태어난 브랜드 아즈마야(Azmaya,東屋). 여기저기 잘 어울리는 그릇과 도구를 만들어낸다. 특히나 심플한 셰이프의 작은 접시들은 요리 종류에 상관없이 다양하게 활용할 수 있다. 한국 편집 숍 TWL에서 아즈마야와 콜라보한 특별한 라인의 제품을 판매하고 있다.
/ 사진 출처 : 아즈야마, TWL 홈페이지

1616아리타(일본)

일본의 크리에이티브 디렉터 야나기하라 데루히로와 아리타 지방의 장인들이 합작하여 만든 그릇 브랜드. 도자기로 유명한 아리카야키의 도자기 공장에서 만드는 그릇들은 고밀도의 점토를 사용해 강도가 높다. 꽃 모양과 스퀘어 플레이트의 은은하고도 단아한 색감이 매력적인 그릇 브랜드. / 사진 출처 : 1616아리타 홈페이지

문도방(한국)

젊은 도예가 문병식 작가가 운영하는 브랜드, 문도방(文陶房).
전통적인 조선백자의 기본 형태인 순백자가 가진 한국적 아
름다움에 현대적인 요소를 섞은 그릇들을 선보이고 있다. 특
히 둥그스름한 라인의 둥근완 디자인은 한식, 일식에 두루두
루 어울리는 고급스러운 그릇이다. / **사진 출처 : 문도방 홈페이지**

세련된 전통미를 구현한 그릇

아우로이(한국)

한국 공예에 자부심을 가진 조기상 디자이너의 브
랜드. 아우로이에서는 유기를 현대적으로 해석한
유기 바름 반상기, 백자 바름 반상기 등을 선보이
고 있다. / **사진 출처 : 아우로이 홈페이지**

화소반(한국)

김화중 대표가 운영하는, 자연스럽고 깊이 있는 색감의 도자기 브랜드. 자연스러
운 색상과 선이 한식, 일식에 잘 어우러진다. 다양한 셰이프의 찬그릇들은 활용도
가 좋아 우리 집 부엌의 대표적 한식기로 자리 잡고 있다. / **사진 출처 : 화소반 홈페이지**

이도(한국)

도예가 이윤신 씨가 1990년부터 생활도자기를 만들어온 도자기
브랜드. 분청에 가까운 은은한 색깔에 투박한듯 수수한 그릇이
어떤 음식을 담아도 조화를 이룬다. 이도를 대표하는 라인은 세
련된 푸른색을 한국적인 아름다움으로 표현한 청연 라인과 이도
특유의 흙과 자연스러운 조화를 통해 단아한 고전미를 현대적으
로 해석한 소호 라인이다. / **사진 출처 : 이도 홈페이지**

김선미그릇 (한국)

도예가 김선미 씨가 운영하는 도자기 브랜드. 기존
도자기의 색감과는 다르게 파스텔톤으로 채도를 맞
추었지만 전통의 느낌은 잃지 않았다. 아이보리색 밥
그릇에 핑크빛 면기, 푸른빛의 찬기 등이 부드럽게
어우러져 한식에도 잘 어울리는 그릇들을 선보인다.
/ 사진 출처 : 김선미세라믹 홈페이지

오덴세 (한국)

2013년 네오플램과 CJ오쇼핑이 공동 개발한 생활도자 브랜
드. 국내 최초로 테라파인 세라믹 소재를 적용해 가볍고 내
구성이 견고하다. 그릇의 자연스러운 색감이 동서양의 어
떤 음식과도 잘 어울린다. / 사진 출처 : CJMALL 오덴세 페이지

지승민의 공기 (한국)

2014년 도예가 지승민 씨가 런칭한 도자기 브랜드. 절제된 형
태와 색감이 친숙하면서도 다른 그릇들과도 조화롭게 어울리
는 그릇을 선보인다. 자연에서 온 듯한 은은한 색상이 서양 음
식에도 자연스럽게 어우러진다. / 사진 출처 : 지승민의 공기 홈페이지

히스세라믹 (미국)

1948년, 소살리토에서 도예가 이디스 히스(Edith Heath)가 시
작한 브랜드. 미국 브랜드지만 내추럴하고 소박한 디자인으로
동서양 음식에 두루두루 잘 어우러진다. 소재가 견고하여 오랫
동안 사용할 수 있으며 은은한 색상이 매력적이다.
/ 사진 출처 : 히스세라믹 홈페이지

전통의 멋을 살린 작가의 그릇

허상욱 작가(한국)

유약이 완전히 녹아 맑게 표현된 느낌이 아닌, 우윳빛 안개가 서린 듯한 느낌을 주는 박지분청기법의 도자기를 만든다. 화장토에서 올라온 백색과 태토의 흐린 청색이 묘한 분위기를 지녀 소박하지만 쓸수록 손이 가는 그릇이다. 정소영의 식기장에서 판매한다. / **사진 출처 : 정소영의 식기장 홈페이지**

이은범 작가(한국)

강진 청자 공모전 대상을 수상한, 다채로운 청자의 색감을 표현하는 작가. 색감이 풍부한 청자와 생활에서 사용할 수 있는 다양한 그릇을 만든다. 유명한 양각 연꽃잎 접시부터 심플한 형태의 그릇까지 만나볼 수 있다. 정소영의 식기장, 다이닝오브제에서 판매한다. / **사진 출처 : 정소영의 식기장 홈페이지**

정유리 작가(한국)

은을 두드려 만든 은주전자 및 식기, 옻칠한 테이블매트, 수저 받침까지 금속을 이용한 그릇들을 만든다. 차가운 금속을 이용해 작업하지만 섬세한 마감과 특유의 색상으로 따뜻한 느낌을 준다. 무심코 구경을 하다 물건을 집었을 때 이 분의 작품인 경우가 여러 번이었을 만큼 개인적으로 좋아하는 느낌의 그릇이다. 정소영의 식기장에서 판매한다.

/ **사진 출처 : 정소영의 식기장 홈페이지**

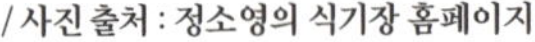

이강효 작가(한국)

영국 대영박물관, 프랑스 마리몽 왕립박물관 등이 소장할 만큼 가치 있는 분청사기를 만드는 도예가다. 터프하면서도 아름다운 선을 지닌 그릇들은 오묘하고 깊은 색감이 매력적이다. Roh02's 그릇 가게, 정소영의 식기장에서 판매한다.

/ **사진 출처 : 정소영의 식기장 홈페이지**

이정은 작가(한국)

2009년 세라믹플로우를 론칭, 군더
더기 없이 담백하고 정갈한 생활자기
를 선보인다. 유려한 선의 블루밍디
시는 어떤 동서양 음식을 담아도 훌
륭하다. Roh02's 그릇 가게에서 판
매한다. / 사진 출처 : 이정은 작가 블로그

허명욱 작가(한국)

도예, 공예, 가구, 회화를 넘나드는 옻칠작가. 옻에 색색의 천연염료를 섞어 모던하고 담백한 색
을 만들고 여러 번 칠하고 말리는 작업을 반복해 작품을 만든다. 그중 도시락, 트레이 등은 그릇
처럼 사용할 수 있다. 옻칠로 완성한 물건은 만든 사람과 사용하는 사람의 감성 그리고 흐르는
시간이 함께 만들어가는 것이라는 멋진 철학을 알려주신 작가님이다. 조은숙 아트갤러리에서 판
매한다. / 사진 출처 : 정소영의 식기장 블로그

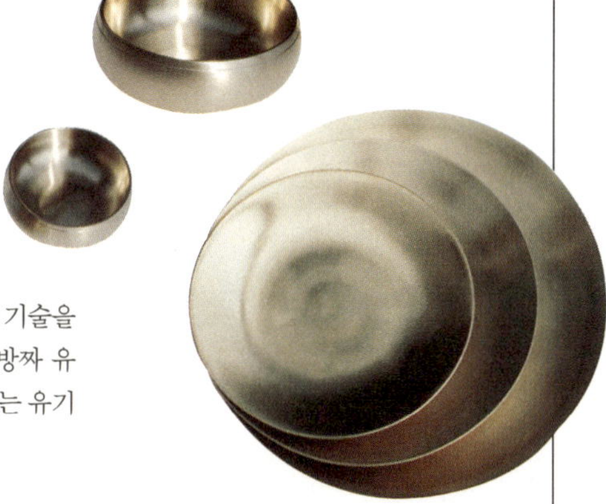

납청 방짜 유기(한국)

방짜 유기의 본고장으로 알려진 북한 납청 지역에서 기술을
연마한 중요무형문화재 제 77호 이봉주 선생님의 방짜 유
기. 예단 및 유기 작품외에도 생활에서 사용할 수 있는 유기
그릇을 만든다. / 사진 출처 : 납청 방짜 유기 홈페이지

계절따라, 기분따라 바꿔도 부담 없는 SPA 그릇

무인양품(일본)

1980년 설립된 일본의 라이프스타일 브랜드. 브랜드가 없는 브랜드라는 역발상답게 깔끔하고 단순한 디자인의 식기들을 만들어낸다. 기본 화이트라인 식기들은 이케아에서도 찾아볼 수 있지만 한식, 일식 등 동양 음식에는 무인양품의 그릇들이 더 잘 어울린다.
/ 사진 출처 : 무인양품 홈페이지

자주(한국)

신세계에서 운영하는 한국형 생활용품 SPA의 대표 브랜드. 몇 년 전, 자연주의에서 자주로 이름을 바꾸었다. 합리적인 가격의 백자 라온 시리즈로 시작해 유기까지 다양한 제품을 만나볼 수 있다. **/ 사진 출처 : 자주 홈페이지**

세계적인 양식기 브랜드에서 출시한 한식 그릇

이딸라(핀란드)

서양 그릇에서 소개한 브랜드지만 한국 식문화에 맞춘 한식기 티에마 티미(Teema Tiimi) 컬렉션을 선보였다. 밥그릇, 국그릇, 찬기 등 총 다섯 종이 구성되어 한식 상차림에 잘 어울리는데다 기존 이딸라 라인과의 믹스매치가 가능한 것이 장점이다. **/ 사진 출처 : 이딸라 홈페이지**

로얄코펜하겐(덴마크)

덴마크 브랜드임에도 불구하고 단정한 선과 푸른빛 색상이 한식과 잘 어우러진다. 밥,국, 찬기 세트로 구성된 한식기를 다양한 라인으로 출시하고 있는데 기존 로얄코펜하겐 그릇과도 자연스럽게 어울린다. **/ 사진 출처 : 로얄코펜하겐 홈페이지**

동양 그릇을 구입하기 좋은 국내 매장

온라인 숍

키친툴	다양한 그릇과 조리도구를 판매하는 부엌살림도구점. 지승민의 공기, 김남희 작가 등의 한국 그릇과 아즈마야, 쇼비도혼텐 등의 일본 그릇을 감각 있게 소개한다. 대구에 카페를 겸한 쇼룸이 있어 직접 물건들을 둘러볼 수 있다. / kitchen-tool.co.kr
TWL	우리가 사랑하는 물건(Things we love)의 줄임말로 그래픽 디자인을 전공한 두 친구가 아끼는 물건을 판매하는 온,오프라인 편집 숍이다. 아즈마야, 하사미, 타임앤스타일, 이이호시 유미코 등 엄선한 테이블 웨어를 판매한다. / twl-shop.com

오프라인 숍

정소영의 식기장	젊은 예술가들의 독창적인 감각과 야문 손끝이 빚어낸 아름다운 식기를 엄선해 판매하는 곳. 한식기의 아름다움을 오롯이 느낄 수 있는 소중한 그릇 가게이다. 도자기류 그릇들은 물론 옻칠이나 유기 등 한국 전통의 문화를 담은 장인들의 작품을 만나볼 수 있다. / 서울시 강남구 청담동 9-3 1층, 02-541-6480
조은숙 아트 앤 라이프스타일	도예 작품을 중심으로 현대 미술작품을 선보이는 조은숙 갤러리. 갤러리지만 예술에 가까운 생활 자기와 그릇, 가구들을 구매할 수도 있는 보물 같은 공간이기도 하다. 예술과 삶이 공존하는 토털 라이프스타일을 추구하는 공간으로 2008년에 설립되었다. 옻칠로 완성된 허명욱 작가의 테이블, 트레이 등 다양한 한국적인 그릇을 만날 수 있다. / 서울시 강남구 청담동 92-18 1층, 02-541-8484
에리어플러스	디자인스튜디오인 에리어플러스는 한국의 젊은 작가들과 소통하며 공간에 어울리는 물건을 제작하고 스타일링한다. 전통적인 수공예 기법을 기반으로 모던한 디자인의 유니크한 그릇을 만날 수 있다. / 서울시 강남구 신사동 634-2, 070-7554-7777
Roh02's 그릇 가게	미슐랭 원스타 한식당 '품서울'을 운영하는 노영희 셰프가 운영하는 그릇 가게. 어떤 그릇을 만들지 기획 단계부터 도예작가들과 상의해 특별한 그릇을 만든다. / 서울시 강남구 삼성로 126길 6 1층, 02-518-5177

그릇을 구입하기 전에 어떤 그릇이 있는지 브랜드를 먼저 훑어라

서양 그릇을 분류하는 방법은 여러 가지다. 하지만 브랜드별, 나라별로 분류해도 제각각 느낌이 다르기 때문에 실제로 믹스매치를 할 때는 큰 도움이 되지 않는다. 그래서 스타일별로 분류했다.

고풍스러운 클래식 스타일을 추구하는 브랜드, 목가적이고 전원적인 스타일을 추구하는 브랜드, 컬러풀하고 개성 있는 브랜드, 미니멀하고 군더더기 없는 브랜드 등 큰 흐름이 일치하는 브랜드 군집을 나누고 그 안에 브랜드를 정리했다. 물론 그중에서도 기존과는 전혀 다른 스타일을 출시할 때도 있지만, 가장 인기 있고 오랫동안 사랑받는 그릇을 중심으로 카테고리를 나눴다.

다양한 라인을 갖춰 대중적인 사랑을 받는 스타일

코렐(미국)

코렐, 레녹스, 포트메리온 세 브랜드는 남대문 그릇 상점 주인들이 가장 먼저 추천하는 브랜드다. 실제로 어머니 세대가 가장 많이 사용했으며 딸에게도 가장 많이 권하는 브랜드로 알려져 있다. 특히 1851년 미국에서 시작된 유서 깊은 브랜드 코렐은 한국에서는 '잘 깨지지 않는 그릇'으로 유명하다. 천연 유리에 특수한 유리 압축 기술을 더해 정원, 과일, 일러스트를 활용한 다양한 스타일의 식기를 만든다. 최근에는 뉴욕의 라이프스타일을 반영한 마켓 스트리트 뉴욕 시리즈를 출시하면서 인스타그램에서도 화제다. **/ 사진 출처 : 월드키친 홈페이지**

레녹스(미국)

백악관 식기로 유명하지만 국내에서는 서정적이고 목가적인 스타일이 먼저 인기를 끌었다. 1889년에 시작한 브랜드. 나비와 숲을 형상화한 버터플라이 메도우 시리즈부터 심플한 양식기에 은색 링으로 포인트를 준 콘티넨탈 시리즈까지 다양한 라인을 선보인다. **/ 사진 출처 : 레녹스코리아 홈페이지**

덴비(영국)

코렐과 레녹스가 '친정엄마 추천 그릇'이라면 덴비는 딸이 직접 고르는 그릇. 1809년 사업가 윌리엄 본이 영국 더비셔 지방에서 시작한 브랜드로 20세기 초에 본격적인 테이블 웨어를 출시했다. 코발트 블루, 코티지 블루, 고풍스러운 헤리티지 베란다 라인 등이 유명하지만 국내 베스트셀러는 한식기 라인이다. 한식과 서양 음식이 두루 잘 어울린다는 소문이 나면서 찾는 사람이 많아졌다.
/ 사진 출처 : 덴비 홈페이지

고풍스럽고 클래식한 유럽의 그릇

마이센(독일)

1708년 유럽 최초로 백자를 선보인 브랜드. 로얄코펜하겐, 웨지우드와 더불어 세계 3대 명품 자기 브랜드로 꼽힌다. 핸드페인팅 시리즈가 유명하지만 가격대도 높고 고풍스러워서 신혼살림보다는 어머니가 물려주는 그릇을 쓰게 될 가능성이 높다. / 사진 출처 : 마이센 홈페이지

웨지우드(영국)

1759년 영국 중부의 스토크온트렌트 마을에서 시작한 도자기 브랜드. 플로렌틴, 와일드 스트로베리 시리즈가 대중적이지만, 홍차의 나라에서 만드는 그릇답게 티웨어가 아름다워 주부들 사이에서 인기다. / 사진 출처 : 웨지우드 홈페이지

로얄코펜하겐(덴마크)

1775년 설립된 덴마크 왕실 도자기. 푸른색 꽃과 레이스가 그려진 블루 플루티드 시리즈는 그릇을 잘 모르는 사람들도 탐낼 만큼 아름답다. 패턴이 없고 깔끔한 화이트 플레인 시리즈도 인기다. / 사진 출처 : 로얄코펜하겐 홈페이지

로얄알버트(영국)

1802년 영국 스토크온트렌트에 설립된 회사. 브랜드명은 빅토리아 여왕 손자인 알버트 경의 이름에서 유래했다. 올드 컨트리 로즈, 12개월 등 정원과 계절에서 영감을 얻은 화사한 분위기의 그릇이 인기다. 포트메리온이나 웨지우드 같은 영국 그릇과 섞어서 사용하기 좋다. / **사진 출처 : 로얄알버트 홈페이지**

포트메리온(영국)

1953년 영국 북아일랜드에서 시작된 브랜드. 디자이너 출신 설립자, 수잔 월리엄스 앨리스가 꽃과 풀, 나비 등 영국의 자연에서 영감을 얻은 디자인을 다양하게 선보인다. 보타닉가든, 베리에이션 라인이 유명하다. / **사진 출처 : 포트메리온 홈페이지**

쯔비벨무스터(폴란드)

1831년 시작된 도자기 브랜드로 이름에 '양파 패턴'이라는 독특한 뜻이 담겨있다. 14세기 중국에서 동유럽으로 전해진 패턴을 형상화한 푸른빛 도는 독특한 문양이 눈길을 끈다. 유럽 그릇이지만 동양적 느낌이 강해서 중국 요리에도 잘 어울린다. / **사진 출처 : 쯔비벨무스터 홈페이지**

에르메스(프랑스)

1837년 티에르 에르메스가 마구 공방에서 시작한 브랜드. 명품 패션 브랜드로 알려졌지만, 리빙으로 영역을 확장하면서 가구, 벽지, 소품, 그릇에 이르기까지 토털 리빙을 지향한다. 말 안장을 형상화한 슈발도리앙 시리즈, 심플한 듯 섬세한 모자이크 시리즈, 강렬한 패턴의 과달키비르 시리즈 등 접시라기보다 오브제에 가까운 그릇이 많아 소장 욕구를 자극한다. / **사진 출처 : 에르메스 홈페이지**

에밀 앙리(프랑스)

1850년 프랑스 부르고뉴에서 설립된 그릇 회사. 묵직하고 견고해 부담 없이 오래 쓰기 좋다. 색상 선택의 폭이 다양하다는 것도 장점. / **사진 출처 : 에밀 앙리 홈페이지**

바카라(프랑스)

1764년 프랑스 로렌 지방에서 시작해 크리스털 공예로 왕실을 사로
잡은 크리스털 명가. 지난해 남산 소월길에 아시아 최초의 플래그십
매장을 열었다. 샹들리에, 화병, 유리 잔, 오브제까지 프랑스 스타일
의 화려함의 정수를 보여준다. / **사진 출처 : 바카라 홈페이지**

아스티에 드 빌라트(프랑스)

프랑스 핸드메이드 도자기 브랜드. 1996년 미술학
교 친구였던 베누아 아스티에 드 빌라트와 이반 페
리콜리가 에나멜 도료로 회백색이 감도는 고급스
러운 그릇을 만든 것에서 시작했다. 클래식하지만
심플한, 이중적인 매력이 있다. 가격이 비싸고 잘
깨지지만 미학적 아름다움 때문에 한번 사용한 이
들은 계속 찾는다. 개인 접시부터 파티용 커다란
오벌 접시까지, 디자인이 다양해 파티 테이블에 활
용하기 좋다. / **사진 출처 : 아스티에 드 빌라트 홈페이지**

빌레로이앤보흐(독일)

1748년 시작한 브랜드로 마이센보다 더 대중적인 독일 그릇
이다. 프렌치 가든처럼 전원풍 디자인을 입힌 그릇도 있지
만 아우든, 디자인나이프처럼 디자인이나 일러스트가 현대
적인 그릇까지 라인이 다양하다. 비슷한 계열의 영국, 프랑
스 그릇보다 군더더기나 장식이 덜한 느낌이라 젊은 층에도
인기가 높다. / **사진 출처 : 빌레로이앤보흐 홈페이지**

큐티폴(포르투갈)

명실상부 국민 커틀러리. 10년 전만 해도 파인 다이닝 레스토
랑에서 사용하던 커틀러리였는데, 최근에는 가정집에서도 많
이 사용한다. 검정색과 은색을 조합한 고아 시리즈가 가장 유
명하다. 가볍고 심플한 디자인 덕분에 당분간 큐티폴의 인기
는 지속될 듯. / **사진 출처 : 큐티폴 홈페이지**

고유명사가 되어버린 스타일, 북유럽 그릇

아라비아 핀란드(핀란드)

1873년, 스웨덴 브랜드 로스트란드가 핀란드 헬싱키에 설립한 회사. 지금은 이딸라, 호가나스와 함께 핀란드의 피스카스 그룹에 속해있다. 최근 나오는 디자인보다 20세기의 고혹적이고 무게감 있는 빈티지가 압도적으로 아름답다.

/ 사진 출처 : 아라비아 핀란드 홈페이지

로스트란드(핀란드)

1726년 시작된 스웨덴 국민 브랜드. 현재는 핀란드 피스카스 그룹 소속이다. 모던하고 은은한 스웨디시 그레이스 라인이 가장 유명하고 몬아미, 페르골라 같은 라인은 같은 회사의 그릇이 맞나 싶을 만큼 시원하고 강렬한 패턴을 자랑한다.

/ 사진 출처 : 로스트란드 홈페이지

구스타브베리(스웨덴)

1825년 도자기를 만들기 시작해 지금까지도 전통 방식을 고수하는 회사. 도트, 빗금 패턴과 강렬한 색깔을 활용해 지금까지도 사랑받는 다양한 시리즈를 출시한다.

/ 사진 출처 : 구스타브베리 홈페이지

이딸라(핀란드)

1881년 시작한 핀란드 브랜드. 도자기도 유명하지만 유리그릇과 식탁용, 인테리어용 유리 오브제는 미학적으로도 아름다워 예술품에 가깝다. 잘 알려지지는 않았지만 나무 수납장, 스툴 등 가구 라인도 탄탄하다.

/ 사진 출처 : 이딸라 홈페이지

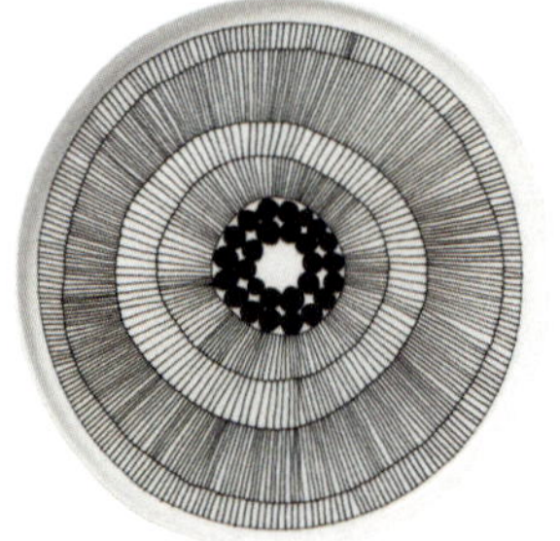

마리메꼬(핀란드)

북유럽 그릇의 대중화에 선두주자 역할을 한 브랜드. 마니아를 위한 그릇보다는 젊은 사람들이 좋아할 만한 개성 있는 패턴과 일러스트를 입힌 그릇을 끊임없이 출시해 북유럽 대표 그릇으로 자리매김했다. 화려한 꽃 패턴의 우니코 접시, 일명 깨접시·벼접시라고 불리는 오이바 접시가 유명하다.

/ 사진 출처 : 마리메꼬 홈페이지

계절따라, 기분따라 바꿔도 부담 없는 SPA 그릇

자라홈(스페인)

유명 브랜드의 베스트셀러 식기가 포진한 식탁에 나만의 포인트를 주고 싶다면 들러보기 좋은 곳. 유리컵부터 접시, 커틀러리, 냅킨까지 유럽풍의 클래식한 스타일 테이블 웨어를 착한 가격에 판매한다. 봄, 여름, 가을, 겨울에 맞춰 계절의 분위기를 낼 수 있는 아이템을 선보인다는 것도 매력적이다. 소소한 아이템으로 식탁을 바꾸는 재미를 느끼기 좋은 곳. 냅킨 링, 다양한 패턴의 테이블 클로스를 특히 눈여겨볼 것. 여느 리빙 숍에서 쉽게 찾을 수 없는 개성 있는 스타일이 많다.

/ 사진 출처 : 자라홈 홈페이지

H&M(스웨덴)

식기 자체보다는 냅킨 홀더, 캔들 홀더, 트레이 등 식탁을 꾸밀 때 유용한 테이블 소품 쪽이 더 볼만하다. 빠른 주기로 제품 목록이 교체된다. 다양한 패턴의 냅킨이나 티코스터 등 기분을 전환하고 싶을 때, 식탁에 포인트를 주고 싶을 때 제격이다. / 사진 출처 : H&M 홈페이지

이케아(스웨덴)

지난해 가을, 드디어 이케아 주방용품과 테이블 웨어가 국내에 상륙했다. 장식이 없어 어떤 식탁에도 무난한 흰색 접시, 생선을 굽거나 채소 구울 때 자주 쓰는 테프론 그릴, 오븐에 넣을 수 있는 도자기와 유리 용기, 밀폐 용기, 유리병 등 실용적이고 단순한 디자인의 제품들이 포진해있다.

/ 사진 출처 : 이케아 홈페이지

| 서양 그릇을 구입하기 좋은 국내 매장 |

온라인 숍

노르딕파크
유명한 북유럽 브랜드 그릇을 한눈에 볼 수 있는 곳.
www.nordicpark.co.kr

**스칸디나비안
디자인센터**
국내 소비자를 대상으로 친절한 안내와 설명이 있는 북유럽 트렌드 그릇의 집결지. 조명, 의자 등 가구 품목도 있다.
www.scandinaviandesigncenter.com

오프라인 숍

**신세계백화점
피숀**
유럽이나 미국 백화점에서 인기 있는 신제품 그릇을 실험적으로 선보인다. 단순히 그릇뿐만 아니라 고급스러운 테이블, 플라워 세팅 감각을 엿보기 좋다. / 중구 소공로 63 신세계백화점, 1588-1234

꼬르소 꼬모
이탈리아 10 꼬르소 꼬모의 청담동 분점. 그릇뿐만 아니라 책과 인테리어 소품, 디퓨저와 향초까지 라이프스타일 안목을 높이기 좋다. / 강남구 압구정로 416, 02-3018-1010

세덱
가구 외에도 그릇과 그릇장에 이르기까지 스테디셀러 테이블 웨어를 다양하게 갖췄다. / 강남구 도산대로 223, 549-6701

짐블랑
키즈 리빙의 결정판. 아이 식판부터 커틀러리까지 다른 숍에서 찾기 어려운 아이용품이 많다. / 용산구 한남대로20길 21, 070-7803-3798

챕터 원
서양은 물론 재능 있는 우리나라 작가들의 소품과 그릇을 선보이는 곳. / 강남구 논현로151길 48, 02-517-8001

인포멀웨어
빈티지 그릇과 수공예 디자인 그릇을 다양하게 선보이는 취향 있는 편집 숍. / 용산구 회나무로13길 52-11, 02-579-9544

프로퍼커피바
『북유럽 디자인 여행』과 『도쿄 숍』을 쓴 건축가 이시은이 운영하는 오금동 카페. 수준 높게 선별한 북유럽 빈티지 그릇과 찻잔을 판매한다. / 송파구 위례성대로22길 6, 02-3401-0703

세상에는 좋은 물건이 정말 많아서 살림살이를 사들이는 행위로는 즐거운 살림, 나만의 살림을 꾸리는 데 끝이 없다. 아무리 소비를 계속해도 내 부엌 같지 않다면, 고민해볼 필요가 있다. 살림전문가들의 조언이나 책을 들여다보면 살림살이를 사라고 부추기는 책은 별로 없다. 그들은 각자의 라이프스타일에 맞춰 자신만의 살림 방식을 만들었고, 그 팁을 전달하는 것이다. 이렇게 해보니 이 방식이 편했더라, 하는 조언이 많다. 그릇을 수납할 공간이 부족하면 그릇장을 사라고 말하는 게 아니라, 수납하는 방식을 바꿔보라고 말한다. 하지만 그 방식이 좋아 보인다고 내 라이프스타일에 적합할 거란 보장은 없다. 살림은 이런 오류의 과정을 번복하고, 줄여나가고, 내게 맞는 정답을 찾아나가는 과정이다.

맞벌이 부부가 늘었지만 여전히 부엌이라는 공간은 남성보다는 여성이 주도하는 경우가 많다. 그곳에서 내가 3년 동안 실패하고 시행착오를 겪으며 발견한 것들은 결과로만 보면 우스울 만큼 단순하다. 하지만 내겐 신형 냉장고 한 대와도 바꿀 수 없는 소중한 팁 여덟 개를 공유한다.

1 ㄷ자 아크릴을 활용해서 접시를 두 배로 수납하라

기본 형태 싱크대 상부장이 그릇과 접시를 수납하기에 얼마나 비합리적인 구조인지 말하고자 한다. 접시 두세 장을 포개넣으면 텅 비어있는 윗 공간도 아깝고, 그렇다고 7~8장의 접시를 쌓아두면 아래쪽에 있는 접시에는 손이 가지 않는다. 인터넷 쇼핑몰에서 다양한 형태의 싱크대용 랙을 판매하지만 조악한 메탈이나 플라스틱 랙은 마음에 들지 않았다. 약 반년 정도 고민을 거친 후 우리 집 상하부장에 안방마님 노릇을 하는 랙이 생겼으니, 바로 무인양품 ㄷ자형 아크릴이다. 이 아크릴은 사다리 형태로 세워서 사용하는데, 접시가 닿는 면적이 넓어 여러 개를 올려도 안정적이다. 게다가 투명한 색이라 수납장 내부가 넓고 깔끔해 보인다.

ㄷ자 아크릴을 활용하면
두 배 더 수납할 수 있다.
무인양품 제품.

2 그릇을 수납할 때도 동양 그릇과 서양 그릇을 분류해둬라

그릇을 보관하는 방식은 옷가게에 옷이 진열된 방식과 유사한 점이 있다. 색상이 비슷한 옷끼리 보기 좋게 모아두거나, 크기별로 분류한다는 점에서다. 그릇을 보관하기 위해 여러 가지 수납 방식을 시도해본 결과 비슷한 분위기의 그릇들은 같은 공간에 모아두는 게 편했다. 이를 테면 지승민의 공기, 이도, 무인양품 그릇은 한식 요리를 할 때 이것저것 섞어도 잘 어우러지는데 이 그릇들을 같은 선반, 같은 장에 보관하는 것이다. 크기가 작은 반찬 접시나 젓갈을 담기 좋은 종지도 마찬가지다. 이렇게 분류하면 한 가지 요리를 하기 위해 수납장을 여러 번 열 필요가 없다. 오늘 저녁에는 프랑스 가정식 요리를 해야지, 생각하며 장을 보면 이미 머릿속에 그릇 위치가 떠오른다. 요리하고 세팅하기까지의 시간을 단축해주고 식탁을 예쁘고 즐겁게 차릴 수 있도록 동기를 부여하는 중요한 과정이다.

3 이동형 카트는 하나의 그릇장 역할을 한다

우리 집에는 싱크대 기본 수납장 외에도 24평 집 부엌에 적합한 아일랜드 식탁 하나, 그릇장 하나가 있다. 이 공간이 부족한 건 아니지만 '문을 열고 꺼내야 하는' 살림 외에 바로바로 손이 닿는 살림살이를 보관할 곳이 필요했다. 하지만 이미 개수대 앞 벽과 가스레인지 근처 싱크대 상판에는 조목조목 조리도구들을 배열해놔서 뭔가를 더 두면 지저분해 보일 게 뻔했다. 그래서 카트를 들였다.

여기에는 자주 마시는 홍차나 커피 원두, 요리할 때 쓰는 술, 양념장, 다시마팩, 정어리캔이나 썬드라이드토마토 같은 상온에서 장기보관하는 절임식 재료를 보관하고 유용하게 사용한다. 한밤중에 갑자기 안주를 만들 때, 냉장고가 아니라 바로 이 카트에서 아이디어를 얻는다.

카트가 또 하나의 수납장 역할을 한다.
이케아 '그룬탈(Grundtal)' 스텐 카트.

---

4 프라이팬은 쌓지 말고 걸어라

'버리면 그만이지'라는 가벼운 마음으로 구입한 타공판은 부엌을 바꾸는 데 혁혁한 공을 세웠다. 자취방 인테리어부터 북유럽 인테리어까지 다양한 영역에 걸쳐 등장하는 타공판은 활용도가 높은 '가벽'이다. 후크 위치를 자유자재로 옮길 수 있고, 자석이 붙는 재질이라 마그네틱형 키친홀더도 부착할 수 있다.

복도 끝 애매하게 빈 공간에 걸면 되겠다고 생각했는데, 벽에 못을 박아 고정시키지 않고 살짝 비스듬히 세워둘 수 있는 구조가 나왔다. 여기에 우리 집에 있는 아홉 개의 프라이팬을 걸어두니 달걀프라이 한번 하려고 하부장에 쪼그리고 앉아 힘겹게 프라이팬을 꺼내는 노동이 사라졌다. 손잡이 길이까지 생각하면 프라이팬은 정말 덩치 큰 조리도구다. 수납장에 보관하면 큰 팬을 꺼낼 때 위에 있는 작은 팬을 먼저 꺼내고, 다시 넣어야 하는데 불필요한 과정이 생략되니 살림이 어찌나 편한지.

부엌 한쪽에 타공판을 세우고
프라이팬을 걸어두니 훨씬 쓰기 편해졌다.
문고리닷컴 제품.

5 냄비 뚜껑은 따로 보관해라

프라이팬과 같은 이치다. 냄비와 냄비 뚜껑을 함께 보관하면 냄비를 포갤 수가 없으니 수납공간을 많이 차지한다. 하지만 막상 집밥을 요리할 때 찜기 뚜껑이나, 장시간 조리하는 솥 뚜껑은 필요 없는 경우가 많다. 나는 사용하지 않는 대형 플라스틱 파일 보관함 세 개를 쪼르륵 세우고 거기에 냄비 뚜껑을 한데 모아 보관하기로 했다. 뚜껑이 필요할 때만 찾으면 되고, 깨지거나 떨어질 위험이 없어 차곡차곡 넣을 필요 없이 자유자재로 수납한다. 파일 보관함 형태라 찾기도 쉽고, 꺼내기도 쉽다. 무엇보다 냄비들만 포개서 보관하면 되니 불필요하게 차지하는 공간이 줄어들었다. 냄비나 프라이팬뿐만 아니라 밀폐 용기도 이런 방식으로 보관한다.

리미네 싱크대 서랍장에 수납한
스테인리스 재질의 용기들.
같은 재질만 모아서 크기에 맞게 쌓아둔다(위).
냄비와 뚜껑은 별도로 분리해둔다(아래).

벽면이 여의치 않다면
통일된 색감의 조리도구 통을 두는 것도 방법.
파리 봉마르셰에서 구입한 법랑 조리도구 통.

조리도구는 개수대 앞 빈 벽과 조리도구 통에 수납한다 6

첫 신혼집은 지금과 같은 평수지만 부엌이 작고 거실이 큰 구조였다. 개수대도 작았고, 그 앞에 설치된 기본형 랙에는 뒤집개와 건지개, 국자를 걸면 가득 찼다. 욕심 같아선 이런 금속 프레임을 더 길게 설치하고 싶지만, 전셋집이라 타일 벽에 구멍을 내는 건 엄두가 나지 않았다. 그래서 조리도구 통을 여러 개 갖추는 방식을 택했는데, 마음에 드는 조리도구 통을 찾는 일은 예쁜 휴지통을 찾는 것처럼 어려웠다. 지난해 여름, 파리 봉마르셰 백화점 2층에서 구멍이 송송 뚫린 법랑으로 만든 통을 발견했다. 크기도 두 가지. 큰 건 조리도구를, 작은 건 계량스푼이나 미니 스패출러를 보관하기 좋았다. 실패를 거듭하다 보면 어느 순간 '이게 필요했어' 하고 깨닫는 순간이 온다. 이 조리도구 통이 나에게는 그런 살림살이다.

7 작은 살림을 보관하는 팁

살림을 하다 보면 냄비나 프라이팬 외에도 숟가락이나 젓가락, 차 도구, 도시락 등 작은 살림들이 하나둘씩 쌓여간다. 처음에 제대로 정리해두지 않으면 나중에 어떤 물건이 있는지 기억하지 못해서 있는 것을 또 구입하게 되니 작은 살림이라도 정확한 장소에 두는 버릇을 갖는 게 좋다. 우리 집에는 차와 커피 도구를 모아두는 선반, 도시락 도구를 넣어두는 서랍, 숟가락과 젓가락을 따로따로 보관하는 상자, 젓가락 받침을 두는 상자 등 제 물건은 늘 제 위치에 둔다. 남는 수납장이나 서랍이 있으면 좋지만, 없다면 대나무를 엮어 만든 바구니가 훌륭한 수납공간이 된다.

—1

—2

—3

—4

—5

1 커피와 차 도구는 부엌 한편에 따로 모아두었다.
2 숟가락과 젓가락은 별도의 통에 분리한다.
3 숟가락과 젓가락 받침은 따로 모아둔다.
4 향신료, 소금, 에센스 등 기본 식재료는 용도별로 분리해서 수납하면 찾기가 쉽다.
5 남편의 도시락 통들. 자주는 아니지만 가끔 꺼내 쓰는 살림이라 서랍 한편에 따로 모아두었다.

8 칼은 국수 블록에 수납한다

신혼 초 필수 혼수 리스트에 빠지지 않는 헹켈 쌍둥이칼은 우리 집에도 있다. 칼과 가위로 구성된 이 칼 세트에는 나무로 만든 칼 블록이 포함되어있다. 약 2년 반 동안 이 블록을 사용하면서 '과연 이 안이 위생적일까?'라는 의구심이 들었다. 칼을 잘 닦아서 말린 상태로 거치하고, 볕 좋은 날이면 창가에 두고 말리기도 했지만 그늘지고 좁은 내부의 위생 상태가 항상 염려되었다. 그러다 르꼬르동블루 수업을 들으며 선생님의 부엌에서 눈이 번쩍 뜨이는 아이템을 발견했다. 블록이 아니라 부들부들 움직이는 네모 틀 안에 위치도 보지 않고 칼을 쓱 꽂는 형태였다. 자세히 보니 국수 다발처럼 생긴 얇고 촘촘한 가닥들이 블록 안에 빼곡하게 채워져 있었다. 인터넷 검색을 통해 찾아보니 항균 도마와 칼 블록을 만드는 네오플램 제품이었다. 주저 없이 주문해서 개수대 앞 선반에 두고 사용하는데 집에 있는 아홉 개의 식칼이 너끈히 들어가는 크기라 만족스럽다. 국수 다발과 외부 프레임을 분리해서 세척할 수 있는 형태라 위생적이다. 무엇보다 칼을 꽂을 때 편하고, 원하는 대로 넉넉히 수납할 수 있어 '참 잘 샀다'고 스스로 기특해하는 제품이다.

나무 블록보다 청결하고
칼을 더 많이 수납할 수 있는 국수 블록.
네오플램 사이트에서 구입.

／SNS를 보면 다들 똑같은 그릇에, 똑같은 숟가락을 쓰더라고요. 그게 진짜 살림 잘하고 센스 있는 건가요? 저는 게을러서 그런 건지 혼수 때 장만한 밥그릇과 숟가락을 아직 쓰는데도 불편하지 않아요. 우리 집 식탁이 초라하다고 생각해본 적도 없고요. 그런데 어느 날 남편이 우리도 예쁘게 차려 먹자고 해서 충격 받았어요. 막상 쇼핑하려고 해도 뭘 사야 할지 모르겠고요. 이런 쪽에 감각 있는 친구는 돈 쓴 만큼 취향이 는다는데, 꼭 그래야 하나요? 다른 데 쓸 돈도 부족해요.

／ **영지**　요즘 '살림' 또는 '테이블 세팅'이 유행하지만 이 또한 취미 중 하나입니다. 한정된 예산으로 보석이나 핸드백에 지출하는 사람도 있고, 저처럼 냄비를 사는 사람도 있지요. 주기적으로 네일 케어를 받지 않으면 못 견디는 이가 있는 것처럼, 예쁘게 식탁을 차리지 않으면 식욕이 저하되는 사람도 있어요. 만약 남편이 테이블 세팅에 관심을 보인다면, 적어도 반찬 통을 그대로 꺼내지 말고 그릇에 옮겨 담는 정도의 성의는 보여주세요. 테이블 세팅이 어렵다면, 반찬과 접시의 색상만 통일해도 훨씬 신경 쓴 식탁처럼 보인답니다. 비싼 그릇 세트와 커틀러리를 사들이며 돈으로 감각을 익힐 필요는 없습니다. 밑 빠진 독에 물 붓는 것처럼 계속 새 그릇만 사고 싶어질 거예요! 그릇이 많고 상차림이 예쁘다고 해서 밥이 맛있는 건 아니잖아요.

／ 평소 테이블 웨어나 키친 웨어에 대한 안목이 없어요. 취향도 없죠. 그런데 남들이 쓰는 거 보면 한번 해보고 싶기는 해요. 그런데 어디서부터 안목을 키워야 할지 모르겠어요. 잡지에서 나오는 그릇을 실제로 내가 쓸 수 있을까, 의구심이 들더라고요. 결혼식도 코앞이라 이것저것 준비는 해야 하는데 너무 모르니 덜컥 사기도 겁이 나요. 그릇 감각을 키울 수 있는 지름길은 없나요?

／ **영지**　하루를 투자해서 남대문 그릇 상가 한 곳, 백화점 그릇 매장 한 곳, 인스타그램에 많이 등장하는 그릇 편집 숍 한 곳을 작정하고 둘러보세요. 남대문은 대중적이며 누구에게나 사랑받는 그릇을 한눈에 둘러보기 좋아 한 번쯤은 들러야 할 필수 매장입니다. 백화점 그릇 매장은 그보다 그릇 선택의 폭이 좁고 가격대가 높아집니다. 마지막으로는 요즘 유행하는 그릇이나 독특한 디자이너 그릇, 해외에서 수입한 부티크 그릇을 볼 수 있는 편집 숍에 들러보세요. 세 군데를 둘러본 뒤 함께 저녁 식사 데이트를 하면서 미래의 남편과 상의해보시기 바랍니다. 백화점에서 본 A 그릇은 너무 예쁜데, 우리는 주로 한식을 먹으니 그 그릇은 사지 않는

게 좋겠다, 우리 둘 다 스테이크를 자주 먹으니 B 매장에서 본 무쇠 프라이팬은 하나 사두면 자주 쓰겠다, 같은 대화가 가능하겠죠. 띄엄띄엄 여기 보고, 저기 보고 하면 판단 기준이 애매해집니다. 작정하고 '그릇데이'를 만들어보세요. 머릿속에 질서가 생긴답니다.

/ 결혼식이 코앞인데 아직 그릇을 못 샀어요. 원래 그릇에 관심이 없기도 하지만 주변에서 이거 사라, 저거 사라 조언을 많이 듣다 보니 결정이 더 어려워요. 둘이 평생 쓸 그릇은 천천히 사도 신혼 초에 시댁, 친정, 친구들, 직장 동료 집들이가 줄줄 있거든요. 코렐이 기본이라고 해서 알아봤는데, 20인조 정도를 사려니 가격이 만만치 않아요. 일회용기를 쓰라고도 하는데 잔칫집도 아니고, 그건 좀 아닌 것 같아서요. 다인용 그릇, 도대체 뭘 사야 하나요, 꼭 사야 하나요?

/ 영지 평생 쓸 그릇도 아니고, 1년에 서너 번 쓰는 그릇인데 좋은 그릇을 사기도, 그렇다고 일회용 그릇 쓰기도 참 애매하지요. 결론적으로 다인용 그릇은 필요합니다. 시댁 식구, 친정 식구, 회사 동료, 각자의 친구들만 한 번씩 초대해도 벌써 네다섯 번의 집들이를 해야 해요. 이때 최대한 예쁜 그릇과 상차림으로 신혼 기분을 뽐내고 싶은 그 심정은 당연한 거랍니다.

저는 이때로 돌아간다면 이케아나 다이소에서 가장 기본의 흰색 식기로 통일해서 구입하고 싶어요. 가장 기본이라는 코렐도 다인조를 구입하면 비용이 만만찮은데, 이케아나 다이소는 상대적으로 부담이 적어요. 게다가 화려한 패턴이나 색상이 없는 흰색 식기는 양식, 한식에 고루 어울리고 그릇 보는 안목이 없는 사람이 써도 통일감을 줘서 깔끔해 보이는 효과가 있지요. 마지막으로 이런 그릇은 여러 브랜드에서 이것저것 섞어 구입한 그릇보다 되팔기도 수월합니다. '신혼 초 집들이할 때 꼭 필요한 기본 흰색 식기'라고 설명하면 되거든요. 새 식기를 사기엔 부담스럽지만 필요는 한 신혼부부 수요는 생각보다 많습니다.

●권솔지, 권영민 부부(결혼 6개월차)

2016년 10월에 결혼한 20대 후반, 30대 중반의 신혼부부. 신혼집 살림이나 인테리어에 관한 고민과 구입은 늘 두 사람이 함께한다. 전자회사에 다니는 남편은 합리적인 가전제품 구입을, 요리에 관심 많은 아내는 그릇 구입을 주로 맡고 있다. 필요한 것으로 갖출 수 있도록 여전히 공부하는 중.
/ 인스타그램 @_sweething

테이블 웨어	지승민의 공기 한식 세트 2인조 무인양품 2인조 이딸라 한식기―티에마 티미 2인조 무인양품 유리컵과 지승민의 공기 머그 그 외 아스티에 드 빌라트, 아즈마야, 이이호시 유미코의 크고 작은 접시들	약 110만 원대
쿡웨어	테팔 스테인리스 냄비 & 전골 냄비 테팔 프라이팬 3종 스타우브 무쇠솥 1개	약 40만 원대
조리도구	행켈 5스타 6종 세트 에피큐리언 도마 3종 세트 그 외는 온, 오프라인 숍에서 개별로 구입	약 20만 원대
가전제품	동양매직 스팀오븐 필립스 믹서 필립스 전기포트	약 50만 원대

● 김두리, 오세린 부부(결혼 1년차)

5년의 연애 끝에 2016년 5월 결혼한 신혼부부. 아내는 출판사, 온라인 매거진 라이프스타일 에디터이며 남편은 사진작가, 영상 감독으로 일하고 있다. 라이프스타일에 관심이 많아 혼수 준비가 쉬울 거라 생각했으나 콘텐츠로의 살림과 진짜 살림에는 차이가 있어서 적잖이 당황, 서로의 취향을 더 정확히 알기 위해 고군분투 중. / **인스타그램** @makesomet

테이블 웨어	존루이스 그릇 세트 6인조(한식, 양식 겸용으로 샀지만 막상 써 보니 한식엔 부적격) 듀라렉스 텀블러 물컵 아라비아 핀란드 루스카 커피 잔 일본 그릇 가게나 편집 숍, 빈티지 숍과 이베이에서 모은 크고 작은 그릇들	약 150만 원대
쿡웨어	행켈 스테인레스 냄비 5종 세트(인덕션과 호환되는 소재라 구입했는데 대만족) 스타우브 꼬꼬떼(22Cm) 이와츄 튀김 냄비(16Cm) 이와츄 그릴 팬(28.5Cm) 테팔 코팅 팬 4종세트	약 100만 원대
조리도구	글로벌 나이프 2종 그외는 무인양품, 인터넷 쇼핑몰	약 30만 원대
가전제품	발뮤다 더 토스터(가장 성공적) 닌자 블렌더, 네스프레소 커피 머신 쿠쿠 생선구이기(디자인과 색상은 아쉽지만 식탁을 풍성하게 해주는 고마운 제품) 쿠쿠 밥솥(무척 후회 중) 스마트카라 음식물처리기(추천. 공부를 거듭해 구입했는데 냄새도 거의 없고 건조, 분쇄력도 탁월) 리페르 냉장고(최대한 하얗고 네모난 냉장고를 찾다가 선택한 제품) 딤채 김치냉장고, 틸만 인덕션	약 600만 원대

● 정혜영, 이국영 부부(결혼 2년차)

2015년 1월에 결혼한 30대 초반의 신혼부부. 결혼에 관한 모든 것들을 최소화하고 저예산으로 진행하며 '최대한 단순하게'를 목표로 살림을 장만했다. 기본에 충실하며 오래 써도 질리지 않는 깔끔한 것을 선호하는 아내의 성향과, 많은 것을 소유하지 않으며 살고자 하는 소박한 남편의 성향을 모두 고려해 장만한 식기들. / **인스타그램 @j.nyong**

테이블 웨어	자주의 밥그릇, 국그릇, 찬기, 머그잔 세트 6인조 모던하우스 앞접시 세트 6인조, 면기 4인조 그 외 동네 가게에서 구입한 접시 세트 9인조	약 20만 원대
쿡웨어	허우드 스테인리스 냄비 4종 (편수, 양수, 전골, 곰솥) 테팔 프라이팬 3종	약 40만 원대
조리도구	이마트에서 구입한 홈앤하우스 조리도구 세트	약 4만 원대
가전제품	테팔 스테인리스 전기포트	약 4만 원대

● 김용준, 신효정 부부(결혼 3년차)

결혼 3년차에 접어든 30대 중반의 평범한 직장인 부부. 집
밥을 함께 먹을 수 있는 시간이 많지 않지만 생활공간과 살
림살이에 관심이 많다. 시행착오를 겪으며 부부의 공간에
어울리는 진짜 살림살이를 함께 찾아가는 중이다.
/ 인스타그램 @hojing2

테이블 웨어	김성훈 도자기 밥그릇, 국그릇 2인조 빌레로이앤보흐 아우든 식기 세트 6인조 아라비아 핀란드 코코 볼, 플레이트, 머그 이딸라 티마와 타이카 플레이트, 볼, 커피 잔	약 180만 원대
쿡웨어	커클랜드 쿡웨어 세트 일라 냄비 2종 레스까르고 웍팬, 프라이팬 르크루제 무쇠 냄비(22 cm)	약 60만 원대
조리도구	헹켈 4스타 2종 조셉조셉 도마 세트 그 외 무인양품, 오프라인 숍에서 구입	약 20만 원대
가전제품	쿠쿠 밥솥 일렉트로룩스 미니 오븐 세코 커피 머신	약 60만 원대

신혼 요리의 핵심, 조리도구 ―

COOKWARE
FOR EVERYDAY LIFE

웨딩 컬렉션부터 단품까지
천차만별 냄비&팬.

by 리미

제일 먼저 고려해야 할 것은 소재다

그릇이나 칼 등을 장만할 때와 마찬가지로 냄비와 팬 역시 세트 구입이 정답은 아니다. 특히 냄비와 팬은 세트로 장만했다가는 부엌의 큰 짐이 되기 때문에 신중하게 선택해야 한다. 코팅, 무쇠 주물, 스테인리스 스틸 등등 다양한 소재가 존재하고 크기도 브랜드도 모양도 천차만별이기 때문에 나에게 필요한 팬과 냄비가 무엇인지 차근차근 알아보고 구매하는 것이 답이다.

예쁜 디자인이나 색깔도 중요하지만 팬과 냄비를 고를 때 가장 중요한 것은 바로 소재다. 어떤 소재로 만들었느냐에 따라 사용법이 다르고 장단점이 뚜렷하게 나뉘기 때문인데 더 맛있고 편리한 요리를 위해 소재별 특성과 사용법을 정리해보았다.

사용하고 있는 냄비들.
손님이 자주 모이는 집이라
다양한 소재의 도구를 쓰임새에 따라
갖춰두고 사용한다.

코팅

장점	○ 여러 가지 소재 중 가장 가볍다. ○ 음식이 잘 들러붙지 않아 사용하기 편리하고 세척이 쉽다. ○ 빨리 가열돼서 조리 시간이 단축된다.
단점	○ 코팅이 벗겨지면 새로 구입해야 하며 수명이 보통 1~2년이라 처음 구입할 땐 저렴해도 장기적으로는 경제적이지 않다. ○ 환경호르몬이 검출되지 않은 친환경 코팅인지 확인해야 한다. ○ 강한 불에 조리하면 코팅이 벗겨질 수 있다.
사용 팁	○ 코팅이 상하지 않도록 나무나 실리콘으로 만들어진 조리도구를 사용한다. ○ 물에 약해 수분 함량이 높은 음식을 오래 조리하거나, 팬을 물속에 오래 불려두면 코팅 수명이 단축된다. ○ 음식물 찌꺼기가 남아있으면 물을 약간 붓고 팬을 끓인다. 찌꺼기가 충분히 불면 키친타월로 닦아낸다. ○ 조리 후, 뜨거운 상태의 팬에 찬물을 끼얹으면 코팅이 빨리 상하므로 충분히 식힌 뒤 설거지한다.

스테인리스

장점	○ 소량의 기름으로 조리할 수 있고 본연의 영양을 살리기 좋다. ○ 녹슬지 않는 소재라 안전하고 반영구적 사용이 가능하다.
단점	○ 처음 사용할 때 길들이는 과정이 필요하다. ○ 예열하는 데 시간이 걸린다. 이 과정이 없으면 음식이 눌어붙고 팬이 탄다.
사용 팁	○ 첫 사용 시 연마제, 불순물 제거를 위해 기름칠을 한 후 종이 타월로 닦아내고 절반가량 물을 붓고 식초 2큰술을 넣어 강한 불에서 5분 정도 끓인 다음 말려서 사용한다. ○ 약불에 5분 정도 올려 예열한다. 팬에 물을 한두 방울 떨어뜨렸을 때 물방울이 구슬처럼 또르르 굴러다니면 예열이 완료된 것. 물방울이 치익 소리를 내고 바로 증발해버리면 아직 예열이 덜 된 것이다. 조리는 예열이 완료된 후 시작한다. ○ 통3중은 냄비 전체가 3중(스테인리스 + 알루미늄+ 스테인리스), 바닥3중은 바닥 부분만 3중 구조라는 뜻. 통3중은 무겁지만 식재료가 눌어붙지 않고, 바닥3중은 그보다 저렴하고 가벼워 사용하기 쉽지만 통3중에 비해 빨리 식고 옆면에 재료가 눌어붙는 단점이 있다.

무쇠 주물

장점	○고온, 충격에 강하고 내구성이 높다. ○열전도율이 높고 온도를 일정하게 유지해 재료의 수분과 영양분 손실을 줄여준다. ○오래 길들일수록 반영구적으로 사용할 수 있다.
단점	○여느 팬보다 묵직하다. ○제품에 따라서는 기름을 이용해 길들이는 시즈닝 과정이 필요한 제품도 있다. ○통 무쇠 주물이 아니라 에나멜코팅이 된 제품은 코팅이 벗겨질 수 있다. 롯지 무쇠 주물 팬은 통 무쇠이지만, 르크루제나 스타우브는 코팅이 된 무쇠다.
사용 팁	○시즈닝하는 과정(팬에 음식이 눌어붙지 않도록 기름을 이용해 무쇠주물 표면을 길들이는 과정)은 생각보다 간단하다. 뜨거운 물로 팬을 한 번 씻어내고, 키친타월로 물기를 제거한다. 다시 키친타월에 식용유를 묻혀 팬에 골고루 바르고, 약불에 오래 가열하다 연기가 나기 시작하면 불을 끄고 천천히 식힌다. 이 과정을 여러 번 반복한다. ○조리 후에는 뜨거운 물에 불려 브러시로 닦아내는 것이 좋다. 세제는 사용하지 않는다.

구리

장점	○열전도율이 높아 빠른 시간 안에 조리가 가능해 영양소 파괴가 적다. ○팬 전체에 열이 골고루 전달되어 바닥이 타거나 눌어붙지 않는다. ○세월이 갈수록 고혹적이고 빈티지한 색감으로 변한다. ○빨리 뜨거워지고 빨리 식는다.
단점	○다른 소재에 비해 가격이 높다. ○물이나 열이 닿으면 특유의 광이 사라지고 얼룩덜룩해져 새것처럼 관리하기가 까다롭다. ○가스레인지나 하이라이터에 사용할 수 있지만, 자성이 없는 소재라 인덕션에서는 쓸 수 없다.
사용 팁	○처음 쓸 때는 스테인리스 스틸 팬과 같은 방법으로 세척한다. ○사용하며 생기는 얼룩은 그대로 둬도 문제 없지만, 반짝반짝하게 쓰고 싶다면 해당 브랜드에서 판매하는 구리 팬 전용 세척제를 사용한다. 스펀지에 세제와 물을 약간 묻히고 문지른 뒤, 씻어내면 된다.

철	
장점	○ 센 불에 빠르게 볶아내는 요리에 적합하다. ○ 고온, 충격에 강하고 길들일수록 반영구적으로 사용 가능하다.
단점	○ 녹이 생겨 관리가 까다롭다 ○ 얇게 가공된 팬도 있지만, 대개는 무쇠 주물 못지않게 무겁다.
사용 팁	○ 무쇠 주물 팬은 쇳물을 주물 틀에 부어 식혀 만들고, 철 팬은 쇳물을 단조 가공한 강판으로 만든 팬을 말한다. ○ 뜨거운 물로 세제 없이 세척한다. 음식이 눌어붙으면 물을 붓고 끓여 음식물을 떼어내고 세척한다(철 수세미를 사용하면 효과적이다.) ○ 세척 후 보관할 때는 불에 올려 수분을 날리고 키친타올에 식용유를 조금 묻혀 팬에 얇게 발라 보관한다. ○ 녹이 생긴 경우 철 수세미로 박박 문질러 닦은 후 수분을 제거하고 기름을 얇게 바른다.

| 메인 팬, 냄비 소재는 아니지만 알아두면 좋은 소재 |

내열유리	
장점	○ 환경호르몬이나 중금속 등 유해성분이 나오지 않는다. ○ 냄비 안쪽의 음식이 보여 조리하기가 편하다. ○ 표면에 미세한 구멍이 없어 냄새가 배지 않는다.
단점	○ 떨어뜨리거나 온도 차이가 심하면 깨질 위험이 있다. ○ 물때가 잘 낀다
사용 팁	○ 너무 차가운 곳에 보관했다가 사용하면 부피가 팽창해 파손될 수 있으므로 실온에 두었다 불에 올린다. ○ 잘 없어지지 않는 얼룩은 치약을 묻혀 닦으면 쉽게 지워진다.

알루미늄

장점	○ 열전도가 잘되고 가벼우며 녹슬지 않는다.
단점	○ 부식 위험이 있다.
사용 팁	○ 고순도 알루미늄을 사용한 제품 중 바닥이 두꺼운 것을 고른다.

세라믹

장점	○ 열전도율, 보존율이 뛰어나 음식을 골고루 익혀준다. ○ 오븐, 전자레인지에 사용이 가능하다.
단점	○ 하이라이트, 인덕션에서 사용할 수 없다.
사용 팁	○ 사용 후 건조는 필수다.

도자기

장점	○ 한 번 끓이거나 가열하면 그 온도가 오래 유지되어 따뜻한 음식을 즐길 수 있다. ○ 오븐, 전자레인지에 사용 가능하다.
단점	○ 금이 가거나 이가 빠지면 가벼운 충격에도 쉽게 파손될 수 있다.
사용 팁	○ 열기가 완전히 식은 다음에 세척한다. ○ 파손 방지를 위해 실리콘처럼 부드러운 조리도구를 사용하는 것이 좋다. ○ 세제를 쓰지 않는 것이 좋다.

법랑

장점	○ 가볍고 깨지지 않아 실용적이다.
단점	○ 철 수세미 등 거친 소재가 닿으면 스크래치가 생긴다.
사용 팁	○ 눌어붙은 재료를 박박 긁어내지 말고 브러시로 부드럽게 세척해야 덜 벗겨진다.

브랜드를 파악하라

소재에 대해 파악했으면 그 다음은 쓰임새를 생각하며 신혼살림에 맞는 냄비와 팬 조합을 마련해야 한다. 나에게 맞는 냄비, 팬은 어떤 브랜드일까? 수많은 브랜드가 있지만 많은 이들이 혼수로 선택하는 브랜드와 더불어 추천하는 브랜드 위주로 정리한 쇼핑 리스트를 참고하면 좋겠다.

> **TIP**　　　　　　　　　　　　　　　**신혼살림에 추천하는 팬+냄비 기본 조합은?**
>
> 가장 다양한 선택지가 있는 살림살이가 팬과 냄비다. 그래서 처음부터 완벽하게 갖추고 시작할 수 없다. 특히 냄비나 팬의 소재와 용도를 잘 이해하지 못한 상태에서 유명 브랜드의 세트 제품을 구입한다면 부엌 깊은 곳에서 자리만 차지하는 계륵 같은 도구가 될 가능성이 높다.
>
> **1** 프라이팬(20~24cm) : 달걀프라이 등 간단한 요리를 할 때 자주 쓴다.
> **2** 프라이팬(24~32cm) : 볶음 요리부터 구이까지 메인 요리를 조리할 때 필수다. 프라이팬 소재를 좋은 팬, 나쁜 팬으로 나눌 수는 없다. 어떤 부엌살림을 할 것인지에 따라 팬의 소재가 달라질 뿐이다. 요리에 자신 없는 사람이라면 코팅 팬을, 요리에 관심이 있고 오래 쓸 조리도구로 마음을 결정했다면 스테인리스 스틸 팬이나 구리 팬 등 반영구적인 소재를 선택하는 게 좋다.
> **3** 편수 냄비(16~24cm) : 물, 우유를 끓이거나 라면, 이유식을 조리할 때 자주 손이 가는 편수 냄비는 주방의 효율을 높여준다. 법랑이나, 스테인리스 스틸 등 가벼운 소재를 추천한다.
> **4** 양수 냄비(18~22cm) : 2~4인 가족이 가장 많이 사용하는 크기의 양수냄비는 찌개용, 찜용으로도 꼭 필요하다. 냄비밥(또는 솥밥)을 짓고 싶다면 무쇠 주물 소재를 추천한다.
> **5** 깊은 양수 냄비(3~7*l*, 깊이 15cm 이상) : 국수, 파스타를 삶거나 육수를 내고 곰국을 끓이는 등 깊이가 있는 냄비 하나는 필수다. 깊은 양수 냄비는 조리 시간이 길어지니 식재료가 들러붙지 않는 통3중 스테인리스 스틸 소재를 고르는 게 좋다.

파리 빈티지 시장에서 사온 구리 팬은 달걀 보관용으로 사용한다(위).
장인이 만든 정교한 도구에 각인 서비스까지 받을 수 있는 교토 아리츠쿠 구리 튀김 냄비.
열전도율이 좋아 맛있는 튀김 요리가 완성된다(아래).

프라이팬

테팔(코팅)

1954년 세계 최초 눌어붙지 않는 코팅 팬을 출시한 이래 열센서 등 꾸준한 업그레이드로 코팅 팬의 대명사가 된 브랜드.

/ 사진 출처 : 테팔 홈페이지

대표 제품 테팔 매직핸즈. 손잡이를 따로 보관할 수 있어 수납이 편리한 코팅 팬. 24cm 프라이팬과 26cm 볶음 팬 조합을 추천한다. (각각 3~4만 원대)

드부이에(구리, 코팅, 철)

1830년 시작된 프랑스 쿡웨어 브랜드. 구리 팬부터 코팅 팬, 철 팬, 스테인리스까지 다양한 소재의 팬을 만들고 있다.

/ 사진 출처 : 드부이에 홈페이지

대표 제품 CHOC논스틱 프라이팬. 열전도율 좋은 알루미늄 소재에 5중 논스틱 코팅이 되어 손쉽게 사용 가능하다(인덕션 가능). 12cm, 20cm, 24cm, 28cm, 32cm 크기별로 있어 사용법에 따라 선택이 가능하다. (3~5만 원대)

해피콜(코팅)

1999년 세계 최초 양면압력 팬을 발명한 후, 300개의 특허 출원으로 국내 주방용품의 선두가 된 브랜드. / 사진 출처 : 해피콜 홈페이지

대표 제품 해피콜 다이아몬드 프라이팬. 알루미늄 판에 다이아몬드 함유 코팅으로 큰 인기를 얻은 제품. 생선, 군고구마 등에 유용한 양면 팬도 유명하다. (다이아몬드 프라이팬 3만 원대, 양면 팬 3~7만 원)

AMT(코팅)

독일 최대 주물 제조 브랜드 AMT만의 티타늄&세라믹 6중 코팅 기술로 마니아층을 확보하고 있다. / 사진 출처 : AMT 공식홈페이지

대표 제품 사각 주물 그릴팬. 바닥면이 두꺼워 열전도율과 열보존율이 높아 스테이크 등 구이 요리에 제격. 코팅이 잘 벗겨지지 않아 코팅 팬임에도 오래 사용할 수 있다. (10만 원대)

휘슬러(스테인리스, 코팅)

1845년 독일에서 시작한 쿡웨어 브랜드. 장인정신과 질 좋은 소재로 유명하다. / 사진 출처 : 휘슬러 홈페이지

대표 제품 크리스피 쿡팬. 특허를 낸 올록볼록 처리된 노보그릴로 그릴에서 조리한 효과가 난다. 내구성, 위생성을 갖춘 최고급 스테인리스 스틸로 제작된 팬이다. (10만 원대)

롯지(무쇠 주물)

1896년 미국에서 시작된 조리기구 브랜드. 공장에서 길들이기를 한 제품을 판매하며 대표적인 무쇠 주물 제품을 만든다. / 사진 출처 : 롯지 홈페이지

대표 제품 5~8인치 스킬렛. 1인용으로 쓸 수 있는 5인치부터 스테이크를 구울 때 사용하기 좋은 8인치까지 크기별로 있다. 초반 5회 정도 기름진 요리로 길들이기를 하면 평생 쓸 수 있는 팬이 된다. (2~4만 원대)

이와츄(무쇠 주물)

400년 역사의 남부 철기 기술을 담은 일본 모리오카의 브랜드. / 사진 출처 : 이와츄 홈페이지

대표 제품 무쇠고리 프라이팬. 2~4인 가정에서 사용하기 좋은 21cm, 23.5cm의 무쇠 주물 팬을 만든다. 무쇠 주물 중에서도 아름다운 라인과 심플한 디자인이 질리지 않는다. (7만 원대)

운틴가마(무쇠 주물)

경남 김해에서 3대째 전통가마솥과 주물을 만들고 있는 국내 브랜드. / 사진 출처 : 운틴가마 홈페이지

대표 제품 전자레인지 겸용 프라이팬 3호(32cm). 가장 편하게 쓸 수 있는 크기다. 길들이기 과정이 필요하지만 바닥이 두꺼워 길들이기를 잘하면 오래 사용할 수 있다. 인덕션에서도 사용이 가능하다. (6만 원대)

스칸팬(스테인리스, 코팅)

1956년 덴마크에서 시작된 브랜드. 친환경마크를 받아 안심하고 쓸 수 있는 코팅 팬과 스테인리스 스틸 팬이 유명하다.
/ 사진 출처 : 스칸팬 홈페이지

대표 제품 클래식 프라이팬 24. 논스틱 프라이팬의 대표제품. 세라믹티타늄 코팅이 쉽게 벗겨지지 않고 열분포, 열보유력이 뛰어나다. 내열성이 뛰어나 오븐에서 260도까지 사용이 가능하다. (15~20만 원대)

냄비

스타우브 (무쇠 주물)

1974년 프랑스에서 시작한 무쇠 주물 브랜드. 톤다운된 색감과 심플한 디자인으로 셰프들에게도 사랑받고 있는 쿡웨어. / 사진 출처 : 스타우브 홈페이지

대표 제품 원형 꼬꼬떼(18cm, 22cm). 그릴, 팬 등 다양한 형태의 도구들이 유명하지만 그중에서도 신혼살림으로 가장 사랑받는 제품. 평평한 돌기 뚜껑으로 수분이 스며들어 촉촉한 요리를 만들 수 있다. (10~30만 원대)

르쿠르제 (무쇠 주물)

1925년 설립된 프랑스 에나멜 무쇠 주물 조리도구. 사랑스러운 파스텔톤 색상으로 사랑받고 있다. / 사진 출처 : 르쿠르제 홈페이지

대표 제품 원형 무쇠 주물 냄비. 16, 18, 20cm 형태의 원형 무쇠 주물 냄비가 대표적. 특히나 핑크, 코스탈블루와 같은 파스텔톤이 인기 제품이다. (10~30만 원대)

네오플램 (코팅)

형형색색의 세라믹코팅 주방용품을 생산하는 국내 브랜드. / 사진 출처 : 네오플램 홈페이지

대표 제품 에콜론 팬. 세척이 용이한 에콜론 코팅에 컬러풀한 색깔의 프라이팬, 궁중 팬, 그릴 팬 등이 대표 제품이다. (5만 원대)

실리트 (코팅)

1920년에 시작된 독일 프리미엄 쿡웨어 브랜드. 실라간이라는 특수한 소재를 사용한 압력솥, 냄비 등을 선보인다. / 사진 출처 : 실리트 홈페이지

대표 제품 실라간 네이처(Nature) 4종 세트. 세라믹 혼합체인 실라간 소재와 세련된 색상으로 사랑받는 대표 제품. 얼러지 방지 냄비로 유명하며 뚜껑에 있는 구멍을 열고 닫을 수 있어 육수 등을 만들기에 편리하다. (세트 40~50만 원대)

WMF (스테인리스)

1857년에 시작된 프리미엄 쿡웨어. 크로마간(cro-margan)이라는 브랜드 특유의 고품질 스테인리스 스틸 소재를 사용한다. / 사진 출처 : WMF 홈페이지

대표 제품 구르메플러스 스테인리스 냄비. 무광택 소재의 깔끔한 디자인으로 사랑받는 시리즈. 3중 바닥으로 열전도율이 좋다. (세트 40만 원대)

덴스크(법랑)

1954년 덴마크에서 시작한 브랜드로 자연주의 감성과 절제된 디자인, 실용성이 더해진 편안함을 추구한다. / 사진 출처 : 덴스크 홈페이지

대표 제품 덴스크 코벤스 스타일 양수와 편수 냄비. 특유의 색깔과 유니크한 디자인으로 사랑받고 있는 냄비. 열전도율이 좋아 밀크팬도 인기가 좋다. (10만 원대)

루미낙(유리)

180년 전통의 프랑스 유리 냄비 브랜드. 유리 냄비 중에서도 가장 사랑받는 제품이다.
/ 사진 출처 : 루미낙 홈페이지

대표 제품 엠버라인 블루밍 유리 냄비 1ℓ. 23cm 정도의 크기에 13cm 깊이로 가장 실용적인 크기의 제품이다. (2~3만 원대)

올클래드(스테인리스)

1967년 미국에서 시작된 프리미엄 스테인리스 스틸 도구 브랜드. 통5중의 최고급 스테인리스로 많은 셰프들에게 사랑받고 있다. / 사진 출처 : 올클래드 홈페이지

대표 제품 올클래드 D5 에센셜 팬(24cm, 4쿼터). 통5중 구조 제품 중 냄비의 역할과 팬의 역할을 함께할 수 있는 제품. 6쿼터 제품에 비해 가볍고 디자인이 심플하다. (30만 원대)

샐러드마스터(스테인리스)

1946년 미국에서 설립된 프리미엄 조리도구 브랜드. 방문판매 형태로 판매되고 있으며 스테인리스 제품 중 가장 고가의 브랜드다. / 사진 출처 : 샐러드마스터 홈페이지

대표 제품 샐러드마스터 오일 스킬렛(12인치). 전골, 찜, 구이 등 식탁에서 즉석 요리가 가능한 전기 냄비. 통7중의 구조로 열이 고루 전달된다. 각종 요리부터 카스테라, 팝콘까지 다양한 요리에 활용된다. (가격 별도 문의)

모뷔엘 1830(구리)

200년 전통의 프랑스 구리 브랜드. 드부이에와 함께 가장 인기 있는 구리 제품을 만든다. / 사진 출처 : 모뷔엘 1830 홈페이지

대표 제품 소스팬(16cm). 열전도율이 좋아 섬세한 온도 조절이 가능한 구리의 특성 덕분에 많은 사랑을 받는 소스팬이다. 이름 그대로 소스를 만들거나 편수 냄비로 사용하기 좋다. (20~30만 원대)

루포니(구리)

프랑스에 모뷔엘, 드부이에가 있다면 이탈리아에는 루포니가 있다. 100% 수작업으로 만들어지는 섬세하고 클래식한 디테일이 고급스럽다. / 사진 출처 : 루포니 홈페이지

대표 제품 해머드 코퍼 소스팬(16cm). 구리 팬에 입문하기 위한 첫 번째 도구는 역시 소스팬이다. 프랑스 브랜드보다 디테일하고 섬세한 디자인으로 사랑받는다. 뚜껑의 디테일이 아름답다. (40만 원대)

취향에 맞는 밥을 지으려면
밥솥부터 잘 골라야 한다.

by 리미

전기밥솥 vs 무쇠솥 vs 압력솥

우리 집은 5년간 입맛에 맞는 밥을 짓기 위해 세 번에 걸쳐 도구를 바꿔왔다. 처음엔 필수 혼수 리스트인줄로만 알았던 전기밥솥을 사용했고 그 후엔 무쇠솥을 쓰다가 지금은 주로 돌솥을 사용한다. 이렇게 많은 시행착오를 겪은 것은 살림 도구를 구매하기 전에 우리가 어떤 밥을 좋아하고, 또 그런 밥을 짓기 위해서 어떤 도구를 어떻게 사용하는지에 대해서 생각해보지 않았기 때문이다. 밥의 맛은 쌀과 물, 불과 솥이 함께 조화를 이루며 만들지만, 그중에서도 솥은 맛을 좌우하는 중요한 기준이기에 꼭 이야기하고 싶다.

"신혼인데 전기밥솥이 없어도 괜찮을까요?"

이런 의문이 든다면 부부가 제일 좋아하는 밥을 먼저 생각해보자.

처음 일본 여행을 갔을 때, 가장 놀라웠던 것 중 하나가 바로 갓 지어낸 쌀밥의 맛이었다. 설익은 밥도 아닌데 쌀알이 하나하나 느껴지는 그 식감이 어찌나 좋던지 약간의 반찬만으로 두 그릇을 뚝딱 비웠던 기억이 난다. 아마 그때 처음으로 내가 좋아하는 밥에 대해서 생각을 해본 듯하다. 나는 쫀득한 밥보다는 고슬고슬한 밥을 좋아하는 사람이었다.

다행히도 남편과 나는 취향이 비슷하다. 어릴 적, 큰댁에 가면 큰엄마는 끼니 때마다 두 개의 밥솥으로 밥을 지으셨다. 큰아빠는 된밥을 좋아하고 다른 가족들은 진밥을 좋아했기 때문이었다. 지금 생각하면 쉬운 일이 아니었으리란 생각이 든다. 그런 점에서 남편과 밥 취향이 일치한다는 건 너무도 다행이다.

고슬고슬한 밥으로 대동단결했지만, 막상 우리가 좋아하는 밥을 짓는 일은 쉽지 않았다. 결혼 초기, 상하이에서의 사진들을 보면 밥은 쫀득한 밥을 넘어 떡에 가까운 비주얼이다. 단순히 압력밥솥 탓을 하기에는 물 맞추는 것도 서투른 상태에서 우리 쌀과는 다른 중국 쌀을 쓰면서 시행착오를 겪었던 것 같다.

전기밥솥으로 갓 지어낸 밥.

쪼득한 밥을 좋아하는 당신에게
필요한 것은 전기밥솥

혼수 리스트에 적힌 부엌살림 중 가장 먼저 장만했던 것은 바로 전기밥솥이었다. 오랜 시간 엄마는 치익치익 추가 돌아가며 밥을 짓는 압력밥솥으로 밥을 해주셨다. 그런 엄마의 부엌에 버튼 몇 개만 누르면 설익을까 혹은 탈까 신경 쓰지 않아도 갓 지은 밥을 먹을 수 있게 해주는 전기밥솥은 엄청난 변화를 가져왔고(밥맛은 조금 떨어졌지만) 나는 그 과정을 보며 전기밥솥은 꼭 있어야 한다고 생각했던 것 같다.

전기밥솥의 가장 큰 매력은 불을 사용하지 않는다는 것이다. 불 조절에 전전긍긍하지 않아도 따끈따끈한 밥이 완성되니 비싼 가격에도 불구하고 살림에 서툰 예비 신부들의 부담감을 크게 덜어주어 많은 사랑을 받고 있는 듯하다.

전기밥솥이나 압력밥솥은 솥 속의 증기가 빠져나가지 못하도록 압력이 가해지는 과정에서 쌀알이 밥으로 변한다. 그 과정에서 수분의 손실이 적기 때문에 전기밥솥으로 밥을 지으면 굉장히 쫀득하다. 같은 양의 쌀을 같은 시간 동안 불려서 밥을 해보아도 전기밥솥으로 지은 밥은 돌솥밥보다 부피가 적고 무거운 느낌이 든다. 떡처럼 찰기가 생기는 쫀득쫀득한 밥이 지어지는 것이다.

전기밥솥은 크게 열판식과 유도가열방식(IH)으로 나뉘는데 열판식은 밥솥 바닥을 가열해 솥에 열을 직접 전도시키는 방식이고 유도가열방식은 자력선에 의해 솥 전체가 가열되어 쌀을 익히는 방식이다. 밥맛에 미치는 영향은 크지 않지만 유도가열방식은 밥 짓는 시간이 단축된다는 장점이 있다.

전기밥솥으로 지은 밥은 찰기가 있어서 밥알들이 모여있고 갓 지은 밥에서도 쫀득함이 느껴진다. 쌀알 깊이 수분을 먹고 있는 느낌이라 소화를 시키기 좋고, 씹기가 좋다. 쌀알 하나하나가 고슬고슬하게 느껴지지는 않지만 그래서 먹기 편하다는 사람도 많으니 이것은 어디까지나 취향의 차이.

비싼 돈을 주고 장만한 전기밥솥이기에 물 양도 조절해보고, 여러 가지 모드로 밥을 해보았지만 내가 원하는 식감의 쌀밥을 짓기는 힘들었다. 찰기 있는 밥보다는 된밥을 좋아하니 전기밥솥으로 원하는 식감의 밥을 짓기는 애초부터 어려운 일이 아니었나 싶다.

우리 집 전기밥솥은 주물 냄비와 가마도상의 등장으로 가끔 어르신들을 모시는 자리나 갈비찜을 만들 때만 사용하다가 결국 시댁으로 옮겨졌다. 쫀득한 밥을 좋아하시는 어른들께서는 크게 만족하시며 잘 사용하신다. 사람의 입맛에 따라 적절한 밥솥을 고르는 게 얼마나 중요한 일인지 다시 한 번 생각해볼 수 있었다.

> **TIP**
>
> 전기밥솥은 취사가 끝나고 보온으로 넘어가는 단계에 뜸을 들이는데 10분 정도 두었다 뚜껑을 열고 밥을 고루 섞어주면 보관 시에도 바닥에 습기가 차지 않아 밥이 질어지지 않는다.

쫀득한 밥과 구수한 누룽지,
숭늉을 함께 먹고 싶다면, 압력밥솥

손쉽게 밥을 할 수 있는 전기밥솥과 달리 압력밥솥은 섬세한 불 조절이 필요하지만 조금 더 맛있고 쫀득쫀득한 밥을 즐길 수 있다. 압력밥솥의 장점은 뭐니 뭐니 해도 속도. 전기밥솥은 밥을 짓는 데 30분가량의 시간이 소요되지만 압력밥솥은 약 15분이면 밥이 완성된다. 압력밥솥은 솥 속의 증기가 빠져나가지 못하도록 만들어졌는데 끓는점이 높아져 같은 시간에 더 많은 열이 음식물로 전달되기 때문이다. 쫀득쫀득한 밥이 빠른 시간에 완성되고 불 조절을 통해 누룽지를 만들기 쉬우니 금상첨화. 다만 취사 중 압력이 남아있는 상태에서 뚜껑을 무리하게 열면 절대 안 된다. 압력으로 인한 사고는 늘 조심해야 한다.

TIP

압력밥솥으로 밥을 할 때는 전기밥솥을 사용할 때보다 약간 물을 적게 잡는 것이 좋다. 압력이 완전히 빠진 후에 뚜껑을 열고 밥을 고루 섞고 푼다.

———

고슬고슬한 밥을 원한다면
주물 냄비로도 충분하다

고슬고슬한 밥을 좋아하는 우리 집에서 선택한 도구는 스타우브 18cm 주물 냄비다. 밥을 짓기 위해 산 것이 아니었지만 중간 크기의 주물 냄비는 우리가 원하는 밥을 짓기에 좋은 도구였다. 주물 냄비는 팔목이 나갈 것만 같은 무게와 높은 가격에도 불구하고 열전도율이 좋아 음식이 맛있게 된다는 점과 매력적인 색깔 덕분에 입소문을 타 신혼살림의 필수품으로 등극했다. 가장 사랑받는 주물 냄비 브랜드는 르크루제와 스타우브를 들 수 있다. 그중 내가 선호하는 브랜드는 스타우브 제품들이다. 스타우브의 톤다운된 색상이 마음에 들기도 하지만 수분이 증발하다가 냄비 뚜껑 안쪽 돌기에 다시 맺혀 재료 안으로 떨어진다는 설계가 마음에 들었다. 타사 제품을 쓸 때보다 물이 덜 새는 것 같은 느낌 때문에 이 냄비만 있으면 요리에 자신감이 붙는 듯한 심리적 요인도 있으리라. 찌개도 끓이고, 튀김용으로도 쓰고, 저수분 요리도 하는 등 다양한 요리에 사용하는 주물 냄비는 쓸수록 정말 잘 샀구나 싶은 신혼살림 중 하나다. 심지어 열보존율도 높아 약불에서도 맛있는 밥을 지을 수 있으니 잘만 사용한다면 부엌의 만능도구로 활용할 수 있다.

주물 냄비로 솥밥 짓기

주물 냄비로 갓 지어낸 밥.

육안으로는 크게 달라보이지 않지만 전기밥솥으로 한 밥과 주물 냄비로 한 밥을 한 입씩 먹어보면 그 차이를 바로 알 수 있다. 주물 냄비 밥은 쌀알이 하나하나 살아 있는 듯 고슬고슬하다.

1 쌀 2컵을 담고 처음에는 생수로 씻은 후, 흐르는 물에 세네 번 깨끗하게 씻어 체에 받친다.

2 쌀 2컵에 물 2컵을 붓고 15~30분 정도 불린다. 쌀의 상태에 따라 물을 머금는 정도가 다르므로 불린 후, 물이 너무 적으면 소량만 더한다. 쌀을 너무 오래 불리면 쌀알 하나하나가 씹히는 느낌이 적어지기 때문에 너무 오래 불리지 않는 것이 포인트.

3 뚜껑을 닫고 강불에서 3분, 중불 7분, 약불에서 7분을 익힌 후, 불을 끄고 5~7분 정도 뜸을 들이면 완성.

고슬고슬하면서
촉촉한 밥을 좋아한다면 돌솥

주물 냄비에 지은 솥밥도 좋지만 밥을 지을 때 가장 많이 사용하는 것은 가마도상 돌솥이다. 재작년 도쿄에서 구입한 이 솥은 '쉬포나드 쿠킹클래스' 홍지윤 선생님을 통해 알게 되었다. 가마도상은 쉽게 말하면 구워 만든 돌솥을 말한다. 흙과 유약으로 빚어 구워서 만든 도기를 일본에서는 야키모노라고 하는데 그중 이가모노라는 브랜드에서 판매하는 돌솥의 이름이 가마도상이다. 한국에서 비슷한 것을 찾아보자면 고급 쌀밥집에서 밥을 내주는 곱돌솥을 들 수 있겠다. 주물 냄비와 돌솥은 둘 다 고슬고슬한 스타일의 밥이지만 주물 냄비에 비해 가마도상의 밥이 조금 더 촉촉하다.

내가 주물 냄비보다 가마도상을 선호하는 이유는 두 가지. 이중 뚜껑이라 물이 넘치는 일이 거의 없고, 솥 바닥이 주물 냄비보다 두껍기 때문에 바닥이 타거나 눌어붙는 현상이 덜하기 때문이다. 또한 다양한 식재료를 더해 특별한 솥밥을 만들 수 있다는 점도 좋다. 생선을 비롯한 해산물, 고기, 채소 등등 제철에 맞는 재료들을 올려 밥을 지으면 다른 반찬 없이 솥밥 하나만으로 특별한 요리가 되니 이처럼 간단하고 폼 나는 식탁이 또 있을까?

TIP   **취향따라 다르게 짓는 집밥 총정리**

○ 쫀득쫀득한 밥을 좋아하고 보온이 필수인 집이라면 **전기밥솥**
○ 고슬고슬한 밥을 좋아하고 무쇠솥에 다양한 요리를 시도하고 싶다면 **주물 냄비**
○ 고슬고슬한 밥을 좋아하고 가마솥에서 갓 지은 밥을 원한다면 **돌솥**

가마도상으로 지은 갈치솥밥.

맛있게 밥 짓는 팁

＊밥맛은 쌀의 수분에 따라 달라진다. 기호에 따라 다르지만 고슬고슬한 밥을 좋아한다면 쌀은 30분 이상 불리지 않는 것이 좋다. 쌀을 오래 불리면 밥알이 뭉개지고 쌀겨 냄새가 나기 때문이다.

＊쌀을 고를 때는 도정 날짜를 확인할 것! 묵은쌀에서는 묵은쌀 특유의 냄새가 난다. 요즘 마트에서는 바로 도정해주는 서비스가 있으니 참고하자.

＊묵은쌀을 사용한다면 쌀을 불릴 때 식초 두 방울 정도를 넣어 불리고 작은 다시마 한 조각을 넣어 밥을 하면 군내 없이 밥을 할 수 있다.

＊쌀을 씻을 때 쌀알이 으깨지지 않게 씻는 것이 좋다. 쌀은 처음에 가장 많은 수분을 흡수하기 때문에 첫 물은 정수나 생수를 사용하는 것이 좋고 그 후엔 수돗물을 사용한다. 다만 첫 물은 쌀겨의 냄새가 배어 나오기 때문에 오랜 시간 담가 두지 않는다.

＊밥을 섞거나 담을 때 나무 주걱으로 밥알이 으깨지지 않도록 저어 한 김 식힌 후, 쌀알 위에 쌀알을 얹듯 가볍게 담는다. 고봉밥을 만들듯 꾹꾹 담으면 밥알이 부서지고 눌려 맛이 반감되기 때문. 밥을 공기에 담는 기술도 밥맛을 좌우하는 중요한 요소다.

솥밥에 다른 재료를 추가하는 경우

야채나 조개 등의 해산물은
밥을 짓기 전에 넣고,
생선류는 오븐에서 미리 반쯤 익힌 후
뜸을 들일 때 넣어서 완성한다.

1　쌀은 여러 번 박박 씻고 난 후 체에 받쳐 준비해 30분 정도 불린다.

2　쌀과 물의 비율은 1:1이지만 수분 함량 높은 채소 등, 다른 재료가 들어가면 재료에 따라 물을 가감한다.

3　속 뚜껑과 겉 뚜껑에 위치한 구멍이 십자 모양으로 어긋나게 덮어준다.

4　강불로 끓이다가 김이 세게 나기 시작하면 약 3분 정도 더 끓인다. 이때 누룽지 타는 냄새가 나면 불을 끈다.

5　불을 끄고 뚜껑을 닫은 상태로 20분간 뜸을 들인다.

쫀득한 밥을 위한
전기밥솥과 압력밥솥

쿠쿠 IH압력밥솥 (60만 원대, 풀스테인리스 내솥, 10인용)

전기밥솥은 여러 가지 브랜드의 제품이 있지만 오랜 기간 사용한 쿠쿠를 선호한다. 그중 IH방식으로 밥이 빨리 지어지고 풀스테인리스 내솥이라 위생적으로 관리할 수 있는 이 제품을 추천한다. 밥뿐만 아니라 갈비찜 등을 활용하기 위해서는 신혼부부여도 10인용을 선택할 것을 추천. / **사진 출처 : 쿠쿠 홈페이지**

제품 특징 조리 시간 : 23~30분 / 장점 : 불을 쓰지 않는 편리함

쿠쿠 IH압력밥솥 (20만 원대, 6인용)

집에서 요리를 자주 하지 않는다면 저렴한 가격에 구입할 수 있는 6인용 밥솥을 선택하는 것이 좋다. 2~4인 가족이 밥을 해먹기에 충분하고 부담스럽지 않은 가격이 좋다. / **사진 출처 : 쿠쿠 홈페이지**

제품 특징 조리 시간 : 23~30분 / 장점 : 보온이 가능

휘슬러 시그니처 에디션 압력솥 (50만 원대, 4.5*l*)

압력밥솥은 뭐니 뭐니 해도 휘슬러다. 신혼 때는 1.8*l*가 매력적으로 보일지 몰라도 압력밥솥은 평생 사용하는 아이템이므로 큰 사이즈를 추천한다. 1~2인 가족에 1.8*l*는 컴팩트하게 사용하기 좋은 크기이고 2.5*l*는 6인분 정도의 밥, 4.5*l*는 크기가 부담스럽긴 하지만 10인분의 밥뿐아니라 갈비찜, 삼계탕 등에 활용 가능하다. / **사진 출처 : 휘슬러 홈페이지**

제품 특징 조리 시간 : 15분 / 장점 : 조리 시간이 상대적으로 짧음

PN풍년 하이클래드 IH압력솥 (10만 원대)

커다란 크기와 높은 가격의 압력밥솥이 신혼살림에 부담이 된다면 국내 브랜드 중 풍년에서 나오는 6인용 압력밥솥을 추천한다. 2~4인 가족이 사용하기에 충분하다. / **사진 출처 : 풍년 홈페이지**

제품 특징 조리 시간 : 15분 / 장점 : 쫀득하고 맛있는 밥

고슬고슬한 밥을 위한 무쇠솥과 돌솥

스타우브 원형 꼬꼬떼 18cm (10만 원대)

2인 가족이 밥을 하기에도, 요리를 하기에도 가장 좋은 크기의 무쇠솥은 18cm다. 4인 정도의 돌솥밥도 가능하고 저수분 요리로 고기를 삶거나 찌개를 끓이는 등 다양하게 활용이 가능하다. / **사진 출처 : 스타우브 홈페이지**

제품 특징 조리 시간 : 20~25분 / 장점 : 다양한 요리에 사용 가능

스타우브 라이스 꼬꼬떼 16cm (10만 원대)

맛있는 밥맛을 위해 최적화되어 출시된 스타우브 라이스 꼬꼬떼 제품. 앙증맞은 크기의 12cm는 1~2인용에 적당하지만 두루두루 사용할 것을 생각하여 16cm 제품을 추천한다. / **사진 출처 : 스타우브 홈페이지**

제품 특징 조리 시간 : 20~25분 / 장점 : 고슬고슬하고 맛있는 밥

장수 곱돌솥 3~4인용 (10만 원대)

한국 전통의 곱돌솥 브랜드. 4인용 밥을 하기에 알맞고 비교적 저렴한 가격도 메리트. 밥 외에 달걀 등에도 활용하기 좋은 크기의 돌솥. / **사진 출처 : 장수 곱돌솥 홈페이지**

제품 특징 조리 시간 : 25~30분 / 장점 : 바닥이 두꺼워 눌어붙지 않음

이가모노 가마도상 (10만 원대)

일본 브랜드 이가모노에서 나오는 곱돌솥. 이중 뚜껑으로 물이 넘치지 않고 만듦새의 아름다움도 큰 장점이다. 고슬고슬하지만 수분을 머금고 있는 밥을 짓기 최적의 도구.

제품 특징 조리 시간 : 25~30분 / 장점 : 고슬고슬하고 촉촉한 밥

밀폐 용기

요리를 하다 보면 그릇이나 냄비 만큼 중요한 게 식재료를 보관하는 밀폐 용기다. 소재부터 디자인, 밀폐력까지 가지 각색이며 하나둘씩 낱개로 구입하다 보면 선반 하나가 꽉 차는 건 순식간. 똑똑한 주부라면 밀폐 용기도 처음부터 잘 구입해야 한다.

밀폐 용기와 뚜껑을 분리해 수납하면
수납공간을 두 배로 늘릴 수 있다.

TIP　　　　　　　　　밀폐 용기 소재, 무엇이 있을까?

플라스틱

가볍고 모양이나 크기가 다양한 것이 장점. 냉장고에 쌓아서 수납하기도 편해 많은 주부들이 선호한다. 단점은 물이 들거나 전자레인지에는 사용할 수 없다는 것. 최근에는 환경호르몬이 검출되지 않는 친환경 플라스틱 소재로 만든 밀폐 용기 브랜드도 다양하게 등장했다.

유리

깨끗하게 관리할 수 있고 물이 들거나 냄새가 배지 않는 것이 장점이다. 속이 잘 들여다보여 냉장고 수납도 용이하다. 다소 무겁다는 게 흠이다. 오븐이나 전자레인지에 바로 넣어 사용할 수 있는 제품도 있다.

스테인리스 스틸

관리를 잘하면 늘 새것처럼 반짝반짝하게 유지할 수 있는 소재. 같은 스테인리스 스틸이라도 가볍고 얇은 것, 견고하고 소재 자체가 두꺼운 것까지 종류가 다양하다.

법랑

사용하다 남은 채소 등 신선한 식재료를 보관하기 좋다.

1 밀폐 용기의 대명사 글래스락

2 온라인 쇼핑몰에서 구입한 일본의 플라스틱 밀폐 용기

3 견고한 스테인리스라 고기류를 보관하기 좋은 라바제 용기

4 육수를 보관하기에 제격인 셀러 메이트 보틀

5 가루류를 보관할 때 제일 먼저 손이 가는 메이슨 자

6 시어머니와 며느리가 함께 만든 브랜드. 노다호로의 법랑 용기

밀폐 용기 브랜드 무엇이 있을까?

브랜드	제품 특징
글래스락 Glasslock	1978년 설립된 밀폐 용기 전문 브랜드. 국내 브랜드라 우리나라 주방 환경에 맞는 제품군이 다양하게 준비되어 있다. **추천 제품** 냉장고 정리 솔루션 16종 세트. 트레이와 크기가 다양한 사각형 용기로 구성된 정리 키트다.
타파웨어 Tupperware	1946년 미국에서 탄생한 플라스틱 밀폐 용기 브랜드. 미국 중산층의 사교모임에서 '홈파티 그릇'으로 사랑받으며 입소문을 탔다. **추천 제품** 톤다운된 붉은색 김치 용기 라인. 촌스러운 김치 냉장고가 아니라 신혼부부를 타깃으로 한 세련된 디자인이 돋보인다.
나카야 Nakaya	일본 물건을 판매하는 잡화점이나 수입제품 인터넷 쇼핑몰에서 가장 인기 있는 밀폐 용기. 가볍고 크기가 다양해 곡물, 채소, 과일 등 신선식품을 보관하기 좋다. **추천 제품** 반오픈 용기. 뚜껑을 다 열지 않고 반만 열 수 있어 사용이 간편하다. 납작 용기는 다짐육이나 나물 등 부피가 작은 재료를 보관하기 좋아 신혼 주부의 필수품이다. 납작해서 자리도 많이 차지하지 않는다.
라바제 LaBase	국내에서는 식기건조대 브랜드로 유명하지만, 일본에서는 알아주는 명품 스테인리스 스틸 주방 브랜드다. 요리 연구가 아리모토 요코가 최고의 연마 기술력으로 만든 브랜드답게 요리에 꼭 필요하고 최적화된 제품군이 많다. **추천 제품** 뚜껑이 있는 스텐바트. 생선이나 고기 등 냄새가 배기 쉬운 식재료를 보관할 때 필수다. 재료에 후추나 올리브오일을 뿌려 숙성시킬 때도 유용하다.

브랜드	제품 특징
보르미올리 Bormioli	1825년에 시작된 이탈리아 유리 공예 브랜드. 식초 병, 오일 병 등 서양식 라이프스타일에 필요한 제품이 다양하다. **추천 제품** 스윙 보틀. 빨간 고무 마감이 포인트인 스윙 보틀은 원터치 압축 캡이라 여닫기가 편하다. 시판 올리브오일에 허브를 넣어 홈메이드 오일을 만들거나 선물하기도 좋다.
셀러 메이트 Cellarmate	오일 병, 육수 보틀의 대명사. 50년 전 탄생한 일본의 유리 회사가 만드는 브랜드로, 밀폐력이 우수해 주부들 사이에서 인지도가 높다. **추천 제품** 실리콘 패킹과 원터치 캡이 부착된 오일 병과 스테인리스 스틸 손잡이가 달린 육수 보틀. 특히 육수 보틀은 2*l* 이상 끓여두고 보관하니 무게가 상당한데도, 간편하게 냉장고에서 꺼냈다 넣을 수 있다.
웩 Weck	100년 전통의 독일 유리 밀폐 용기 브랜드. 고유의 오렌지색 실리콘 패킹이 눈에 띄는, 미학적으로도 아름다운 밀폐 용기다. **추천 제품** 나무 뚜껑이 달린 용기. 밀폐 용기의 용도는 다른 브랜드처럼 주스 병, 채소 보관 병 등 다양하지만 금속이나 플라스틱이 아닌 나무 뚜껑이 있는 제품은 찻잎, 커피 원두 등 상온에 꺼내두고 쓰는 제품을 수납할 때 유용하다.
메이슨자 Mason jar	1858년 미국인 존 랜디스 메이슨이 자신의 이름을 따서 만든 브랜드. 당시만 해도 속이 들여다보이는 투명한 용기에 식재료를 보관하는 방식이 없던 때라, 폭발적인 인기를 끌었다고 한다. 유리 병 뚜껑이 마개와 링이 이중 구조로 되어있어 밀폐력이 뛰어나다. **추천 제품** 크기별로 갖춰두고 쓰면 좋은 와이드 마우스, 레귤러 마우스 시리즈. 와이드 마우스는 입구가 더 넓다. 녹말가루, 튀김가루, 슈거파우더, 코코아파우더, 밀가루까지 요리와 베이킹에 필요한 가루류를 넣어두고 쓰기에 좋다.

by 리미

용도별로 너무나 다양한 칼의 세계

진정한 고수는 연장을 탓하지 않는다. 하지만 우리는 살림의 고수가 되기를 바라는 초보이기에 약간의 연장 탓이 필요한데 그중에서도 가장 중요한 도구가 바로 칼이다. 칼질이 착착 잘되는 날은 왠지 더 맛있는 요리가 만들어지는 것 같고 살림은 더욱 즐거워진다. 내 손에 잘 맞는 좋은 칼을 고르는 것은 부엌살림의 가장 중요한 일이라 해도 과언이 아니다. 우리 집 부엌의 첫 칼은 친정엄마가 수년 전 독일 여행에서, 언제 시집갈지 모를 딸을 위해 미리 장만해두신 일명 쌍둥이칼 헹켈 칼 세트였다. 묵직한 나무 블록까지 세트로 들어온 칼은 지금도 몇 자루는 잘 쓰고 있지만 엄마의 수고와 가격을 생각하면 굳이 세트로 구입할 필요가 있었을까 싶은 것도 사실이다. 잘 쓰는 칼 몇 개만 구입하고 나머지는 내 손과 용도에 맞는 다른 칼을 찾았다면 어땠을까 하는 생각을 종종한다. 우리 집 부엌에 맞는 칼 조합은 과연 무엇일까?

필요한 칼을 현명하게 고르기 위해서는 일단 칼의 종류를 알아야 한다. 무조건 유명한 브랜드의 칼을 사기보다는 자주 먹는 요리를 생각해보고 그에 맞는 칼을 선택하는 것이 좋다. 칼은 재질, 모양, 크기 등에 따라 다양하게 분류하지만 일반적으로 모양에 따라 다음과 같이 분리된다.

대분류	소분류	특징
일반 식도	유럽형 식도	칼 앞부분이 뾰족해서 뼈가 붙은 육류나 해산물 등의 재료를 손질하기 알맞은 칼로 주로 전문가용에서 찾아볼 수 있다. 행켈, 휘슬러 등 유럽 브랜드들의 식도들은 칼등이 두툼한 스타일이 대부분이다.
	아시아 식도	칼 앞부분이 뭉뚝하고 곧게 뻗어있어 칼날 끝까지 재료가 닿는 스타일의 칼. 부드럽고 정확한 커팅이 가능하고 도마에 닿는 면적이 넓으므로 채소를 다지거나 썰 때 좋은 칼이다. 일명 '산토쿠 식도'라 불린다.
과도	과도	과일을 깎거나 자르는데 사용하는 작은 크기의 칼. 날이 짧은 것이 특징이다. 작은 크기의 칼이니만큼 그립감이 좋고 과일이나 채소와 잘 밀착되어 껍질이 쉽게 벗겨지는 칼을 고르는 것이 좋다. 톱날 과도는 토마토처럼 속이 무른 과일을 자를 때 편리하다.
기타 칼	빵칼	칼날이 톱니 모양이라 빵처럼 겉은 딱딱하고 속은 부드러운 음식을 자르기에 적합하다.
	중식도	묵직한 무게감으로 재료를 잘라주는 전문가용 칼. 닭뼈 등 단단한 재료를 자르기 좋고 양배추, 양파 등의 채소 손질에도 용이하다.
	보닝 나이프	날이 점점 좁아지는 작고 뾰족한 칼. 고기의 뼈를 발라내는 데 사용된다.
	필러	작은 손잡이에 긴 칼날이 붙어있어 감자 껍질, 과일 껍질 등을 손쉽게 벗길 수 있는 도구.

철? 세라믹? 소재에 따른 칼의 특징

칼의 종류를 알았다면 다음에 고려해야 할 것은 어떤 소재로 만든 칼을 선택할지 결정해야 한다.

칼은 탄소강, 스테인리스, 세라믹 등 다양한 소재로 만든다. 어떤 소재든 완벽한 칼은 없다. 소재의 장단점을 잘 파악하고 나에게 맞는 소재의 칼을 선택하는 것이 중요하다. 화학적 성분, 함량, 비율 등 칼의 소재를 자세히 공부하기 시작하면 끝이 없지만 우리가 첫 칼을 선택하는 데 필요한 기본 정보들만 간단히 정리를 해보았다.

가정에서 사용할 첫 번째 칼은 스테인리스 칼이 될 확률이 높다. 가장 일반적인 소재인데다 관리가 까다롭지 않기 때문이다. 유명 스테인리스 칼 브랜드들은 회사마다 다양한 원료 조합 비율로 자신들만의 소재를 만들어 특별한 이름을 붙이기도 한다. 칼질에 막연한 두려움을 가지고 있는 사람이라면 세라믹 칼을 선택하는 것도 칼질과 친해질 수 있는 좋은 선택이다.

	탄소강	스테인리스	세라믹
정의	탄소(C)를 0.05~2.1% 함유한 강철 합금	스테인리스 스틸, 얼룩이 없다는 뜻의 강철 합금. 10.5% 혹은 11%의 크롬이 들어간 강철 합금을 말한다.	다이아몬드의 강도를 가진 세라믹 지르코늄 옥사이드 분말을 성형해 고온으로 구워낸 신소재를 말한다.
장점	단단하고 마모가 적다.	녹, 부식이 탄소강에 비해서 적다.	가볍고 절삭력이 우수하며 초보가 사용하기 가장 덜 무섭다. 채소를 잘랐을 때 칼에 붙지 않고 산화가 적다.
단점	녹, 부식이 생기기 쉽다	칼날이 쉽게 마모된다.	뼈, 냉동식품을 자를 때 이가 나가기 쉽다. 전용 칼갈이 도구를 함께 구매해야 한다.
주의사항	세척 즉시 물기를 없애 보관(상온에서 녹이 생길 수 있음). 기름을 발라 코르크를 꽂아 보관하면 녹이 방지된다.	자주 갈아줘야 한다.	단단한 것을 힘주어 자르는 것을 피하고, 누렇게 변색이 되면 베이킹소다를 뿌리고 따뜻한 물로 문질러 닦아준다.

TIP **신혼 초에 꼭 필요한 칼 조합은?**

용도에 따라 다양한 칼을 구비해두면 좋지만 처음부터 다 갖춰놓고 살기는 쉽지 않은 일!
하지만 첫 살림이어도 꼭 구비해야 할 칼들이 있다.

1 메인 식도(칼날 길이 18cm) + 육류칼 + 생선칼
2 과도(칼날 길이 10cm)
3 가위, 필러

위생상 육류용, 생선용, 과일 및 채소용 식도는 구분하여 사용할 것을 추천한다. 하지만 요리를 자주 하지 않는다면 손에 잘 맞는 메인 식도를 정하고 위생 관리에 철저히 신경 쓰며 사용하는 것도 방법이다. 주방용 가위는 식재료에만 사용하도록 관리하고, 감자 등의 껍질을 벗길 때 사용하는 필러도 칼과 함께 꼭 갖추어야 할 필수품이다.

내가 사용하는 칼

아마 칼은 가장 많은 시행착오를 겪은 도구일 것이다. 엄마가 사 주신 쌍둥이칼 세트에서 시작해 한동안은 유행을 따라 교세라(Kyocera)에서 나오는 세라믹 칼을 사용하기도 했다. 하지만 사용하기에 무섭지 않고 정교하게 잘리며, 채소의 변색을 막아주는 세라믹 칼은 많은 장점에도 불구하고 힘이 센 내가 쓰기엔 이가 너무 자주 나가는 단점이 있었다. 5년간의 시행착오 끝에 지금 사용하는 칼과 추천 브랜드 칼을 소개한다.

TIP   **칼을 구입할 때 참고하기 좋은 사이트**

칼은 손에 맞는 그립감이 제일 중요하기 때문에 백화점이나 마트 칼 코너에서 직접 잡아보고 구매하는 것을 추천한다. 하지만 오프라인 숍에서 판매하지 않는 칼이라면 아래 사이트나 아마존 등을 통한 직구가 가능하다. 일반인용 칼부터 전문가용 일본 브랜드의 칼까지 구입이 가능하다.

칼이쓰마 www.kalesma.com
칼백화점 knifemall.co.kr

1. 생선 전용 칼 : 타다후사 / 생선 칼, 10만 원대

해산물을 좋아해 생선 다룰 일이 많아서 생선 전용 칼을 두 개는 구비해두고 있다. 이 칼은 두툼하고 힘이 있어 생선뼈도 큰 힘을 들이지 않고 자를 수 있다.

2. 메인 식도 : 타다후사 / 산도쿠 식도, 10만 원대

기존에 메인 식도로 쓰던 헹켈 칼에 비해 등이 얇아 정교한 작업에 좋다. 일본의 산도쿠 식도들은 비교적 칼등이 얇은 형태가 많은데 칼의 강도는 떨어지지만 정확하고 섬세한 칼질을 할 수 있는 형태라 요리의 재미를 높여준다.

3. 사시미 칼 : 아리츠구 무쇠칼 / 10만 원대

언젠가 집에서 회를 뜨고 싶다는 남편의 염원을 담아 교토에서 구입한 사시미 칼. 사시미 칼치고는 길이가 짧아 그립감이 좋고 무쇠로 만들어져 써는 재미가 있다.

4. 빵칼 : 은식기 빵칼 / 런던 해롯 백화점 구입, 7만 원대

빵 소비가 많은 우리 집에 필수인 빵칼. 절삭력은 헹켈 세트에 포함된 빵칼이 더욱 뛰어나지만 빈티지가 주는 묘한 매력이 있어 몇 년째 애용하고 있다. 관리가 쉽고 잘 잘리는 칼이 필요하다면 스테인리스로 만든 빵칼이 좋다.

5. 가위 : 헹켈 쌍둥이 가위 / 10만 원대

5년 넘게 사용하고 있지만 식재료 손질에 불편함이 없는 헹켈 가위. 세척 후, 물기를 바로 제거해야 오래 사용할 수 있다.

6. 필러 : 세키마고로쿠 / 3만 원대

절삭 부분이 10cm 가까이 되어 빠르게 껍질을 벗길 수 있어 애용하는 제품이다. 칼을 전문으로 만드는 브랜드답게 뛰어난 절삭력을 자랑하지만 초보가 처음부터 사용하기엔 무서울 수 있으므로 주의해야 한다.

7. 과도, 스테이크 나이프 : 에프 베르디에르 / 각각 12유로 , 20유로대

친구가 사용하는 정교한 칼날의 과도를 보고 반해 프랑스에서 직구했다. 나무로 된 손잡이 부분이 손에 착 감기는 느낌이 좋고, 칼날이 얇고 날렵하지만 내구성이 좋다.

8. 버터, 치즈 칼 : 아즈마야 / 빈티지, 5만 원대

도쿄 빈티지 숍에서 구입한 아즈마야의 버터 나이프. 커틀러리라고 생각하고 구입한 나이프지만 의외로 절삭력이 좋아 버터나 치즈를 자를 때 유용하다.

취향에 따라 쓰는
다양한 살림 도구.

by 영지

살림 도구는 요리가 하고 싶어지는 숨은 조력자다. 절구를 산 날에는 레스토랑에서나 나오는 올리브와 레몬즙을 갈아 타프나드 소스를 만들겠다는 의지가 생겼고, 치즈 그레이터를 구입했던 날에는 치즈를 산처럼 소복히 갈아얹은 그라탱이 만들고 싶어졌다. 오래 사용해서 손에 익은 살림 도구가 부엌 곳곳에 비치돼있으면 요리할 때 신이 난다. 지금 앉아있는 자리에서도 저 서랍에는 무를 가는 강판을 넣어두었지, 아일랜드 식탁 두 번째 칸에는 계량저울이 들어있지, 하고 도구를 차례대로 떠올릴 수 있다.

물건의 위치가 자연스럽게 떠오를 때쯤이면 처음에는 어렵고 복잡하게만 느껴졌던 여러 가지 요리들이 좀 더 쉽게 다가온다. 신혼 초에는 양배추 샐러드조차 어렵다고 생각했지만, 지금은 부엌 개수대 앞에 걸려있는 채칼을 떠올리며 '양배추 샐러드쯤이야' 하고 생각한다. 늘 망치던 솥밥도 쌀과 물의 양을 정확히 계량해주는 계량저울을 들인 뒤부터는 실패하지 않는다. 잡지에서만 보던 세척 브러시를 들인 뒤에는 와인 잔, 거름망, 무쇠 냄비 등 어떤 기물도 깨끗하게 닦아낼 자신이 생겼다. 좋은 도구는 요리뿐 아니라 설거지까지 즐겁게 만들어준다.

이어지는 살림 도구 모음은, 지금 우리가 쓰고 있는 살림 도구 중 일주일에 몇 번씩 꺼내 쓰는 훌륭한 주방의 조력자들이다. 이 물건들은 앞으로 바뀔 수도 있다. 같은 물건이지만 브랜드가 달라질 수도 있고, 아예 쓰지 않는 살림이 될 수도 있다. 하지만 그런 불확실성조차도 살림의 매력이라고 생각한다. 모든 게 정해지고 확고한 살림이 아니라, 취향을 알아가고 배워가지만 실패 없는 살림. 그게 지금 우리 살림 도구가 보여주는 첫 살림의 단면이다.

나무와 스테인리스 소재의 조리도구

국자, 망 등은 위생적인 스테인리스 스틸 소재를 선호하고, 주걱 등은 팬 표면을 손상시키지 않는 나무 소재를 선호한다. 스테인리스 국자, 망은 아이자와 공방 제품, 나무 소재 주걱은 이가모노, 윌리엄소노마 제품.

나무 소재의 조리도구들

내추럴한 느낌의 나무 소재 조리도구. 나무 소재의 도구는 세제를 잘 흡수하므로 두 달에 한 번 정도 오일 코팅을 해주고 물에 오래 담가 두지 않으며, 사용 후 바로 세척해 물기를 제거해야 한다.

은식기와 스테인리스 조리도구, 커틀러리

여행 중 백화점, 빈티지 마켓 등에서 수집한 은식기와 조리도구. 부지런히 세척을 하며 사용해야 하는 번거로움이 있지만 세월이 흐를수록 더욱 아름다워지는 매력을 가졌다.

나무 트레이

트레이처럼 두루두루 유용하게 사용하는 도구는 흔치 않다. 부엌에서 식탁으로 음식을 옮길 때, 1인용 상차림을 할 때 등등 다양하게 활용이 가능해 다양한 크기로 구비해둔다. 옻칠 쟁반들은 허명욱 작가의 작품과 도쿄 타임 앤 스타일(Time & Style)에서 구입한 제품이며, 나무 트레이는 츠쿠타 신고 작가의 작품.

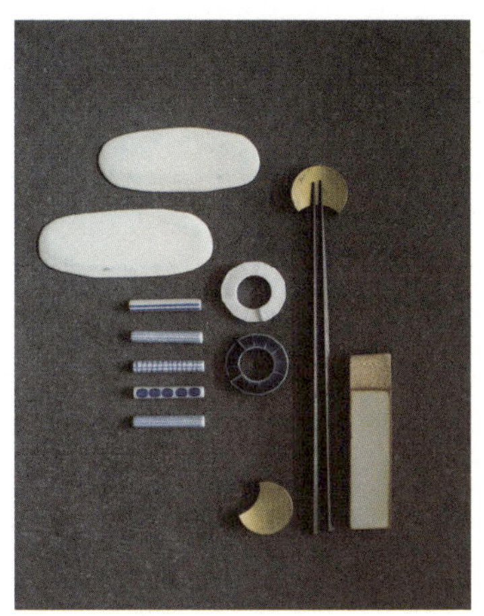

수저, 젓가락 받침

신혼 때부터 모은 젓가락 받침들. 숟가락을 함께 놓을
수 있는 크기의 제품은 화소반, 정소영의 식기장 등에
서 구입하였고 젓가락 받침은 아즈마야 등 일본 브랜
드의 제품들이다.

도마

조리를 위한 도마도 있지만 식탁에 도마 그대로
를 올리는 세팅을 좋아해 다양한 크기의 도마를
구비해두었다. 김치 등을 썰 때는 물이 쉽게 들지
않는 에피큐리언 제품을, 여기저기 사용하는 큰
크기의 히노키 도마는 자주에서 구입했다.

티 테이블 웨어

티타임을 위한 티 보관함, 티잔, 티
스트레이너. 티 보관함은 윌리엄소
노마, 카이카도, 카미 제품, 티 스트
레이너는 벨로크 제품이다.

요리할 때 유용한 조리도구

1 제이미올리버 돌절구 **2** 마이크로플레인 채칼 **3** 마이크로플레인 치즈 그레이터 **4** 윌리엄소노마 스패츌러 **5** 온라인 잡화점에서 구입한 고기망치 **6** 버터나 기름칠용 르크루제 붓 스패츌러 **7** 크리스텔 온도계 **8** 무인양품 실리콘 주걱 **9** 파이렉스 계량컵 **10** 육수 건지개용 크리스텔 스테인리스 체

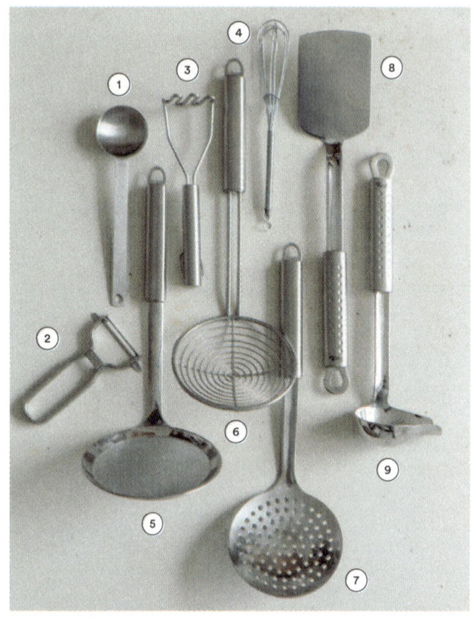

주방에서 자주 쓰는 조리도구

1 무인양품 계량스푼 **2** 무인양품 감자칼 **3** 무인양품 감자매셔 **4** 무인양품 거품기 **5, 6, 7** 재료의 크기에 따라 선택해서 쓰는 크리스텔 건지개 **8** 휘슬러 뒤집개 **9** 휘슬러 소스 국자

나무 트레이

일본, 프랑스, 태국 등 세계 각국에서 구입한 도마와 트레이들. 도마는 치즈나 허브, 올리브 등 와인 안주를 세팅할 때 쓰는 세팅 보드 역할을 한다.

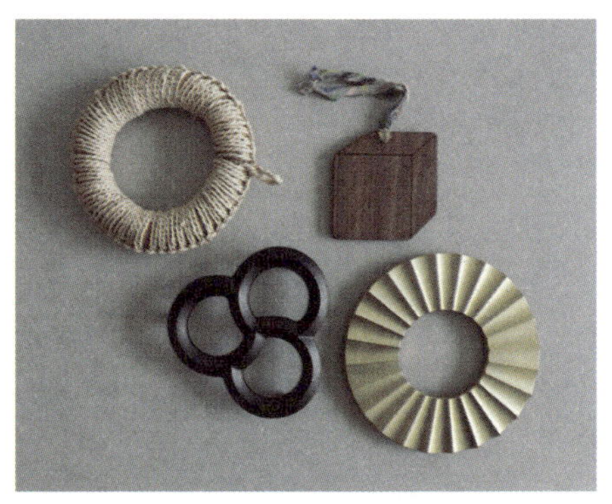

냄비 받침

가볍고 저렴한 코르크 받침을 쓰다가
얼룩지고 눌어붙는 게 싫어서 금속이나
나무로만 통일해서 쓴다.

버터 나이프

간단한 아침 식사를 빛내주는
아름다운 조연, 버터 나이프.

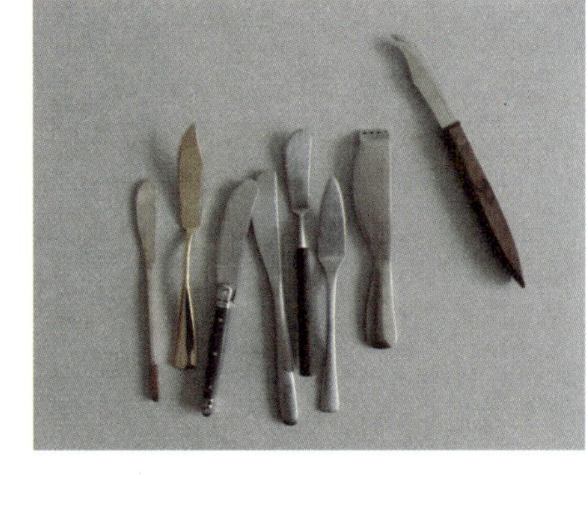

테이블 클로스

부엌의 살림꾼, 리넨 클로스. 무인양품,
테이블앤피겨스의 리넨을 섞어 쓴다.

와인용품

르크루제 진공 세이버와 잔을 세척하는
구슬 형태의 리델 보틀 클리너,
그리고 늘 사용하는 리델 잔.

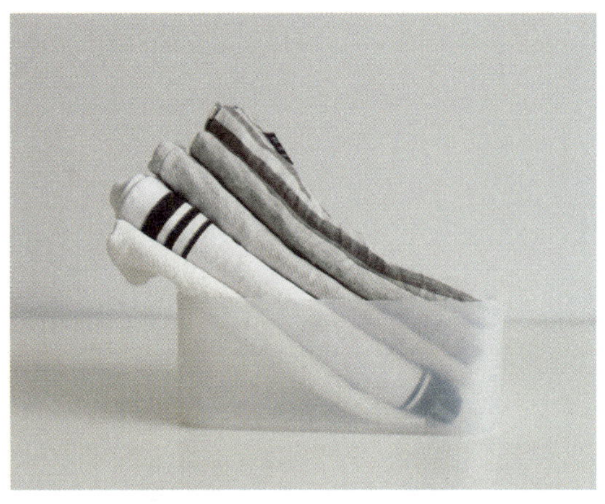

가
전
제
품

HOME APPLIANCES
FOR EVERYDAY LIFE

냉장고부터 토스터까지
부엌 필수 가전제품 7

오래 두고 쓰는 만큼 신중하게
결정해야 하는 냉장고

냉장고, 세탁기, 에어컨. 소위 3대 백색가전은 혼수 리스트 윗줄에 있다. 꼭 필요한 가전제품이기도 하지만, 동시에 신혼부부가 후회하기 쉬운 가전이기도 하다. 취향 없이 덜컥 구입하고 나중에 후회해봤자 되팔기도, 버리기도 아깝다. 세 가지를 한 번에 사면 할인을 해준다는 말보다는, 하나씩 따로 사더라도 마음에 드는 걸 결정하고 사야 1년 후 후회하지 않는다.

나 역시 이 할인의 함정을 피하지 못했다. 우연히 결혼 전 들린 대형마트에서 세 가지를 덜컥 계약해버렸다(심지어 이 매장은 우리 부부가 방문한 첫 번째 가전제품 매장이었다는 것!). 가장 후회하는 것은 냉장고다. 2009년 당시 유행하던 꽃무늬 냉장고를 피하고자 심플한 스테인리스면 충분하다고 고른 게 첫 번째 실수였다. 당시 유행하던 속이 깊은 양문형 제품, 용량 810L를 구입했다.

택배 박스만 한 반찬통을 여러 개 쌓아두는 대가족 살림이 아닌

TIP

가전제품을 추천하는 건 말 그대로 '밑 빠진 독에 물을 붓는 일'이다. 모델별로 장착된 기능이 다를 뿐더러, 몇 달 지나고 나면 구입한 가전제품의 최신 성능을 다른 브랜드에서도 장착해 팔고 있을 가능성이 높다. 하지만 모든 기능을 완벽하게 갖춘 가전제품은 없다는 것. 각각의 제품이 갖고 있는 기능이 내가 정말 필요한 것인지 체크하면, 수많은 신제품 홍수 속에서 현명하게 혼수가전을 구입할 수 있다.

이상, 속 깊은 냉장고는 빨리빨리 먹고 소비해야 하는 신혼살림에 아무쓸모가 없었다. 안쪽에 넣은 건 찾을 수도 없고, 보이지도 않는다. 밀폐 용기에 담아 깔끔히 보관해도, 안쪽에 둔 재료는 유통기한이 지나 발견된다.

르꼬르동블루에서 같이 수업을 듣는 살림 25년차 프로주부 혜경 언니는 "나 이번에 슬림형 냉장고 샀는데, 너무 편해"라는 말로 3년 가까이 계속됐던 나의 냉장고 고민을 단숨에 해결해주었다. 인기 품목이 아니라 비싸지도 않고 속이 깊지 않아 정말 편하단다. 게다가 보통 아파트 부엌의 냉장고 자리에 넣으면 보기 싫게 튀어나오는 여느 냉장고와 달리, 안에 쏙 들어가서 보기에도 좋다고.

결정만 하면 전셋집 김치냉장고도 단숨에 팔아버리는 나는 냉장고 고민에 대한 정답을 찾았지만 애석하게도 아직도 냉장고를 바꾸지 못했다. 고작 3년 쓴 냉장고를 헐값에 보내고 새 냉장고를 들일 마음의 준비가 되지 않았기 때문이다. 언젠가 슬림형 냉장고를 들일 그날을 기다리며, 지금은 그저 애석한 기분이다.

혼수로 아무 고민 없이 구입한
양문형 냉장고.

1 스테인리스냐 백색이냐

백색가전이란 말이 무색하게 스테인리스 냉장고의 인기는 꽤 오래 지속되고 있다. 백색가전은 독일 리페르 냉장고나 수입되지 않은 일본 무인양품 냉장고, 국산 중소기업 제품 중에서 눈을 씻고 찾아봐야 할 정도. 우리 집 냉장고도 스테인리스이다. 흰색 냉장고는 생각도 못하고 덜컥 구입했는데, 스테인리스 냉장고는 이사하면서 의자 받침에 찍힌 흠터가 적나라하게 보이고 여닫을 때마다 지문이 찍힌다는 단점이 있다. 백색 냉장고는 흰색이지만 강화유리를 사용해, 깨지지 않는 이상 크고 작은 상처는 눈에 잘 띄지 않는다는 장점이 있다.

2 양문형이냐 일반형이냐

양문형 냉장고는 속이 깊어 식재료를 찾기가 어렵고, 가로 너비는 좁아 은근히 비효율적인 공간이 많다. 하지만 수박같이 덩치 큰 과일을 보관할 때는 편리하다. 일반형 냉장고는 수납공간이 효율적인 대신 큰 식재료 보관은 어렵다. 넉넉하고 깊은 양문형이 좋은지, 반대로 수납을 효율적으로 할 수 있는 일반형이 좋은지부터 결정해야 한다. 보관할 식재료가 많지 않다면 용량이 작은 일반형 냉장고로도 충분하다.

3 2도어냐 4도어냐

말 그대로 문이 2개인 것과 4개인 것의 차이. 4도어가 최신 모델이지만 생각보다 불편한 점도 많다. 냉동실이 부족하거나 식재료를 많이 수납할 수 없다는 평이 공통적이다. 식재료 위치가 기억나지 않아 문을 두 번 열게 된다는 평도 있다. 대신 네 칸 중 한 칸을 김치냉장고로 활용할 수 있다는 건 장점. 이렇게 사용하면 냉동실은 한 칸이 되는데, 신혼부부일수록 냉동보관하는 식재료가 은근히 많아서 냉동실이 아쉬울 수 있다.

4 슬림형이냐 속 깊은 형이냐

나는 슬림형을 선호하지만, 아이가 태어나고 가족이 늘어날 몇 년 후를 생각하면 무조건 슬림형 냉장고만 고집해서도 안 된다. 식재료를 보관하는 양 자체가 달라지기 때문이다. 가전제품은 최소 5년, 10년을 두고 쓰는 품목이니 어떤 쪽을 선택할지 신중히 고려해야 한다.

───────

요리와 베이킹에 맞는
오븐을 선택하라

2013년 여름에 입주한 신혼집에는 빌트인 가스오븐이 포함돼있었다. 하지만 가스오븐으로 요리하는 거창한 레시피가 아직 없었기에 머핀이나 쿠키를 구울 수 있는 홈베이킹용 오븐이 더 절실했다. 가스오븐에 제과류를 구우면 먹음직스럽게 갈라지지 않고 마카롱처럼 섬세한 디저트를 만들 때는 온도가 들쑥날쑥해 만들기 어렵다. 가스오븐이 있는 집에 필요한 건 가스오븐 기능을 포함한 광파오븐이 아니라 홈베이킹에 적합한 컨벡션 오븐! 브랜드를 알아보고 지인에게 추천받아 30만 원 정도에 에스코 오븐을 구입했다. 이후 3년 동안 우리 집 오븐은 케이크와 쿠키를 굽느라 '열일'하고 있다. 오븐은 종류도 다양하고 분류만으로는 어떤 기능인지 짐작하기 어려워 고를 때 골치가 아프다. 우선 오븐을 두는 위치(그에 적합한 크기)와 자주 요리하는 종목(요리인지, 베이킹인지, 해동용인지)을 파악한 뒤 구입을 결정하는 것이 좋다.

가스오븐

가스를 쓰는 방식이라 가스비가 나오는 오븐이다. 밑불이 약하고 윗불이 강해 열이 고루 전달되지 않아 베이킹할 때는 아쉽다. 팬을 위아래로 바꿔줘야 하고, 섬세한 제과류를 만들 때 결과물이 고르지 않다. 가스레인지 아래 붙어있는 구조라 요즘 신형 아파트나 오피스텔에는 가스레인지와 가스오븐이 빌트인 형식으로 자체 설계된 집이 많다. 별도로 설치하기에는 공사가 복잡하니 빌트인 가스오븐이 없다면 굳이 추천하지 않는다. 우리 집에서는 로스트 치킨, 그릴 샐러드처럼 손님이 왔을 때 내기 좋은 한 그릇 파티 요리를 주로 만든다. 요리를 즐겨 하고, 집에 빌트인 오븐이 아예 없다면 기본 오븐으로 추천한다.

새 아파트라 가스오븐이 빌트인으로 포함된 부엌.

컨벡션 오븐

전기를 이용해 뜨거운 열을 발생시키고, 이 열이 내부에 골고루 순환되는 방식의 오븐. 연전도율이 일정해 홈베이킹할 때 적합한 오븐이다. 열풍으로 인해 식재료의 수분이 말라버릴 수 있어 베이킹이 아닌 요리를 할 때는 부적절할 수 있다. 요리보다는 홈베이킹에 관심이 많고, 가스오븐이 있는 집에 서브로 추천하는 제품이다.

제과용으로 구입한 에스코 컨벡션 오븐.

TIP　　　　　　　　　　　　　　　컨벡션 오븐 인기 브랜드

1 위즈웰(Wiswell) 발효 기능이 있어 발효빵을 만들 수 있다. 온도 조절이 정확하지 않지만 인기 컨벡션 오븐 중 가격대가 착한 편. / **10만 원대.**

2 에스코(Esco) 온도가 정확하고 안정적이라 베이킹용 컨벡션 오븐으로 인기가 높다. / **30만 원대.**

3 지에라(Gierr) 열풍이 쎄지 않고 고르게 불어 섬세한 베이킹을 하기에 제격. / **100만 원대 중반.**

4 스메그(Smeg) '오븐계의 벤츠'라는 재미있는 별명으로 불리는 오븐. 온도 오차가 거의 없고 다이얼 레버와 시작, 멈춤 버튼만 있는 단순한 구조다. 지에라, 스메그 오븐 모두 베이커리에서 사용할 정도 정도로 성능이 뛰어나다. / **100만 원대 중후반.**

광파오븐

전기를 쓰는 방식이라 전기세가 들지만 가스오븐보다 작아서 좁은 공간에 유용하다. 전자레인지 대용으로 쓰기에도 좋고 간단한 홈베이킹도 가능하다. 단, 본체가 큰 편이 아니라 손님 상을 차릴 일이 많은 집에서는 불편할 수 있다. 오븐 본체에 열이 많이 발생하지 않는다. 전자레인지 기능과 열을 골고루 전달하는 컨벡스 오븐 기능, 그릴 기능까지 포함된 올인원 오븐이라 신혼부부가 선호하는 가전이기도 하다. 요리부터 베이킹에 이르기까지 다양한 용도로 활용할 계획이 있고, 가스오븐이 없는 집에 올인원 용도로 추천한다.

TIP   **오븐을 살 때 고려해야 하는 것**

1 열선이 드러나지 않고 가려진 오븐이 음식물이 튀거나 굳지 않아 청소가 편하다는 게 일반적인 평이다. 열선이 드러난 제품은 사용 후 바로 스팀타월로 닦아야 하는 번거로움이 있다.

2 요리를 자주 하지 않는다면 광파오븐이 갖춘 조리 기능은 무용지물이 될 수도 있다. 소형 전자레인지만으로 충분할 수 있으니 한 달 정도 식생활 패턴을 본 뒤 구입을 결정하는 것이 좋다.

간편한 요리를 돕는
전자레인지

요리를 자주 하는 집도, 자주 하지 않는 집도 생각보다 자주 쓰게 되는 게 전자레인지다. 냉동이나 반조리 식품을 자주 먹는 집은 물론, 요리를 자주 하는 이들도 '없으면 불편하다'고 입을 모아 말하는 가전제품. 우리 집은 가스오븐과 컨벡션 오븐이 있는 상태라 전자레인지 둘 곳이 없어 아직 구입하지 못했지만 조만간 구입할 가능성이 가장 높은 품목이다. 리미의 말에 따르면 "오븐 기능이 있는 전자레인지를 쓰면 생선을 그릴 기능으로 구워 간단히 식사할 때 유용하다"고. 집이 좁으면 덩치 큰 오븐보다 더 효율적일 수 있다.

TIP 전자레인지 고르기

오븐 기능이 강화된 전자레인지가 아니라면, 기능은 비슷비슷하다. 해동하는 용도로만 쓴다면 5~7만 원대 소형 전자레인지를 구입하자. 가전제품의 성지 하이마트에서 부동의 1위를 차지하고 있는 제품도 동부대우전자에서 나온 5만 원대 다이얼형 전자레인지다.

다양하게 활용하는
가스레인지&전기레인지

가스레인지와 전기레인지의 장점을 완벽하게 갖춘 레인지는 없을까? 빌트인 가스레인지와 결혼 3년차에 구입한 하이브리드 전기레인지(인덕션+하이라이터)를 사용하면서 생각했다. 왜냐하면 세 가지 다 한식, 양식, 중식을 조리하기에 적합하기도, 그렇지 않기도 하기 때문이다. 최근에는 가스레인지로 조리할 때 생기는 연기와 유해가스가 몸에 해로울 수 있다는 연구 결과가 알려지면서 전기레인지를 선호하는 추세이지만, 화력이 쎈 가스레인지는 성격 급한 주부가 빨리빨리 요리하기에 참 편리한 열원이다. 반면 인덕션, 하이라이터는 냄비나 팬에 열을 골고루 전달해서 보다 안정적인 요리가 가능하다는 게 매력. 나는 손님을 초대할 일이 많아 세 가지를 야금야금 다 구입하긴 했지만 맞벌이 부부, 데이트하기도 바쁜 신혼부부에겐 셋 중 하나만 있어도 집밥을 하는 데는 무리가 없다. 이중 어떤 열원이 우리 집에 적합할지 검토해보고 준비하는 것이 좋다.

가스레인지

가스레인지의 장점은 화력이 세고 예열 시간이 전기레인지에 비해 짧게 느껴진다는 점이다. 중식처럼 '불맛'이 필요한 요리를 할 때는 물론 오징어를 매콤하게 볶을 때마저도 강한 화력이 절실하다. 물을 끓이고 갖은 재료를 넣고 장을 풀어 20~30분 안에 조리하는 한식 찌개나 국을 끓일 때(물론 오래 끓이면 더 맛있다), 불의 강약만 조절해 짓는 솥밥을 완성할 때도 필수다.

요즘 가스레인지, 진화했다

국산 가스레인지는 SK매직(구 동양매직)과 린나이, 두 개의 브랜드가 점유율이 높다. 가스레인지를 직접 구입해본 적이 없어서 두 곳의 사이트를 가서 꼼꼼히 비교해봤더니 옛날에 내가 생각하던 가스레인지와 달라서 깜짝 놀랐다. 우선 기름 때를 세척하는 게 가장 큰일이었던 상판이 티타늄, 하이글로시 소재로 진화했다. 스마트폰과 연동되어 자동으로 꺼지는 기능이 있는 레인지, 하단에 슬라이드 형태 그릴이 포함돼 기름이 튀거나 냄새가 배지 않는 가스레인지까지 그야말로 눈부신 발전이다. 마찬가지로 모든 기능이 완벽하게 장착된 '파워레인지'는 없다. 어떤 요리를 할 때 쓸 지, 꼼꼼히 따져보자.

전기레인지 — 인덕션

전자레인지와 어감은 비슷하지만, 전혀 다른 가전제품이다. 전기레인지에 속하는 인덕션과 하이라이터는 각각 다른 열원으로 작동한다. 인덕션은 자기장을 이용해 조리 용기를 직접 가열하는 방식이라 열 손실이 없고, 상판도 가스레인지처럼 뜨거워지지 않는 게 특징. 대신 스테인리스나 법랑, 주철 등 자성이 있는 용기만 쓸 수 있어 무쇠, 뚝배기, 유리 냄비가 많은 집은 사용이 불가능하다. 최근 휘슬러, 밀레 등 프리미엄 레인지 브랜드에서 '파워 가열 기능'이 장착된 제품을 선보였는데, 해당 기능을 이용하면 1분도 되지 않아 냄비에 올린 물이 팔팔 끓어 라면 끓이는 것부터 쉬워진다. 인덕션 전용 뚝배기나 유리 냄비도 점차 출시되는 추세다.

우리 집에서 사용하는 메인 냄비와 프라이팬의 재질을 확인할 것. 주로 스테인리스 냄비를 쓰는 집이라면 인덕션만으로도 요리하는 데 아무런 불편함이 없다.

불조절하기 편해서 평생 포기할 수 없을 것 같은 가스레인지(좌).
인덕션과 하이라이터가 결합된 모델. 각각의 장점이 달라 유용하다(우).

전기레인지 — 하이라이터

세라믹 상판 아래 장착된 니크롬선에 흐르는 전류로 냄비를 가열한다. 전기열인만큼 화력은 인덕션보다 약하고, 인덕션과 달리 상판이 뜨거워진다는 게 단점. 오랫동안 뭉근히 익히거나 끓이는 서양 요리를 만들거나 육수 낼 때, 소스를 만들 때 유용하다. 구조가 인덕션보다 단순해 유지, 보수하기 수월한 것도 장점이다.

> **TIP**
>
> 한식, 중식처럼 빨리 끓이거나 볶는 요리를 자주 먹는다면 하이라이터는 불편하다. 가스레인지 화력에 익숙하다면 하이라이터가 답답할 수 있으니, 친구 집에서라도 화력의 강도를 확인한 뒤 구입해야 후회가 없다.

전기레인지 — 하이브리드(인덕션+하이라이터)

최근에는 인덕션과 하이라이터 기능을 합친 하이브리드 형태도 나왔다. 한쪽에서는 오래 조리하는 요리를, 한쪽에서는 빨리 조리하는 요리를 할 수 있어 이상적인 구조다.

독일의 가전제품 기술력은 이미 전 세계적으로 인정받았다. 공기청정기, 청소기 브랜드 중에
도 명품이 많은 나라다. 재밌게도 정확한 열원과 내구성, 안전성을 갖춰 주부들이 공식처럼
꼽는 인덕션&하이라이터 브랜드 TOP3 중 두 개 브랜드가 독일 제품이다. 독일 내에서 가장
인지도 있고 대중적인 브랜드로 일렉트로룩스가 인수한 아에게와 지멘스. 둘 다 200만 원대
라 가격이 저렴하지는 않지만, 한번 구입하면 반영구적으로 쓰기 때문에 상대적으로 높은 가
격은 아닐 수도 있다.
디트리쉬는 프랑스 브랜드로 모든 상판이 프리존이라서, 화구에 맞춰 냄비를 쓰는 다른 브랜
드의 레인지에 비해 사용이 자유롭다.

―――――

블렌더 VS 푸드프로세서 VS 핸드블렌더

지난 3년간 세 가지 품목을 모두 사용해본 결과를 솔직히 고백한다. 적당히 집밥 정도만 만드는(그나마 할 시간도 부족한) 신혼부부에게 필요한 건 핸드블렌더와 채칼이라고 생각한다. 참고로 블렌더는 1922년 미국인이 발명한 분쇄기이다. 일본에서 사용하는 믹서라는 단어는 올바른 표기가 아니다.

해당 제품군 중 우리 집에 가장 먼저 입성한 건 푸드프로세서다. 명칭 그대로 칼날을 바꿔가며 채를 썰거나, 다지거나, 으깰 수 있는, 식재료를 가공해주는 도구다. 분쇄력도 뛰어나고 식재료를 다듬는 기능도 포함되어 신혼집에서 사랑받는 가전제품이다. 하지만 지난해부터 본격적으로 요리에 재미를 들인 나는, 딱딱한 갑각류를 넣고 갈다가 온갖 내용물이 다 튀어나와 부엌 바닥을 어지럽힌 참사를 경험한 뒤 오직 분쇄력에만 초점을 맞춘 '정통 블렌더'가 갖고 싶었다. 게다가 푸드프로세서는 칼날을 교체하거나 세척하는 게 번거로웠다.

그래서 코스트코에서 '철근도 갈아준다'는 미국의 바이타믹스(부유물질 이슈가 있으나 다행히 구입한 제품은 정상이었다)를 구입했다. 듣던 대로 분쇄력은 최고였다. 과일과 채소, 얼음을 넣고 갈면 원하는 카페 스무디가 완성됐다. 요리를 좋아하고 자주 하는 나에겐 최고의 선택이었다.

하지만 신혼집에 싱크대 상판의 절반 정도를 차지하는 이 고가의 가전제품(푸드프로세서 20만 원, 바이타믹스 60만 원)이 과연 필요할까? 내

대답은 'NO'이다. 철갑새우 수프와 고급 스무디를 만들기 위해 80만 원을 지출하느니, 그냥 사먹는 게 나을 수도 있다.

요즘 우리 집 부엌에서 가장 자주 사용하는 건 핸드블렌더다. 1~2*l*짜리 블렌더보다 작고 다지기, 거품기 등 여러 가지 기능이 장착되어 편하게 쓰기 좋다. 내가 쓰는 건 필립스 아방세 블렌더로 거품기는 생크림을 휘핑해서 베이킹할 때 쓰고 금속 방망이로는 재료를 꾹꾹 눌러 분쇄해 스무디를 만든다. 다지기 용기에 넣고 칼날을 장착하면 버섯, 양파, 당근 등 재료를 원하는 크기로 단시간에 손질해준다. 가느다랗고 길게 채를 썰 때는 어차피 당근 하나, 양배추 한 개 정도라 미국의 마이크로플레인 채칼을 사용해서 후딱 해치운다. 푸드프로세서와 블렌더는 다용도실 수납장에 들어가있다. 신혼 부엌에는 핸드블렌더와 채칼, 이 두 가지만으로도 충분하다는 얘기다.

주스를 갈거나 밑반찬, 찌개용 채소 다질 때 유용한 핸드블렌더(좌).
강력한 분쇄력을 자랑하는 바이타믹스 블렌더(우).

종류	특징
블렌더	1922년 미국에서 처음 발명되었다. 원래 밀크셰이크용 재료를 혼합하기 위한 용도로 쓰였다. 곧 외식산업계와 가정으로 빠르게 전파되었는데, 80~90년대 우리나라에서는 맷돌이 했던 역할, 즉 가루류를 빻거나 콩을 갈아 콩국수를 만드는 용도로 많이 쓰였다. 얼음, 견과류 등 딱딱한 식재료를 곱게 갈아주는 분쇄력이 기본인지라, 칼날이 날카롭고 엔진이 강력할수록 가격이 비싸다. 요즘은 분쇄력 뛰어난 핸드블렌더도 출시되고 있으므로 꼭 고가의 블렌더를 갖출 필요는 없다.
푸드프로세서	블렌더가 미국인의 작품이라면 푸드프로세서는 프랑스 출신 영업사원의 발명품. 블렌더와 핸드블렌더의 장점을 고루 갖췄다. 간단한 홈베이킹에 적합한 반죽, 거품 기능도 있어 다용도로 활용할 수 있다. 칼날의 모양이나 종류도 단순히 다지는 기능만 갖춘 핸드블렌더보다 훨씬 더 다양하다. 부지런하고 요리에 호기심이 많은 주부라면 써볼 만하다.
핸드블렌더	일명 도깨비방망이. 분쇄 기능을 갖춘 블렌더에 다지기, 거품기 등 조리할 때 자주 쓰는 추가적인 기능을 더한 '요술방망이'다. 블렌더보다 크기도 작고, 도구와 본체를 간편하게 분리할 수 있어 신혼 부엌에 추천한다.

커피 머신은
취향과 효율성을 따져서 고른다

3년차 신혼 주부가 겪는 시행착오는 커피 머신에서도 발생했다. 2013년에는 쿠진아트 커피 머신을, 2014년에는 드롱기 에스프레소 머신을 구입했고, 2015년에는 네스프레소 머신을 구입하며 캡슐 커피로 정착했다. 그리고 2016년에는 핸드드립 세트를 추가로 구매했다. 바쁠 때는 캡슐 커피를 마시고 주말에 여유가 있으면 드립 커피를 마신다. 그리고 지금의 결정에 만족한다.

쿠진아트 커피 머신은 6인용 이상 커피를 내릴 수 있는 대용량에 보온 기능이 있고, 원두를 자동으로 갈아주는 그라인더가 포함된 형태라 버튼만 누르면 커피가 완성되는 손쉬운 형태였다. 하지만 크기가 꽤 컸고, 손님이 오는 횟수에 비해 효율적이지 않아 우리 집을 떠나게 되었다. 드롱기 에스프레소 머신은 50만 원이 넘지 않는 선에서 드립 커피가 아닌 진한 에스프레소 커피를 마시고 싶다는 바람과, 빈티지한 외관에 반해 구

여러 가지 커피 머신을 사용하다가 정착한
드롱기 원두 그라인더와 킨토 드리퍼.

입했다. 하지만 진한 에스프레소가 추출되지 않았고 비싼 원두에 비해 기능을 다하지 못해 이 머신 또한 우리 집을 떠났다. 아예 200만 원이 훌쩍 넘는 고가의 에스프레소 머신에 투자하느냐, 핸드드립 커피를 내려 마시느냐 고민하다가 갑자기 회사일이 너무 바빠져 아침에 물 한 잔 마실 시간도 없는 시기가 닥쳤다. 그때 구입한 게 네스프레소 캡슐 머신. 버튼만 누르면 에스프레소, 아메리카노를 마실 수 있는 데다 수시로 출시하는 트렌디한 캡슐을 쇼핑하는 재미도 있어 구입하게 되었다. 신선한 원두를 바로 갈아서 커피를 내리는 것과 비교하면 분명히 맛의 차이가 있지만 카페인이 절실한 아침, 커피를 사지 못하고 출근하는 괴로움에 비하면 그야말로 꿀맛이라 할 수 있겠다.

회사를 그만두고 제일 먼저 한 일은 일본에 사는 고등학교 친구 김희수에게 부탁해 4~5인용 대형 핸드드립 포트를 주문한 일이다. 원래 사용하던 칼리타 드립 포트보다 유리가 얇고 디자인이 유려해 첫눈에 반했다. 드립 커피는 에스프레소처럼 원두의 지방질을 추출하는 진한 맛이 아니라, 원두의 기승전결이 섬세하게 우러나는, 사람의 손길로 내리는 커피다. 평소 캡슐 커피를 마시더라도 기본 드립 세트를 하나쯤 갖춰놓고 주말 아침 남편과 식사한 후, 물을 끓이고 커피를 내리며 도란도란 대화하는 시간은 신혼 때 누릴 수 있는 달콤한 낭만이다.

TIP

전자동 머신은 원두 그라인딩부터 추출까지 단숨에 해결돼서 사용이 편하다. 드립 커피의 부드러운 맛이 아니라 정통 이탈리아식 에스프레소와 아메리카노를 마시기 좋다. 하지만 손으로 추출하는 재미를 느끼고 싶다면 도구도 간편하고 내리는 즐거움도 있는 핸드드립이 정답이다. 커피 원두를 구입해 바꿔가며 마시는 재미도 핸드드립 방식에서 극대화된다. 처음부터 큰 머신을 사는 게 부담스럽다면, 핸드드립으로 시작해 다른 기계로 바꿔나가는 게 좋다.

우리 집 필수 가전제품 전기주전자

구입할 때도, 사용하면서도 한 번도 의문을 가져본 적 없는 그야말로 필수 가전제품. 핸드드립 커피를 내릴 때, 찻잎을 우릴 때, 컵라면을 먹을 때 등등 일상생활에 쓰임이 많다. 직화 주전자를 쓰는 집에서는 보리차나 옥수수차를 주전자로 바로 끓일 수 있지만, 전기주전자는 시판하는 다싯백에 내용물을 담고 별도의 용기에 전기주전자의 뜨거운 물을 부어 우려내야 한다는 게 번거롭지만. 크게 불편할 정도는 아니다.

켄우드, 테팔, 필립스 등 세 가지의 주전자를 사용해보았는데, 지금 사용하는 필립스 전기주전자는 100도, 90도, 80도, 40도 등 온도를 설정할 수 있는 버튼이 있어 아주 편하다.

물의 온도를 조절할 수 있어 차 마실 때,
커피 내릴 때 유용한 필립스 전기주전자.

TIP

집에서 핸드드립 커피를 내려 마신다면 처음부터 드립형 전기주전자를 구입하는 게 나을 수도 있다. 주둥이가 가느다란 곡선형이라 차를 마실 때도 따르기 편하다.

———

빵순이를 위한 최고의 토스터

도쿄 긴자에는 독특한 빵집이 하나 있다. 주문하기 전 매장 한쪽에 진열된 토스터 중 하나를 고르고 거기에 주문한 식빵을 원하는 스타일로 구워먹는 빵집 '센트레'다. 그때 진열된 토스터를 보면서 세상에는 참 다양한 토스터가 있다는 걸 깨달았다. 결론적으로, 우리 집에는 토스터가 없다. 빵을 즐겨 먹지 않기 때문이다. 모든 신혼집에 다 있는 전자레인지와 토스터를 구입하지 않기로 마음먹는 일은 쉬웠다. 자주 사용하지 않는다는 확신이 있었고, 그 생각이 맞았다.

반면 리미네 집은 우리 집과 반대다. 빵 소비량이 엄청난 '빵과 유제품 마니아'다. 리미네 집에서 쓰는 토스터는 일본의 발뮤다 제품이다. '돌덩어리처럼 딱딱하게 죽은 식빵도 살려낸다'는 소문이 돌기도 했는데, 리미의 경험에 의하면 사실이라고. 리미에게 발뮤다의 장점에 대해 물어보았더니, 이런 대답이 돌아왔다. "빵순이의 삶은 발뮤다가 없었던 때와 있을 때로 나뉘어"라고. 아, 갑자기 토스터가 사고 싶어졌다.

주방의 아일랜드 식탁 위에 놓인
발뮤다 토스터.

바쁜 맞벌이 부부와 초보 주부에게 힘이 되는 가전제품

식기세척기	현재 프랑스인 남편과 결혼해 프랑스에 거주하는 전 돔페리뇽 마케팅 담당자 문지원 씨는 "유럽 사람들은 세탁기와 냉장고, 식기세척기 중에 하나만 꼽으라면 식기세척기를 고른다"는 말로 나를 놀라게 했다. 세탁이야 코인세탁소에 맡기면 되고, 음식은 사먹으면 되지만, 설거지는 대안이 없고 주부가 스트레스 받는 가장 큰 원인이라는 것. 우리 집에는 빌트인 식기세척기가 설치된 구조라 별도로 구입하지 않았는데, 막상 사용해보니 없으면 못 살겠다는 생각이 든다. 누가 설거지를 할지 부부 사이의 신경전도 줄어들었다.
정수기	가계부를 보니 한 달 물값이 만만치 않았다. 매번 물을 끓여 마실 시간이 없어서 생수와 스파클링 워터를 박스째 주문해 마셨는데, 생활비를 야금야금 갉아 먹는 품목이 된 것. 차라리 그 돈으로 렌탈 정수기를 설치하는 것도 좋다. 식수는 물론 요리용, 커피용 물 등 용도가 다양하니 의외로 열심히 일하는 품목.
진공포장기	매일 아침 또는 퇴근길에 조금씩 장을 본다면 진공포장기는 필요 없다. 하지만 생선을 사더라도 두 마리씩 팔기 때문에, 남은 한 마리를 지퍼백이나 용기에 넣어 보관하자니 냉장고에 냄새가 배고 상하지 않을지 걱정되는 게 당연하다. 이때 진공포장기를 쓰면 식재료를 비닐 속에 넣어 진공상태로 만들어 더 안전하고 청결하게 보관할 수 있다. 코스트코 후레쉴드를 포함해 다양한 브랜드가 있는데, 소음의 강도나 포장되는 속도에 대한 후기 등을 꼼꼼히 확인하고 구입하는 게 좋다.
음식물건조기	음식물 쓰레기 없는 집에 살고 싶은 건 모든 여자들의 꿈일 듯. 별도의 공공 수거 장소가 있는 아파트에 사는 나도 마찬가지다. 단독주택에 사는 지인 김두리 에디터는 남편에게 '음식물쓰레기 포비아'가 있어 음식물건조기를 구입했다. 스마트카라 제품을 렌탈로 사용 중인데 냄새도 거의 없고 건조·분쇄력도 탁월해서 대만족이라고. 일반 쓰레기와 전혀 다른 종목이니 고려해볼 만하다.

살림 연차나 가족이 늘어난 뒤, 고려해도 늦지 않을 가전제품

김치냉장고	밥 한 끼 차려 먹을 시간도 없는데 4인 가족이 반년은 두고 먹을 수 있는 대형 김치냉장고가 필수 품목일 리 없다. 우리 집은 끼니 때마다 김치를 먹지만 시댁에서 보내주는 김치를 조금씩 받아 냉장고에 보관하고 먹는다. 김치냉장고에 두고 먹는 것보다 맛이 빨리 변하지만, 좁은 아파트에 김치냉장고가 차지하는 자리를 생각하면 김치를 먹을 수 있다는 것만으로도 다행으로 여긴다. 만약 김치를 사서 먹는 집이라면 보관이 더 수월하다. 그때그때 먹고 싶은 김치를 골라 냉장고 채소칸에 보관하면 된다. 김치냉장고는 가족 수가 늘어날 때까지, 조금 더 기다리기를 권한다.
튀김기	솥에 튀김 기름을 끓여 조리하면 기름이 튀고 화상의 위험도 있어 잘 하지 않는다. 남편이나 본인이 튀김 마니아여서 일주일에 한 번 튀김을 먹지 않으면 병이 나는 특수체질이 아닌 이상, 튀김은 사 먹거나 솥에 튀겨 먹기를 권한다. 튀김기를 세척하는 것도 일이고, 사용 횟수에 비해 자리를 많이 차지한다.
와플 메이커, 파니니 그릴	"특정 품목을 조리하기 위한 도구는 처음에 호기심으로 몇 번 쓰다가 만다"는 게 공통적인 살림 고수들의 조언이다. 실제로 브런치 열풍이 불었을 때 인기 혼수 선물 리스트였던 와플 메이커, 파니니 그릴은 석 달에 한 번도 사용하지 않았다. 후회는 하지 않는다. 택배 박스를 개봉했던 신혼 초 주말, 와플과 파니니를 구워 브런치를 먹던 순간은 정말 행복했다. 하지만 신혼 로망 비용으로 지출하기에는 꽤나 비싼 금액이다.

부록

스페셜 평생키친템
& 신혼 요리 레시피

이점식 유기

주부 2년차쯤 되었을 무렵, 한식 상차림에 올린 은은한 색감과 묵직한 존재감의 유기의 매력에 눈을 뜨고야 말았다. 군더더기 없는 라인의 무형문화재 이점식 장인의 작품. 질리지 않는 디자인이 볼수록 정이 가는 물건이다.

이탈리아 EM2 커틀러리 세트

피렌체 여행에서 우연히 들렀던 그릇 가게에서 발견한 EM2 커틀러리 세트. 튀지 않는 디자인에 스테인리스 스틸 소재라 대리석 테이블에 올려도 원목 테이블에 올려도 무난하게 어울린다. 커틀러리는 적어도 4인조 이상을 맞춰 사야 예쁘게 오래 쓸 수 있다.

정유리 작가 구리+옻칠 그릇

'정소영의 식기장'에서 처음 정유리 작가의 그릇을 만났다. 정 작가는 작은 망치로 금속판을 수차례 두드려 성형하는 단금기법을 사용하는데 그 과정을 통해 섬세한 아름다움이 만들어진다.

허명욱 작가 옻칠 트레이

존경하는 허명욱 작가의 1인 크기 옻칠 트레이. 옻을 칠한 나무는 썩지 않을 정도로 보존력이 강한데 옻에 천연염료를 섞어 발라 견고하면서도 아름답다. 타원형의 나무 트레이는 디저트와 티를 올려내기도 하고, 한 그릇 음식과 작은 반찬 몇 가지를 올리기도 좋다.

지영흥 안동도마

100년이 넘은 토종 느티나무를 골라 2년 이상을 말린 후 들기름을 발라 고운 빛깔을 머금고 있는 도마. 처음엔 들기름 향이 강해 손이 잘 가지 않았는데 시간이 흐르며 점점 더 자주 꺼내는 물건이다.

타다후사 칼

요리에 재미를 붙인 남편의 첫 칼로 들였으나 칼등이 얇아 섬세하게 썰리는 산도쿠 칼의 그립감을 느낀 후로는 내 것보다 더 자주 사용하고 있다. 날렵하게 잘리는 칼질의 기쁨을 알게 해준 고마운 도구.

티 보관함

티를 좋아해서 하나둘 모으기 시작한 티 보관함. 교토의 141년된 카이카도 공방의 구리 보관함과 가나자와 지방에서 나무로 도구를 만드는 카미의 정교한 원목 보관함. 일본 제품과는 다른 아름다움이 느껴지는 윌리엄소노마의 묵직한 구리 보관함. 각기 다른 재질, 다른 나라의 제품들이지만 한데 어울려 멋진 조합을 이룬다.

김태희 장인의 소반

결혼한 지 3년이 지났을 무렵, 시부모님께서 물려주신 옻칠 소반. 화려한 듯하지만 지극히 한국적인 색감의 붉은 옻칠과 둥근 듯하면서도 절묘한 12각이 볼수록 아름다운 자태를 지녔다. 예술품은 실제 생활에 사용되었을 때 빛을 발한다는 허명욱 작가님의 말을 들은 이후, 방 한편에 두고 그때그때 편하게 사용하고 있다.

아이자와 공방 스테인리스 밀크팬+국자

적은 양의 물, 수프를 끓이거나 채소를 데치고 달걀을 삶을 때 손쉽게
사용한다. 어떤 밀크팬에서도 느껴보지 못한 그립감 좋은 원목 핸들이
이 팬의 큰 장점인데 시간이 갈수록 더 아름다운 색깔로 변하고 있다.
밀크팬과 함께 사용하는 질 좋은 스테인리스 스틸 국자 역시 평생 쓸
물건. 빨간 가죽고리가 포인트다.

무인양품 바트+스테인리스 볼

스테인리스 스틸 소재의 바트와 볼의 소중함은 여러 번 반복하고 싶
다. 바트는 조리를 시작하기 전, 필요한 재료를 다듬어 순서대로 올려
두거나 고기를 재어두는 등 식재료 준비에 도움이 되고, 크기별로 가
지고 있는 볼은 재료 세척부터 보관까지 쓰임새에 따라 사용하기 좋다.

발뮤다 토스터

'죽은 빵도 살려낸다'는 표현 그대로 빵을 바삭하게만 구워내는 것이 아
니라 스팀을 주어 속은 촉촉하고 겉은 바삭하게 구워낸다. 이 토스터가
가장 빛을 발하는 것은 식은 피자를 구울 때인데 먹어보면 이 토스터와
평생 살고 싶다는 생각이 절로 든다.

브레빌 티메이커

친구네 집에서 처음 사용해보고 반한 티메이커. 백차를 실수로 홍차 코
스로 우렸을 때와 백차 코스로 제대로 내렸을 때 차의 색깔(같은 백차
가 녹색과 황색으로 다르게 추출되었던 것)은 물론 맛과 향의 놀라운 차
이를 경험했다. 그 길로 바로 우리 집에 들인 티메이커 덕분에 티타임
의 만족도가 한껏 올라갔다.

루포니 구리 프라이팬 27cm

유명한 브랜드는 아니지만 우아한 디테일과 단조(forging : 망치로 두들겨 표면을 만드는 방법) 방식의 만듦새가 볼수록 아름다운 제품이다. 팬 내부가 주석으로 코팅되어 스테인리스 스틸로 마감한 제품보다는 다루기 까다로우나 열전도율이 좋아 파스타 등을 만들어보면 요리의 맛이 다르다.

교토 아리츠쿠 구리 편수 냄비, 튀김 냄비

1560년 창업해 18대에 걸쳐 운영하고 있는 교토 니시키 시장의 칼 가게 '아리츠쿠'. 장인이 만든 정교한 도구에 각인 서비스까지 받을 수 있다. 이곳의 튀김용 동냄비와 편수 동냄비는 자주 손이 가는 도구다. 쿠킹 클래스에서 이곳의 튀김 냄비로 튀겨낸 튀김을 맛보고 반했는데 역시나 쓸수록 인생 튀김 냄비가 되었다.

이가모노 돌솥 가마도상

밥 짓는 도구에 마침표를 찍어준 가마도상. 덕분에 우리 집 부엌엔 전기밥솥이 없어졌다. 관리만 잘한다면 평생 쓸 수 있는 도구이기에 고슬고슬한 밥을 좋아한다면 강력 추천한다.

스타우브 꼬꼬떼 무쇠 주물 냄비 18cm

신혼 시절, 찌개용으로 구입했던 회색 스타우브. 지금은 찌개, 스튜는 물론 소량의 튀김, 냄비밥에 이르기까지 다용도로 사용하는 도구다. 스시용 밥처럼 더 고슬고슬한 식감의 밥을 먹고 싶을 때는 가마도상 대신 스타우브를 사용한다. 짙은 색깔 덕에 오래 써도 변색되지 않는 점도 좋다.

르크루제 무쇠 주물 그릴 25cm

미혼 때 선물 받아 9년째 사용하고 있는데 길들이는 과정까지는 정말 어려웠지만 스테이크가 자주 등장하는 우리 집 부엌에 이제는 없어선 안 될 도구로 자리 잡았다. 열전도율과 열보유력이 좋아 고기가 맛있게 구워진다. 두꺼운 고기를 구울 때, 팬에서 굽다 오븐에 바로 넣어 사용할 수 있어 편리하다.

교토 츠지와카나아미 사각 석쇠

만듦새가 견고하며, 아래쪽에 부스러기 등을 받쳐주는 받침대가 있는 이중 구조라 다용도로 사용하기 편리하다. 보통 김, 생선을 구울 때 주로 사용하며 토스트용으로도 사용할 수 있는 다용도 석쇠다.

수스 갤러리 티타늄컵

차가운 음료나 뜨거운 음료 모두 온도가 잘 유지되면서 겉면은 차가워지거나 뜨거워지지 않는 가벼운 소재의 컵이다. 기능도 기능이지만 빛이 반사될 때마다 달라지는 특유의 색깔이 아름답다. 만만한 가격은 아니나 쉽게 깨지지 않는 소재라 오랜 기간 사용할 소중한 잔이다.

올클래드 파스타 냄비

파스타와 국수를 자주 먹는 우리 집에 없어서는 안 될 파스타 냄비. 스테인리스 스틸 브랜드들 중에서도 가격이 높아서 세일 때 직구로 구입했다(배송비 포함 10만 원 후반). 스테인리스는 다 거기서 거기라 생각했던 나에게 새로운 세계를 알려준 파스타 냄비. 언젠가 집의 모든 스테인리스 스틸 냄비를 이 브랜드로 바꾸고 싶을 정도로 만족도가 높다.

르크루제 무쇠솥 23cm

솥밥을 지을 때, 찌개를 끓일 때, 찜요리를 할 때, 튀김을 할 때 가장 많이 손이 가는 냄비다. 열전도율과 열보존율이 높아 어떤 요리도 맛있게 해준다. 단, 그만큼 수분이 빨리 졸아들어 쉽게 탈 수도 있는 건 단점이지만 여러 번 사용하다 보니 수월하게 다루게 되었다.

휘슬러 더 크레스트 컬렉션 냄비 세트

휘슬러의 최상급 라인인 더 크레스트 스테인리스 팬 시리즈. 소스용, 육수용, 전골용, 로스터용까지 다양한 용도의 팬을 완벽하게 갖췄다. 28cm 냄비는 깊이가 깊어서 육수를 낼 때 사용하고 22cm 냄비는 굽거나 볶는 재료가 밖으로 튀지 않을 정도의 깊이라 가장 자주 사용한다.

스칸팬 프라이팬 32cm

2015년 남편이 두바이 출장 때 사 온 덴마크 브랜드 스칸팬. 무쇠 주물과 똑같은 성능이지만 티타늄 코팅이라 재료가 1g도 눌어붙지 않고 코팅 팬처럼 조리된다. 뚜껑까지 포함된 팬인데다 30cm나 되는 무거운 팬이지만, 가장 자주 사용한다.

롯지 무쇠 팬 20cm

신혼여행 중에 만난 뉴욕의 주방용품 편집 숍 '술 라 테이블'에서 만난 팬이다. 주물 특유의 소재도 멋있지만 성능은 더 훌륭하다. 특히 겉은 크리스피하게 굽고 속은 레어로 굽는 미국식 스테이크를 조리할 때 최고 실력을 보여준다. 워낙 열전도율이 좋아 레어가 금방 미디엄으로 변해버리기 때문에 스테이크를 접시에 옮겨 담아내는 걸 선호한다.

모비엘 구리 냄비

프랑스 브랜드에서 만든 구리 냄비이지만 한식 요리를 할 때 활용도가 높다. 자주 하는 고기볶음이나 두부탕, 감자찜, 가지새우튀김 같은 한식 일품요리에는 꼭 소스가 들어가는데, 모든 재료를 혼합해 하이라이터에 약할 불로 졸이면 원하는 농도의 소스가 완성된다.

사각 구리 팬

반찬이 아쉬울 때 꼭 만들게 되는 달걀말이. 도쿄 갓파바시 편집상점에서 사온 사각 구리 팬은 열전도율이 높아 부드럽고 모양이 잘 잡힌 달걀말이 만들 수 있어 매번 쓰게 되는 제품이다.

팔콘 법랑 세트

조리한 음식을 오븐에 그대로 넣을 수 있고, 유리나 도자기에 비해 훨씬 가볍다. 하얗게 입힌 코팅 표면이 예뻐 그대로 식탁에 내기도 좋다. 크기가 다양해서 대형 도미찜부터 크림 브릴레까지 요리와 디저트를 두루 커버할 수 있는 유용한 도구다. 코팅이 벗겨지기 쉬워 수세미로 박박 문질러서 닦으면 안 된다.

옥소 채소탈수기

샐러드 채소를 씻고 그냥 손으로 탈탈 털면, 물기가 너무 많아 드레싱 맛이 흐려진다. 콜렌더도 사용하지만 깨끗이 물이 빠지려면 시간이 걸린다는 게 단점. 하지만 채소탈수기 하나면 5~6인분 샐러드용 채소도 30초만에 간단히 탈수할 수 있으니 샐러드 만드는 일이 더욱더 즐거워졌다.

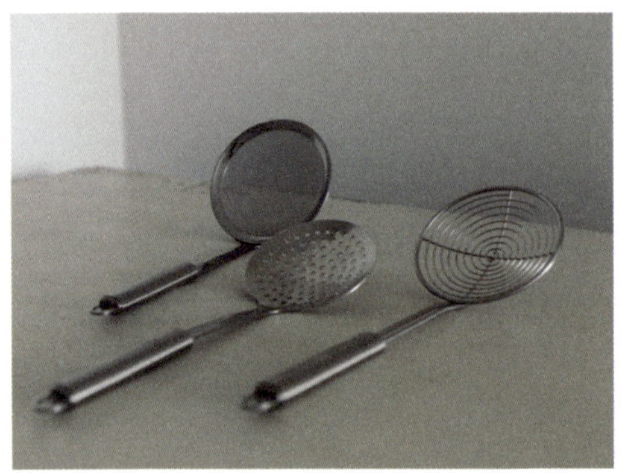

크리스텔 조리도구

프랑스 출장 중 파리 봉마르셰에서 구입한 조리도구 시리즈. 가격이 전반적으로 비쌌지만 하나같이 견고해 보였다. 이곳에서 구입한 뒤집개, 건지개, 온도계 덕분에 파스타 삶는 일과 부침 요리, 튀김 요리가 즐거워졌다. 나중에 알고 보니 일본의 요리연구가들도 인정하는 스테인리스 브랜드라고.

스테인리스 서빙 도구들

덴마크 빈티지 트레이, 미국 매치앤퓨터 트레이 등 손님이 온 날 가장 많이 활약하는 서빙 트레이. 빵, 물잔, 디저트를 담아서 내기 좋고 청결한 분위기를 낸다.

일본 그릇들

시리즈로 구입하는 여느 그릇들과 달리, 일본을 여행하며 하나씩 모은 소중한 그릇들. 삿포로, 도쿄, 가나자와 등 여행 곳곳에서의 추억이 떠올라 보기만 해도 행복하다. 부부가 함께한 시간들이 이 그릇에 모두 녹아있다.

남부 철기 찻주전자

최근 차에 대한 관심이 높아지면서 생수 대신 백차, 호지차, 보이차를 즐겨 마시고 있다. 시간은 걸리더라도 한 번 끓이면 오랫동안 따뜻해서, 여유로운 주말이면 꼭 꺼내서 티타임을 갖는다.

서버

파티할 때 꼭 필요한 서빙용 집게와 서버. 커틀러리만큼 자주 쓰는 것들이라 여행지에서 하나씩 모으고 있다.

물컵

하루 종일 가장 손이 많이 가는 물컵일수록 좋은 걸 쓰고 싶다. 재스퍼 모리슨이 디자인한 컵, 가나자와의 백화점에서 구입한 나무컵 등 아껴 사용하는 물컵들이다.

바구니

바구니는 정리 정돈과 부엌 수납 인테리어를 돕는 소중한 존재다. 흩어져있는 물건들을 한 번에 찾기 쉽고, 자연스럽게 공간을 분할해 수납 효과도 높아진다. 좁은 집일수록 이런 아이템을 활용하면 공간을 더 넓게 쓸 수 있다.

쌀통

우리 집에서는 쌀을 3~4kg 정도만 구입해 2주 정도 먹는다. 그래서 숨 쉬는 옹기나 오래 보관하기 좋은 용기가 필요 없다고 판단했다. 일본 조리도구를 파는 잡화점에서 구입한 이 쌀통은 뚜껑을 절반 정도 열어 거치된 계량컵으로 쌀을 푸는 구조라 편리하다.

휘슬러 하이라이터

냄비에 화력이 고루 전달되고 국물이 졸아들 만큼 화력이 세지 않은 게 하이라이터의 매력이다. 특히 아일랜드 식탁에서 전골이나 샤브샤브를 요리하기 좋다. 세련된 디자인에 전선과 본체를 분리해서 보관할 수 있고, 스테인리스 냄비를 가장 높은 화력에 오래 올려두어도 손잡이가 델 만큼 뜨거워지는 일이 없다.

바이타믹스

요리를 하다 보면 일반 푸드프로세서의 칼날로는 으깨는 게 불가능한 식재료가 있다. 그래서 구입한 바이타믹스. '철근도 갈아준다'는 우스갯소리가 믿겨질 만큼 놀라운 분쇄력을 자랑한다. 클래식한 디자인도 아름답다.

필립스 아방세 핸드블렌더

이 핸드블렌더는 채소 한두 개 정도만 다지는 소량의 가정식 조리에 적합한 크기다. 뿐만 아니라 달걀노른자에 겨자를 섞어 마요네즈를 만들거나, 휘핑크림을 칠 때 필수인 거품기 툴, 주스를 갈 때 필수인 도깨비 방망이 툴까지 세 가지 툴이 포함되어 편리하고 유용하다.

키친에이드 반죽기

무게도 있고 자리도 많이 차지하니 머핀 한두 번 만들고 쓰지 않는다면 구입하지 않는 게 좋지만, 평생에 걸쳐 쓸 자신이 있다면 빨리 사는 게 이득이다. 반죽용 후크, 반죽과 섞기 작업에 고루 유용한 비터, 거품을 내주거나 유화시킬 때 필요한 휘스크까지 세 가지 툴이 포함되어있다.

구리 팬으로 요리하고 세팅한 〈새조개 파스타〉

구리로 만든 조리도구들은 걸려만 있어도 보기가 좋아 부
엌에 놓여있는 그 자체로도 제 할일을 다하고 있는 느낌이
다. 특히 구리 팬은 열전도율이 좋아 파스타처럼 빠르게 조
리해야 하는 요리에 안성맞춤이며, 팬 그대로 테이블에 올
려도 근사하다. 겨울이 제철인 새조개는 비린내가 적고 쫄
깃한 식감과 달콤한 맛이 좋다. 샤브샤브로 주로 먹는 재료
지만 버터의 향을 입혀 빠르게 볶아내 파스타를 만들면 모
시조개나 바지락으로 만드는 봉골레와는 또 다른 매력을 지
닌 특별한 파스타가 완성된다.

○ 처음부터 강불에 올려서 조리하면 재료가 바닥에 눌어붙을 위험
  이 있다. 약불에서 은은하게 마늘 향을 충분히 낸 뒤 사용하는 것
  이 좋다.
○ 새조개 파스타는 달걀을 넣어 반죽하는 에그 파스타 면으로 만들었
  을 때 가장 맛있다. 캄포필로네제(Campofilonese) 브랜드에서 나
  오는 면을 주로 사용한다.

재료(2인분)
파스타 140g
새조개 5～6개 분량
올리브오일 3큰술
화이트와인 1+1/2큰술
마늘 5톨
페퍼론치노 3개
소금. 후추 적당량
이탈리안 파슬리, 차이브 적당량
버터 2작은술
파마산 치즈 적당량

1 마늘은 슬라이스하고 페퍼론치노는 손으로 으깬다.

2 새조개는 내장을 제거하고 먹기 좋은 크기로 썰어 물기를
   뺀다.

3 구리 팬을 불에 올리고 올리브오일을 두른 후 마늘을 넣어 향
   을 낸다. 마늘이 노릇해지면 페퍼론치노를 넣어 30초 정도 볶
   아 매운 향을 더한다.

4 페퍼론치노의 매운 향이 올라오면 새조개를 넣어 빠르게 볶
   고 화이트와인을 넣어 잡내를 날린다. 알코올이 날아가면 바
   로 버터를 넣어 녹인다.

5 끓는 물에 1% 정도 분량의 소금을 넣고 파스타 면을 알덴테
   로 삶는다. 파스타 면에 따라 삶는 시간이 다르므로 파스타 겉
   면의 삶는 시간을 참조하는 것이 좋다.

6 삶은 면을 구리 팬에 넣고 면에 소스가 배도록 볶으며 소금,
   후추로 간을 한다. 완성된 파스타를 접시에 담아 파마산 치즈
   를 갈아 얹고, 파슬리, 차이브 등을 올려 마무리한다.

돌솥(가마도상)으로 만드는 뿌리채소 요리 〈연근 우엉 솥밥〉

찬바람이 부는 계절이 오면 땅의 힘을 담은 뿌리채소들이 제철을 맞이한다. 땅속의 영양분을 가득 담고 있는 무, 당근, 우엉, 연근 등의 뿌리채소는 건강한 밥상이 필요할 때 더할 나위 없이 좋은 재료가 된다. 특별한 반찬 없이도 양념간장을 만들어 쓱쓱 비벼 먹기 좋은 연근 우엉 솥밥은 연근의 아삭아삭한 식감을 좋아하는 우리 부부의 단골 메뉴다. 연근의 식감과 우엉의 향이 어우러져 소박하지만 오감을 만족시키는 솥밥. 돌솥을 사용했지만 같은 재료로 전기밥솥이나 무쇠솥을 이용해 만들어도 좋다.

○ 쌀의 종류, 불리는 시간에 따라 물의 양이 달라진다.
○ 연근을 식초에 데치면 아린 맛이 빠진다. 두툼한 암연근을 골라 사용하면 아삭아삭한 식감을 즐길 수 있다.
○ 양념장엔 달래 대신 실파 등을 사용해도 좋다. 참기름, 레몬즙은 취향에 따라 가감한다. 단, 달래로 양념장을 만들 때는 달래의 향을 살리는 것이 중요하니 참기름을 너무 많이 넣지 않는 것이 좋다.

재료(2인분)
다시마 10cm×10cm 1장
무 적당량
쌀 2컵
연근 100g
우엉 100g
당근 1/3개

달래 양념장
달래 3~4줄기
간장 2큰술
다시마 무 육수 1큰술
참기름 1작은술
깨소금 1작은술
레몬즙 약간

1 냄비에 물을 붓고 다시마 한 장을 30분가량 담가 둔다. 무를 넣고 불에 올린 후 끓어오르면 다시마를 건지고 약불에서 20분가량 더 끓여 육수를 만든다.

2 쌀은 쌀알이 부서지지 않게 살살 씻어 1번의 육수 2컵을 넣어 30분 정도 불려둔다.

3 연근은 식초를 넣은 물에 살짝 데쳐 체에 받쳐두고, 우엉은 껍질을 벗겨 연필 깎듯 돌려 깎는다. 당근은 먹기 좋은 크기로 썰어 준비한다.

4 양념장은 분량대로 섞어 준비한다.

5 불린 쌀 위에 연근, 우엉, 당근을 올리고 뚜껑을 닫는다. 솥을 강불에 올리고 김이 세게 올라오면 3분 정도 더 끓이고 불을 꺼준 후, 뚜껑을 닫은 상태로 20분(가마도상 기준) 정도 뜸을 들인다.

6 밥이 완성되면 준비된 양념장과 함께 세팅한다.

덴스크 법랑 냄비로 만든 찌개 요리 〈고추장찌개〉

할머니의 부엌에도 엄마의 부엌에도 법랑 냄비가 있었다. 쉽게 깨지지 않는 재질에 가볍기까지 한 법랑 소재의 냄비는 오랜 시간 사용할 수 있는 대표적인 조리도구다. 법랑 냄비라 하면 화려한 무늬의 레트로함이 먼저 떠오르지만 우리 집 부엌엔 단정한 덴스크 법랑 냄비가 자리 잡고 있다. 요리할 때 편하게 쓸 수 있어 자주 손이 가는 이 냄비는 십자형 손잡이가 냄비 받침 역할을 해서 부엌에서 조리한 그대로 식탁에 내놓을 수 있는 장점이 있다. 가볍고 세척하기도 수월해 재료를 데치거나 음식을 데울 때 좋고 바쁜 저녁, 빠르게 찌개나 국을 끓여 먹을 때도 자주 사용한다. 언젠가 홈파티를 즐긴 후, 한국 사람은 매운맛으로 마무리를 해야 한다며 '레몬밤키친'의 손맛 좋은 선생님 지수가 끓여주었던 고추장찌개. 해외여행을 다녀오거나 느끼한 음식을 먹고 난 뒤 우리 집 식탁에 늘 오르는 단골 메뉴가 되었다.

재료(2인분)

다시마 10cm×10cm 1장
멸치·무·대파 적당량
돼지고기 목살 150g
감자 중간 크기 1개
두부 1/2모
애호박 1/3개
양파 1/2개
대파 1/2줄기
다진 마늘 1T
참기름 1T

양념장

고추장 1+1/2T
고춧가루 2/3T
국간장 약간

1   냄비에 물을 붓고 다시마를 30분가량 담가 둔다. 불에 올려 멸치, 무, 대파 등을 넣은 후 끓어오르면 다시마를 건지고 약불에서 20분가량 더 끓여 육수를 만든다.

2   돼지고기, 감자, 두부, 애호박, 양파는 한입 크기로 썰어 준비한다.

3   양념장은 분량대로 섞어 준비한다.

4   달군 팬에 참기름을 넣고 다진 마늘과 돼지고기를 볶다가 핏기가 없어지면 감자, 양파를 넣고 노릇하게 볶는다.

5   1번의 육수 3컵을 붓고 양념장을 넣어 끓이다 감자가 반쯤 익었을 때 애호박, 두부를 넣고 자작하게 졸아들 때까지 끓인다.

6   대파를 넣고 한 번 더 바글바글 끓이면 완성된다.

롯지 주물 팬에 요리한 〈스테이크〉

큰 공을 들이지 않아도 정성스럽고 근사해 보이는 것이 스테이크 요리다. 살림이 손에 익지 않은 신혼 때 육식파 남편에게 "요리 잘한다"는 환상을 심어준 메뉴이기도 하다. 뉴욕 신혼여행 때 산 롯지 무쇠 팬에는 스테이크와 감바스 알 아히요(마늘과 새우를 올리브오일에 익힌 요리), 딱 이 두 가지만 요리한다. 우리 부부가 즐기는 요리인 만큼 식탁에 자주 오르기 때문에 이 팬을 구입한 건 정말이지 후회 없는 일이다. 롯지 팬에 스테이크를 구울 때는 한우 채끝 등심(1++ 등급)이나 미국산 채끝 등심(프라임 등급)을 선호한다. 마블링이 녹아내리며 단백질과 함께 지글지글 익는 소리와 냄새는 본능적으로 식욕을 자극한다. 총 조리 시간이 10분도 걸리지 않는 '럭셔리 패스트푸드'다.

○ 채끝 등심의 두께는 2.5cm 정도가 적당하며 꽃등심, 안심으로 대체 가능하다.

○ 3년 넘게 써 본 결과, 롯지 팬이 스테인리스 팬보다 사용하기가 편하다. 의외로 잘 눌어붙지 않고, 관리하기도 쉽다. 다 사용하고 난 뒤에는 뜨거운 물에 세척한 후 식용유를 묻힌 키친타월로 팬의 손잡이와 안쪽, 바깥쪽까지 골고루 닦아주면 된다. 취향에 따라 다르지만 롯지 팬으로 조리한 음식은 꼭 접시에 옮겨 담지 않아도 된다. 팬 그대로 내도 멋스러운 테이블 스타일링이 가능하다.

재료(2인분)
채끝 등심 250g
올리브오일 적당량
허브(로즈마리나 딜)
소금·후추 적당량
버터 한 조각

1 고기는 스텐 바트에 담아 올리브오일을 살짝 두르고 로즈마리나 딜을 얹어 30분 정도 냉장 마리네이드한다.

2 롯지 팬에 올리브오일을 약간 두르고 뜨겁게 달군다. 팬에서 살짝 흰 연기가 올라올 때까지 기다린다.

3 고기를 올리고 3분 굽는다. 1분이 지나면 뒤집어서 다시 1분 굽는다. 이 과정을 몇 번 반복하는지에 따라 굽기를 결정할 수 있다(나는 약 5분 정도 구운 미디엄 레어를 선호하는데, 속까지 바짝 익혀 먹는 걸 좋아한다면 7~8분까지 구워도 상관없다).

4 팬에서 고기를 꺼내기 전 버터를 떨어뜨려 녹인 뒤 버터 기름을 고기에 코팅시킨다. 이 과정을 통해 더욱 고소한 풍미가 완성된다.

5 3~5분 정도 알루미늄 포일로 고기를 덮어 휴지시킨다. 그래야 육즙이 안쪽까지 골고루 배여 훨씬 더 맛있어진다.

한식의 매력은 시간과 공을 들인다는 데 있다. 잠깐이지만 2016년 심영순 선생님께 요리를 배우면서 알게 된 사실이다. 선생님의 요리는 복잡하고 시간이 많이 걸리지만, 완성된 요리에는 어떤 맛과도 비교할 수 없는 복잡다단한 맛이 배어있다. 갈비찜, 불고기 등 여러 가지 요리를 배웠지만 그중 집에서 가장 자주 하는 요리는 보쌈이다. 락앤락에 고기와 소스를 따로 담아 포틀럭 파티를 할 때 가져가서 바로 썰어 내기도 좋다. 제주도산 흑돼지나 지리산 버크셔K 같은 품질 좋은 돼지고기로 했을 때 맛의 차이가 크다. 아래 레시피는 선생님이 알려준 레시피를 바탕으로 구하기 어려운 재료는 빼고 좀 더 간단하게 수정한 것이다.

ㅇ르크루제는 열전도율이 높은 편이라 소스가 자작한 요리를 만들면 냄비를 태울 가능성이 높다. 다른 냄비에서 중불에 요리하는 레시피라면, 르크루제 냄비는 약불에 조리하는 게 좋다. 불을 꺼도 남은 열기로 계속해서 소스가 졸아들기 때문에, 잊지 말고 종종 뚜껑을 열고 상태를 확인해야 망칠 위험이 없다.

재료(2인분)

돼지고기 700g

간장 1큰술

된장 1큰술

포도주 2큰술

매실청 1큰술.

녹말가루 1큰술

간장 3큰술

사골육수 2큰술

과일주스 1큰술

굴소스 1작은술

칠리소스 1큰술

수삼 또는 황기 약간

견과류 소스

견과류 100g(호두, 잣,
호박씨, 해바라기씨 등),
간장 2큰술, 육수 1/3컵
고추기름 1큰술, 칠리소스 1작은술
마요네즈 1작은술, 굴소스 1작은술

1 돼지고기는 직사각형 블록 형태로 구입한다. 살코기와 비계가 8:2 정도 비율인 게 좋다. 포크로 고기를 군데군데 찌른 후 간장, 된장, 포도주, 매실청을 부어 냄비에서 약 30분간 약한 불에 삶는다. 이때 수삼이나 황기 같은 재료를 넣으면 고기의 누린내를 잡아준다.

2 녹말을 뿌려 고깃덩어리에 고루 묻힌 뒤 프라이팬에 굽는다. 타지 않도록 살짝만 굽는 게 포인트다.

3 간장, 사골육수, 과일주스, 굴소스, 칠리소스는 미리 계량컵에 부어 골고루 섞은 뒤, 녹말가루를 묻혀 구운 고깃덩어리와 함께 냄비에 넣고 약한 불에 졸인다. 소스가 자작하게 졸아들 때까지 조리하면 된다.

4 별도의 팬에 견과류와 액체 소스를 모두 붓고 살짝 볶는다.

5 고기를 썰고 견과류 소스를 뿌리면 완성.

1 백후추와 흑후추 : 여행이나 출장을 갈 때 갓 수확한 신선한 후추를 항상 넉넉히 사온다. 백후추는 맛이 맵고, 흑후추는 향이 맵다. 용도에 따라 골라서 써도 되고, 섞어서 써도 된다.

2 육두구 : 프랑스식 스튜, 소고기찜 뵈프부르기뇽 등 재료를 오래 끓여 맛이 우러나오는 요리에 꼭 필요한 향신료다. 곱게 갈린 파우더보다는 작은 호두처럼 생긴 열매 그 자체를 즉각 갈아서 써야 풍미가 더 좋다. 욕심을 부려 많이 넣으면 역해지니 조심할 것.

3 월계수잎 : 서양 요리에서 육수를 내거나 소스를 만들 때 들어가는 가장 기본 향신료는 '부케가르니'라고 불리는 허브 다발이다. 정석은 파의 초록 부분을 가른 후 월계수, 타임, 파슬리를 넣어 명주실로 묶는 것. 월계수잎은 말린 상태로 판매하니 미리 갖춰두면 좋다. 고기의 누린내를 잡을 때도 효과적이다.

4 시나몬 스틱 : 한겨울에 가장 즐겨 마시는 음료는 뱅쇼다. 남은 과일을 잘라 꿀과 시나몬 스틱, 레드와인을 넣어 한 솥을 끓인 뒤 홀짝홀짝 마신다. 시판되는 시나몬 파우더는 맛이 너무 강하니 스틱을 사서 반 개 정도 잘라 넣으면 은은하고 고급스러운 맛이 난다.

5 파프리카 파우더 : 매콤한 듯 단맛이 나는 스페인의 파우더. 문어나 새우 등을 활용해 술안주를 만든 뒤, 슈거파우더처럼 솔솔 뿌려준다. 보기도 먹음직스럽고 개운한 매운맛이 미각을 자극한다.

6 요리의 맛을 좌우하는 맛있는 소금들 : 부엌에서 가장 자랑스러운 컬렉션 중 하나다.

1 올리브 : 신선한 생올리브는 유통기한이 짧지만, 병에 들어있는 올리브는 오래 보관할 수 있다. 샴페인 안주로도 좋고, 샐러드 재료로도 좋다.

2 치즈 : 이탈리아의 그라나파다노나 파르미지아노 레지아노를 그레이터로 갈아 양식 요리에 슥슥 뿌려주면 따로 간을 맞추지 않아도 적당한 짠맛을 내준다.

3 트러플 페스토 : 세계의 3대 미식재료인 트러플을 으깨서 올리브오일에 섞은 페스토는, 요리가 심심할 때 뿌려주면 누구나 탄성을 지르는 마법의 식재료다. 샐러드, 파스타 소스로도 잘 어울리고 빵 위에 발라 먹어도 맛있다.

4 화이트와인 비니거 : 샐러드 드레싱으로 많이 사용한다. 올리브오일과 화이트와인 비니거의 비율을 2:1로 섞어 엔다이브나 엔다이브프레셰, 아스파라거스 같은 서양 채소에 섞어 먹으면 간단한 드레싱이 완성된다.

5 안초비 : 정어리는 살집이 있는 도톰한 은빛 생선이고, 안초비는 그보다 깡마른 멸치 모양이다. 약간 참치 같은 정어리보다는 짠맛이 두드러져도 깔끔하고 개운한 안초비를 더 좋아하는데, 식료품점에서 캔에 담긴 세계 각국의 안초비를 다양하게 구입할 수 있다. 안초비가 너무 짜서 싫다면 우유에 10분쯤 담가 짠맛을 빼고 먹어보자. 새로운 미각의 세계가 펼쳐진다.

6 썬드라이드 토마토 : 작은 토마토를 잘라서 태양빛에 말리고 올리브오일에 허브와 함께 마리네이드해서 만드는 식재료.

7 쿠킹 크림 : 지방 함량이 높고 고소한 크림은 서양 요리의 맛을 배가시킨다. 프렌치 토스트를 만들 때 달걀물에 우유 대신 쿠킹 크림을 넣거나 리코타 치즈를 만들 때 우유 대신 쿠킹 크림을 쓰면 치즈가 훨씬 진해진다.

곁에 두고 싶은 물건으로
공간을 채우는
미니멈 리치 라이프

오래 쓰는 / 첫 살림

1판 1쇄 발행 2017년 5월 26일
1판 4쇄 발행 2019년 1월 8일

지은이 이영지 조성림
펴낸이 고병욱

기획편집실장 김성수   **책임편집** 이새봄   **기획편집** 양춘미, 김소정
마케팅 이일권, 송만석, 현나래, 김재욱, 김은지, 이애주, 오정민   **디자인** 공희, 진미나, 백은주   **외서기획** 엄정빈
제작 김기창   **관리** 주동은, 조재언, 신현민   **총무** 문준기, 노재경, 송민진

펴낸곳 청림출판(주)
등록 제1989-000026호

주소 본사 06048 서울시 강남구 도산대로 38길 11 청림출판(주) (논현동 63)
제2사옥 10881 경기도 파주시 회동길 173 청림아트스페이스 (문발동 518-6)
전화 02-546-4341   **팩스** 02-546-8053
홈페이지 www.chungrim.com   **이메일** life@chungrim.com
블로그 blog.naver.com/chungrimlife   **페이스북** www.facebook.com/chungrimlife

사진 김민지

©이영지 조성림

ISBN 978-89-97195-08-4(13590)

• 이 도서의 국립중앙도서관 출판예정도서목록(CIP)은 서지정보유통지원시스템 홈페이지(http://seoji.nl.go.kr)와
  국가자료공동목록시스템(http://www.nl.go.kr/kolisnet)에서 이용하실 수 있습니다.(CIP제어번호: 2017010279)